EUL VERLAG

EINZELSCHRIFTEN

Helmut Krcmar, Tilo Böhmann und Ranjana Sarkar (Hrsg.)
Export und Internationalisierung wissensintensiver Dienstleistungen
Lohmar – Köln 2010 • 352 S. • € 64,- (D) • ISBN 978-3-89936-899-4

Christoph Moritz Wittmann
Investment Banking und Nachfolgeberatung der Sparkassen – Analyse von Effizienz und Notwendigkeit eines Leistungsangebots
Lohmar – Köln 2010 • 284 S. • € 58,- (D) • ISBN 978-3-89936-904-5

Marcus M. Gillhofer
Teilnehmer-Rekrutierung in der Online-Sozialforschung
Lohmar – Köln 2010 • 160 S. • € 47,- (D) • ISBN 978-3-89936-905-2

Jörn-Axel Meyer (Hrsg.)
Strategien von kleinen und mittleren Unternehmen – Jahrbuch der KMU-Forschung und -Praxis 2010
Lohmar – Köln 2010 • 648 S. • € 83,- (D) • ISBN 978-3-89936-911-3

Christian Kille
Güteraufkommen nach Branchen
Lohmar – Köln 2010 • 272 S. • € 58,- (D) • ISBN 978-3-89936-919-9

Antonio Vera
Krankenhausmanagement in einem wettbewerbsorientierten Umfeld
Lohmar – Köln 2010 • 200 S. • € 49,- (D) • ISBN 978-3-89936-922-9

Georges Ulrich und Rödiger Voss (Hrsg.)
Hochschul Relationship Marketing
Lohmar – Köln 2010 • 180 S. • € 48,- (D) • ISBN 978-3-89936-923-6

Christina Völkl-Wolf
Internetgestützte Untersuchung zu Kompetenzen in der Prozentrechnung bei Erwachsenen und Jugendlichen – Neue Erkenntnisse zur Repräsentativität von Online-Befragungen
Lohmar – Köln 2010 • 292 S. • € 59,- (D) • ISBN 978-3-89936-929-8

Dr. Christina Völkl-Wolf

Internetgestützte Untersuchung zu Kompetenzen in der Prozentrechnung bei Erwachsenen und Jugendlichen

Neue Erkenntnisse zur Repräsentativität von Online-Befragungen

EUL VERLAG

Bibliografische Information der Deutschen Nationalbibliothek

Die Deutsche Nationalbibliothek verzeichnet diese Publikation in der Deutschen Nationalbibliografie; detaillierte bibliografische Daten sind im Internet über <http://dnb.d-nb.de> abrufbar.

Dissertation, Universität Erlangen-Nürnberg, 2010

ISBN 978-3-89936-929-8
1. Auflage Juni 2010

JOSEF EUL VERLAG GmbH
Brandsberg 6
53797 Lohmar
Tel.: 0 22 05 / 90 10 6-6
Fax: 0 22 05 / 90 10 6-88
E-Mail: info@eul-verlag.de
http://www.eul-verlag.de

Bei der Herstellung unserer Bücher möchten wir die Umwelt schonen. Dieses Buch ist daher auf säurefreiem, 100% chlorfrei gebleichtem, alterungsbeständigem Papier nach DIN 6738 gedruckt.

Vorwort

Die vorliegende Arbeit lag im Januar 2010 an der Philosophischen Fakultät der Friedrich-Alexander-Universität Erlangen-Nürnberg als Dissertation vor.
Das Kernstück der Arbeit - die empirische Untersuchung - hatte zum Ziel, die Kompetenzen in der Prozentrechnung sowohl von Jugendlichen als auch von Erwachsenen zu erheben. Hierzu wurden auch eventuell vorliegende berufsspezifische Unterschiede überprüft.
Mit einer Analyse des Themas Prozentrechnung wurde zunächst die Frage geklärt: Was versteht man unter Prozentrechen-Kompetenz und welche Aufgaben müssen in einen Test zur Prozentrechnung integriert werden, um diese Kompetenz hinreichend abzudecken?
Während der Vorbereitungsphase und der Durchführung der ersten Pretests wurde sukzessive deutlich, dass es sinnvoll wäre, die Befragung durch einen Online-Test vorzunehmen - eine Form der Befragung, die in der Mathematikdidaktik noch weitgehend unerforscht ist. In der vorliegenden Arbeit sollte dieses „neue“ Instrument auf Tauglichkeit und Repräsentativität geprüft werden.

Eine Arbeit, die neben der technischen Umsetzung auch die fachliche Aufarbeitung eines Themengebietes verlangt, bedarf vielseitiger Unterstützung.
In diesem Sinne bedanke ich mich bei Prof. Dr. Mario Fischer, dass er mir stets mit seiner kritischen Meinung zur Seite stand und so mit zur Qualität der vorliegenden Arbeit beitrug. Die technische Umsetzung des Fragebogens zur Prozentrechnung wäre ohne die Hilfe der Mitarbeiter der Firma „i-cue medienproduktion GmbH & Co. KG“ kaum gelungen. Hier möchte ich insbesondere Florian Münzer, Andreas Schnarr und Markus Feineis erwähnen. Ebenso boten mir Dr. Volker Hargutt vom Interdisziplinären Zentrum für Verkehrswissenschaften an der Universität Würzburg und Stefan Englert vom Lehrstuhl für Statistik am Institut für Mathematik der Universität Würzburg ihre Hilfe bei der Durchführung der statistischen Tests an.

Vor allem möchte ich mich bei meinem Mann Matthias Wolf und meinen Eltern Ruth und Heiner Völkl bedanken, die mich nach der Geburt unseres Sohnes im Frühjahr 2006 hervorragend entlastet haben. Dadurch war es mir möglich, weiterhin an der hier vorliegenden Dissertation zu arbeiten.

Mein ganz besonderer Dank gilt meinem Doktorvater Prof. Dr. Thomas Weth, der mir die einmalige Chance gegeben hat, dieses Thema zu bearbeiten und mir stets hilfreich und mit lehrreichen Ratschlägen zur Seite stand. Außerdem bedanke ich mich herzlich bei meiner Zweitgutachterin Prof. Dr. Anna-Susanne Steinweg für Ihre Anregungen und die fachliche Unterstützung.

Das Frauenkompetenzzentrum / Gender Center an Bayerischen Fachhochschulen stellte mir im Hinblick auf eine mögliche FH-Professur nach der Promotion ein Stipendium zur Förderung der vorliegenden Arbeit. Ohne diese großzügige finanzielle Unterstützung wäre es mir kaum möglich gewesen, die vorliegende Arbeit zu erstellen. Deshalb möchte ich mich bei den beteiligten Professorinnen für Ihre Entscheidung bedanken.

Würzburg, im Januar 2010 Christina Völkl-Wolf

Inhaltsübersicht

Inhaltsverzeichnis

Abbildungsverzeichnis

Tabellenverzeichnis

Abkürzungsverzeichnis

ALL	Adult Literacy and Life Skills Survey
BMT	Bayerische Mathematiktests; Bezeichnung der Jahrgangsstufentests in Bayern für das Gymnasium
EWF	Erziehungswissenschaftliche Fakultät
G oder g	Abkürzung für den Grundwert
G8	8-stufiges Gymnasium (neue Regelung)
G9	9-stufiges Gymnasium
HTML	Hypertext Markup Language; Programmiersprache zur Erstellung von Webseiten
IEA	International Association for the Evaluation of Educational Achievement – Unabhängiges internationales Konsortium von nationalen Forschungsinstitutionen und staatlichen Forschungsagenturen zur Messung von Schülerleistungen
IGLU	Internationale Grundschul-Leseuntersuchung
Jgst.	Abkürzung für Jahrgangsstufe
K 1	Kompetenz „Mathematisch argumentieren" der Bildungsstandards
K 2	Kompetenz „Probleme mathematisch lösen" der Bildungsstandards
K 3	Kompetenz „Mathematisch modellieren" der Bildungsstandards
K 4	Kompetenz „Mathematische Darstellungen verwenden" der Bildungsstandards
K 5	Kompetenz „Mit symbolischen, formalen und technischen Elementen der Mathematik umgehen" der Bildungsstandards
K 6	Kompetenz der Bildungsstandards, „Kommunizieren"
KMK	Kultusministerkonferenz
L 1	Leitlinie „Zahl" der Bildungsstandards
L 2	Leitlinie „Messen" der Bildungsstandards
L 3	Leitlinie „Raum und Form" der Bildungsstandards
L 4	Leitlinie „Funktionaler Zusammenhang" der Bildungsstandards
L 5	Leitlinie „Daten und Zufall" der Bildungsstandards
M-Klassen	Mittlere-Reife-Klassen der Hauptschule in Bayern
MTMM	Multitrait-Multimethod-Methode; dient zur Überprüfung der Testvalidität
OECD	Organization for Economic Cooperation and Development – Organisation für Wirtschaftliche Zusammenarbeit und Entwicklung,z.Z.30 Mitgliedsstaaten weltweit
P	Abkürzung für den Prozentwert
p oder p %	Abkürzung für den Prozentsatz

Piaac	Programme for the International Assessment of Adult Competencies
PISA	Programme for International Student Assessment – Von der OECD initiierte, in den Mitgliedsstaaten und weiteren Ländern erstmals 2000 durchgeführte Studie zum Vergleich der Basiskompetenzen 15-Jähriger
R4	4-stufige Realschule in Bayern
R6	6-stufige Realschule in Bayern (neue Regelung)
R-Klassen	Regel-Klassen in der Hauptschule in Bayern (kein Mittlere-Reife-Zweig)
TIMSS	Third International Mathematics and Science Study –Internationaler Leistungsvergleich der IEA von Grund- und Sekundarschülern (I und II)in Mathematik und Naturwissenschaften,1995,als TIMSS-Repeat 1999 wiederholt
W oder w	Abkürzung für den Prozentwert

1 Einleitung

Bei der vorliegenden Arbeit handelt es sich um eine Grundlagenstudie mit empirischer Untersuchung zu Kenntnissen von Schülern und Erwachsenen zur Prozentrechnung. Im Vordergrund steht der Vergleich hinsichtlich ihrer Kompetenz im Prozentrechnen. Als Messinstrument wird ein Online-Test herangezogen. Da Online-Befragungen in der Mathematikdidaktik eher selten verwendet werden, wird diskutiert, inwieweit diese „neue" Methode für die Mathematikdidaktik repräsentative Ergebnisse liefert.

1.1 Motivation und Zielsetzung

In verschiedenen internationalen Studien, wie PISA (Programme for International Student Assessment) und TIMSS (Third International Mathematics and Science Study), zeigte sich, dass die Ergebnisse der deutschen 15-Jährigen Schüler in der mathematischen Grundbildung unerwartet gering sind. Vor allem die Veröffentlichung der unterdurchschnittlichen Ergebnisse der deutschen 15-Jährigen Schüler aus den ersten PISA-Tests sorgte in der Öffentlichkeit, den Medien sowie in der Bildungspolitik für große Aufregung.[1] Die Ergebnisse dokumentieren, dass bei Schülern Defizite vorliegen, die bisher in dieser Form nicht bekannt waren. Ob sich dieses schulische Defizit auch nachteilig auf das Erwachsenenleben auswirkt, ist nicht geklärt.

Womöglich hat die dramatisierte Mittelmäßigkeit in den mathematischen Leistungen, die den 15-Jährigen in PISA bescheinigt wird, letztlich gar keine so große Relevanz für das Berufsleben, weil die Kompetenz im Laufe des Berufslebens „automatisch" nachgeholt wird.

Die vorliegende Arbeit ist damit aus der Kritik motiviert, die durch PISA und andere internationale Tests am deutschen Schulsystem laut wurde und stellt die

---

[1] Vgl. **Leffers 2002**

Frage, ob sich die **Kompetenzen Jugendlicher und Erwachsener** in einem Teilgebiet der mathematischen Grundbildung, der Prozentrechnung, signifikant voneinander unterscheiden.

Wenn davon ausgegangen wird, dass mathematische Bildung als Grund- oder Allgemeinbildung Relevanz hat, so gilt es, ein Themengebiet für die vorgelegte Untersuchung auszuwählen, das eben dieser Grundbildung zuzuordnen ist.[2] Hier gelangt die **Prozentrechnung** in den Fokus. Da sie in besonderem Maße zur erfolgreichen Bewältigung des späteren Lebensalltags der Jugendlichen von Bedeutung ist, scheint sie für einen Test zur mathematischen Grundbildung Jugendlicher und Erwachsener geeignet.

Um ein taugliches Instrument zur Messung der Kompetenz „Prozentrechnen können" zu erstellen, muss zuerst analysiert werden, welche **Inhalte der Prozentrechnung** als wesentlich betrachtet werden können.
Es ist deshalb im ersten Schritt eine umfassende Bestandsaufnahme notwendig. Damit sollen die Fragen geklärt werden: „Was versteht man unter Prozentrechen-Kompetenz?" beziehungsweise „Was muss man beherrschen, um Prozentrechnen zu „können"?"
Im Anschluss daran können Aufgaben zur Erfassung dieser Kompetenz in eine empirische Untersuchung integriert werden.

Die Untersuchung soll als schriftliche Befragung durchgeführt werden. Als Alternative zur herkömmlichen persönlichen Befragung mittels Fragebogen wird eine anonyme **Befragung über das Internet** entwickelt. Hierbei wird vor allem die Möglichkeit gesehen, dass diese für die mathematikdidaktische Forschung

[2] Da es auch aufgrund begrenzter finanzieller und personaler Mittel nicht möglich ist, Leistungsunterschiede für alle in PISA abgebildeten Themengebiete festzustellen, wurde ein Teilgebiet der mathematischen Grundbildung beispielhaft ausgewählt.

erstmalig erprobte Methode höhere Response-Raten und breitere Schichten der Zielgruppen erreicht. Die vorliegende Arbeit hat somit ebenso zum Ziel, die Methode der Online-Befragung zu evaluieren.
Innerhalb dieser Methodenevaluation ist es insbesondere relevant zu beurteilen, ob die Online-Befragung eine annähernd repräsentative Stichprobe der Erwachsenen-Gruppe erzeugt.

Das Ergebnis der Online-Befragung führt zum **Kernziel** der vorliegenden Arbeit: Die mathematischen Kompetenzen im Prozentrechnen sowohl **von Jugendlichen als auch von Erwachsenen** werden grundständig erhoben und verglichen und auf mögliche signifikante Unterschiede überprüft. Um eventuelle Interaktionseffekte mit anderen Merkmalen zu erkennen, werden die Kompetenzen im Prozentrechnen auch nach weiteren Merkmalen, wie Geschlecht, Nationalität, Schulbildung und Berufswahl untersucht.

Die Arbeit verfolgt somit im Wesentlichen zwei Ziele:

1. Es wird festgestellt, ob sich Jugendliche und Erwachsene in der Kompetenz im Prozentrechnen signifikant unterscheiden.
2. Es wird geprüft, ob das Messinstrument der Online-Umfrage repräsentative Ergebnisse liefert.

Da die Erfassung der Kompetenz aller Erwachsenen sehr weit gegriffen scheint, soll außerdem untersucht werden, ob es bei der Gruppe der Erwachsenen **berufsspezifische Unterschiede** hinsichtlich der Kompetenz im Prozentrechnen gibt. Das scheint sinnvoll, da die Prozentrechnung im Vergleich zu anderen Themen der mathematischen Grundbildung (zum Beispiel Achsenspiegelung in der Geometrie) im alltäglichen Leben eine herausragende Rolle spielt. Es besteht zudem die Vermutung, dass bestimmte berufsspezifische Tätigkeiten starken Einfluss auf die Kompetenz der Erwachsenen ausüben (es gibt nicht „den" Erwachsenen).
Bei der berufsspezifischen Unterscheidung wird eine Dreiteilung des Kompetenzniveaus in „gut", mittel" und „schlecht" vorgenommen.

Ergäbe sich bei der hier angelegten Untersuchung, dass einzelne Berufsgruppen (zum Beispiel Ärzte) verstärkt in einem Kompetenzniveau (zum Beispiel „gut“) vertreten sind, so spräche dies für eine hohe Relevanz der Prozentrechen-Kompetenz für diese Berufsgruppen. Wenn hingegen festgestellt würde, dass einzelne Berufsgruppen in allen drei Kompetenzniveaus ähnlich stark vertreten sind, so spräche dies eher für eine geringe Relevanz der Prozentrechnung für diese Berufsgruppen.
Die Frage lautet also salopp formuliert: Gibt es bestimmte Berufsgruppen die „besser oder schlechter als andere“ sind?

Um wissenschaftliche Erkenntnisse zu gewinnen, kann man sowohl deduktiv (hypothesenprüfend) als auch induktiv (hypothesengenerierend) vorgehen. Diesbezüglich soll für die vorliegende Arbeit eine klare Strukturierung vorgenommen werden: Zur Erreichung des Kernziels wird deduktiv vorgegangen. Die Hypothesen stehen am Anfang und werden mit statistischen Signifikanztests geprüft. Die berufsspezifischen Unterschiede werden hingegen mit Hilfe der induktiven Vorgehensweise ermittelt. Hier steht die Hypothese am Ende.

1.2 Überblick zur vorliegenden Arbeit

Um die genannten Ziele zu erreichen, sollen zunächst die Inhalte, welche die Kompetenz „Prozentrechnen können“ ausmachen, definiert werden. **Kapitel 2** betrachtet dazu das Thema Prozentrechnung im Detail. Hier soll der noch vage benutzte Begriff „Prozentrechen-Kompetenz“ konkretisiert werden. Darauf aufbauend ist es möglich, ein Instrument zur Messung dieser Kompetenz zu entwickeln.
Um die „Prozentrechen-Kompetenz“ im aktuellen Kontext zu betrachten, werden zunächst aktuelle nationale und internationale Studien zum Thema „Mathematische Grundbildung von Schülern und Erwachsenen“ vorgestellt. Es wird dabei untersucht, ob diese Studien Belege dafür liefern, wie Schüler und Erwachsene in der Prozentrechnung abschneiden.
In einem weiteren Schritt erfolgt die Betrachtung der Prozentrechnung im Alltag. Es werden Möglichkeiten und gängige Vorgehensweisen gezeigt, wie Aussagen

zu Prozentangaben im Alltag häufig fälschlich dargestellt werden. Erkenntnisse hieraus liefern Hinweise zur „richtigen" Aufgabenformulierung in der geplanten Untersuchung.

Auch das Verständnis der Prozentrechnung in der Schule scheint für die Eingrenzung der Kompetenz der Prozentrechnung und somit für die Item-Generierung wichtig. Es wird deshalb die didaktisch-methodische Vermittlung der Prozentrechnung in der Schule beispielhaft an einem Modell von ZECH dargestellt. Eine Lehrbuchanalyse soll die curriculare Eingliederung der Prozentrechnung klären. Auch die Bildungsstandards und die seit einigen Jahren in Bayern eingeführten Jahrgangsstufentests könnten Einfluss auf die schulische Vermittlung der Prozentrechnung haben und werden deshalb untersucht.

Die Erkenntnisse aus der Betrachtung der Prozentrechnung unter den eben genannten Gesichtspunkten werden am Ende des 2. Kapitels zusammengefasst. Dadurch wird deutlich, was unter Prozentrechen-Kompetenz verstanden werden kann.

Kapitel 3 beschäftigt sich mit der Methodik der empirischen Untersuchung.

Es werden konkrete Fragestellungen bezüglich der Messung der Kompetenz im Prozentrechnen und der Tauglichkeit des Testinstruments herausgearbeitet, die nachfolgend untersucht werden.

Zur Vorbereitung der Testdurchführung werden die Erkenntnisse des zweiten Kapitels in einem Kompetenzmodell festgehalten. Die hierzu erstellten Items und der Fragebogen werden durch Expertenbefragung und Pretests weiter optimiert. Nach der Festlegung des endgültigen Aufgabenkataloges wird dargestellt, wie die potentiellen Probanden über das Internet zur Teilnahme am Test aufgefordert wurden. Durch die Schätzung des optimalen Stichprobenumfangs und der Effektstärke konnte veranschlagt werden, wie viele Probanden in etwa befragt werden müssen.

Der Aufbau der empirischen Untersuchung wird in technischer und formaler Hinsicht (Einweisungstext, Aufgabenstellung und Abschluss des Tests) dargestellt. Alle Aufgaben aus dem Test werden abgebildet und inhaltlich erläutert.

Außerdem werden Probleme bei der Durchführung einer internetgestützten Befragung dargestellt und für die vorliegende Arbeit diskutiert.
Nach der Durchführung des Tests wurden die Datensätze der teilnehmenden Personen bereinigt, um statistische Tests zur Untersuchung vorzunehmen. Wie diese Datensätze bereinigt wurden und welche statistischen Tests angewendet wurden, wird in diesem Zusammenhang näher erläutert.

Die Ergebnisse der empirischen Untersuchung werden im **4. Kapitel** vorgestellt. Neben der Prüfung der Repräsentativität der Testmethode werden die Ergebnisse der Aufgaben im Einzelnen aufgezeigt. Die Durchführung der statistischen Signifikanztests zeigt, bei welchen Gruppen signifikante Unterschiede hinsichtlich der Kompetenz im Prozentrechnen bestehen.[3]
Ferner wird die Kompetenz im Prozentrechnen bei unterschiedlichen Berufsgruppen kategorisiert und interpretiert.

In **Kapitel 5** werden die wichtigsten Ergebnisse nochmals zusammengefasst und interpretiert. Neben der Schlussbemerkung sollen weiterführende Gedanken und Möglichkeiten für anknüpfende Untersuchungen aufgegriffen werden.

---

[3] Die Kompetenz im Prozentrechnen wird auch hinsichtlich qualitativer und quantitativer Daten mit Hilfe statistischer Tests überprüft. Qualitative Merkmale sind Angaben, die von den Teilnehmern im Test-Fragebogen ausformuliert werden. Quantitative Merkmale können dagegen in einem Punktwert festgehalten werden.

2 Thema Prozentrechnung – analytische Betrachtung

Um die mathematischen Kompetenzen von Jugendlichen und Erwachsenen zu erheben, muss zunächst geklärt werden, was man unter „Prozentrechnen-Können" zu verstehen hat. Dazu werden im Folgenden mehrere Bereiche, welche die Prozentrechnung betreffen, untersucht.
Die Ergebnisse dieser Analyse bilden die inhaltliche Grundlage für die Testkonstruktion in Kapitel 3.

2.1 Grundlegendes zum Prozentbegriff

Zum besseren Verständnis des Prozentbegriffs soll zunächst die Wortherkunft und die Begriffe der Prozentrechnung erläutert werden.

2.1.1 Wortherkunft

Die Prozentrechnung und das Prozentsymbol stammen aus Italien.[4] Das Wort Prozent kommt vom lateinischen Wort „pro centum", das mit „für hundert" übersetzt werden kann. Im Italienischen heißt Prozent heute „per cento" und im Österreichischen beispielsweise „Perzent".[5]
Das Prozentzeichen „%", das hinter Zahlen steht, wird in unterschiedlichen Schriften aus dem 17. Jahrhundert mit *p.c., p 100, pc°* oder *p cento* abgekürzt. In späteren Schriften ändert sich die Schreibweise so, dass dem *p* ein Bruchstrich mit einem Kreis im Nenner und Zähler nachgestellt wird ($p\frac{o}{o}$).[6] Ab Mitte

---

[4] Vgl. **Rönchen 2004**, S. 7

[5] Vgl. **Bibliographisches Institut 1985a**, S. 510

[6] Vgl. **Rönchen 2004**, S. 7

des 19. Jahrhunderts wird der Bruchstrich dann schräg gestellt „%“.[7] Man geht davon aus, dass der schräge Bruchstrich von der italienischen Abkürzung „cto“ (per cento) abgeleitet wird[8]: Die „kleine Null“ im Zähler entsteht durch das „c“, der Bruchstrich beziehungsweise Schrägstrich stellt das „t“ dar und aus dem „o“ aus „cto“ wird der Kreis im Nenner. Bis heute gilt die Schreibweise „%“. Das Prozentsymbol wird als „Prozent“, in seltenen Fällen „Hundertstel“ und in juristischen Texten häufig „vom Hundert“ (vH) ausgesprochen.

2.1.2 Begriffe in der Prozentrechnung

Die Begriffe, welche in der Prozentrechnung in Beziehung zueinander stehen, sind Prozentwert, Grundwert und Prozentsatz. Entsprechend dieser drei Grundbegriffe kann man drei Grundaufgaben der Prozentrechnung unterscheiden[9]:

1. Berechnung des Prozentwertes
2. Berechnung des Grundwertes
3. Berechnung des Prozentsatzes

Folgende Abkürzungen werden synonym in der Literatur verwendet:

- g oder G für den Grundwert,
- p oder p% für den Prozentsatz, wobei p% gleichbedeutend mit dem Bruch $\frac{p}{100}$ ist und
- w, W oder P für den Prozentwert.[10]

Im Folgenden werden stets die Abkürzungen p, P und G beibehalten.

[7] Vgl. **Tropfke 1980**, S. 531

[8] Vgl. **Tropfke 1902**, S. 106

[9] Vgl. **Rönchen 2006**, S. 19ff. , **Schwartze 1980**, S. 229

[10] Vgl. **Duden 1999**, S. 45 und 67; Der Prozentsatz wird hier mit p%, der Grundwert mit g und der Prozentwert mit w abgekürzt. **Appel 2004**, S. 24, hingegen benutzt die Kürzel G, p und P.

Bei diesen grundlegenden Begriffen der Prozentrechnung handelt es sich um problematische und nicht einfach zu verstehende Begriffe. BERGER beschreibt die unterschiedlichen existierenden Definitionen der Prozentrechnung 1989 als „Definitionschaos“[11]: Manche Definitionen sind beispielsweise darauf bedacht, mathematisch möglichst korrekt zu sein, während andere eher den Anwendungsbezug in den Vordergrund stellen. Die Problematik soll an einigen Definitionen und Darstellungen in der Fachliteratur aufgegriffen und kurz erläutert werden.

Im Duden für „Rechnen und Mathematik“ des BIBLIOGRAFISCHEN INSTITUTS findet man eine Definition, welche die Prozentrechnung als Spezialfall der Bruchrechnung betrachtet:

1.)

> „Bruchteile von Größen kann man am besten miteinander vergleichen, wenn sie durch Brüche mit gleichem Nenner gegeben sind. Wählt man als Nenner 100, dann sind die Bruchteile in Hundertstel gegeben. Man schreibt dann $\frac{1}{100} = 1\%$ (lies: 1 Prozent)
> und entsprechend
> $\frac{p}{100} = p\%$ (lies: p Prozent).
> Man berechnet p% von einer Größe indem man die Größe mit
> $\frac{p}{100}$ multipliziert.
> *Beispiele:*
> 1) 5 % von 200 DM sind 10 DM, denn $\frac{5}{100} \cdot 200 = 10$.
> (...)
> Man berechnet also p% von der Größe G nach folgender Formel:
> $\frac{p}{100} \cdot G = W$.
> Dabei heißt G Grundwert, p Prozentsatz, W Prozentwert.
> Aus dieser Gleichung kann man auch den Prozentsatz p oder den Grundwert G berechnen, wenn die beiden anderen Größen bekannt

[11] Vgl. **Berger 1989**, S. 10

sind:
$p=\frac{100\cdot W}{G}$, $G=\frac{100\cdot W}{p}$.“[12]

Die Grundbegriffe der Prozentrechnung werden in demselben Duden ebenfalls angegeben:

2.) „1. Grundwert (...).
Der Grundwert wird stets benannt (z. B. DM, kg, m o.ä.). Der Grundwert entspricht 100 Hundertsteln, also dem Ganzen oder 100 %.
2. Prozentsatz
Der Prozentsatz ist stets die Angabe eines Teiles von 100, er kann in Hundertsteln angegeben werden und sagt aus, wie viel des Grundwertes zu berechnen sind. $\frac{1}{100}$ = 1 Hundertstel = 1 Prozent = 1 %.
3. Prozentwert
Der Prozentwert ist ein Teil des Ganzen, also des Grundwertes. Er ist stets eine benannte Zahl (z. B. DM, kg, m o.ä.). Prozentsatz und Prozentwert entsprechen einander. (...)“[13]

Auffallend ist bei der obigen Erläuterung der Begriffe, dass nicht der Fall erwähnt wird, dass ein Prozentsatz auch über 100 liegen kann. Die Aussage „Der Prozentsatz ist stets die Angabe eines Teiles von 100“ vermittelt den Eindruck, dass dieser stets kleiner als 100 sein muss. Außerdem muss der Grundwert oder Prozentwert nicht zwingend eine benannte Zahl sein.

ZECH beschreibt die Grundaufgaben anders als in Beispiel 2.) mit Hilfe von einfachen Beispielen[14]:

3.) „- **„Prozentwerte“** berechnen heißt gewöhnlich[2)], den Teil eines Grundwerts (Hundertstelbruch eines Ganzen) zu bestimmen.
Einfaches Beispiel: 10 % von 500 DM berechnen heißt $\frac{10}{100}$ von

[12] **Bibliographisches Institut 1985a**, S. 510

[13] **Bibliographisches Institut 1985b**, S. 97

[14] **Zech 1995**, S. 225

500DM zu bestimmen.

- „**Grundwerte**“ berechnen heißt gewöhnlich[2)], von einem Teil eines Grundwerts (Hundertstelbruch eines Ganzen) auf den Grundwert (das Ganze) zu schließen.

Einfaches Beispiel: Man schließt von 80 DM = 25 % bzw. $\frac{1}{4}$ eines Grundwerts auf den vollen.

- „**Prozentsätze**“ berechnen heißt gewöhnlich, den Teil eines Grundwerts in Prozenten (Hundertsteln) auszudrücken.

Einfaches Beispiel: 600 von 800 Leuten= $\frac{600}{800}$ bzw. $\frac{3}{4}$ der Leute als 75 % zu bestimmen.“

[2)] Von Prozentsätzen über 100 % kann man zunächst einmal absehen

Durch diese einfachen Beispiele werden die Begriffe der Prozentrechnung anschaulich dargestellt. Verwirrend ist aber zum Beispiel die Schreibweise „80 DM = 25 %“, die so mathematisch nicht korrekt ist. Auch die Formulierung „auf den vollen“ ist für Leser womöglich irreführend.

Eine weitere Definition zeigt die Prozentrechnung in Verbindung mit Bruch- und Dezimalzahlen[15]:

4.) „Unter einem Prozent einer bestimmten Größe versteht man ihren hundertsten Teil oder ihr 0,01faches, entsprechend unter 5; 18; 73 … Prozent 5/100; 18/100; 73/100 … (das 0,05; 0,18; 0,73 …fache) der Bezugsgröße.“

In dieser Darstellung der Prozentrechnung wird kein Prozentzeichen eingeführt. Es wird ebenfalls nicht deutlich, dass die Prozentangaben auch größer als 100 sein können.

[15] Vgl. **Schupp 1967**, nach **Berger 1989**, S. 10

Die hier genannten unterschiedlichen Darstellungen der Begriffe zur Prozentrechnung zeigen, dass es offensichtlich nicht einfach ist, diese verständlich und gleichzeitig korrekt zu beschreiben.

Um eine einheitliche Grundlage für die vorliegende Arbeit zu schaffen, soll deshalb eine **eigene Definition für die Begriffe der Prozentrechnung** hergeleitet werden:

Je nach Anwendungsumgebung entscheidet man sich beim Vergleich zweier Größen oder Zahlen für einen absoluten oder für einen relativen Vergleich. Der absolute Vergleich ermöglicht Aussagen wie beispielsweise „x ist 5 kg schwerer als y". In anderen Situationen ist man eher am relativen Vergleich interessiert, welcher zu Aussagen wie „x ist 50 % schwerer als y" oder „x ist doppelt so schwer wie y" führt. Beim absoluten Vergleich interessiert demnach der Unterschied, welcher zwischen zwei Größen liegt und beim relativen Vergleich das Verhältnis der Zahlen.[16] Die Prozentrechnung dient also dazu, zwei Größen relativ zu vergleichen.[17]

Im Unterschied zur Differenzbildung beim absoluten Vergleich (zum Beispiel 120 € - 80 € = 40 €) wird beim relativen Vergleich ein Quotient gebildet. Das Ergebnis dieser Quotientenbildung kann im folgenden Beispiel in eine Zahl mit dem Nenner 100 umgewandelt werden:

Beispiel 1	$\frac{120}{80} = \frac{150}{100} = 150\%$

Definition:

Stellt man beim relativen Vergleich zweier Größen oder Zahlen P und G den auftretenden Quotienten $\frac{P}{G}$ als Bruch mit dem Nenner 100 dar, dann nennt

[16] Der absolute Vergleich kann auch als direkter Vergleich und der relative Vergleich als indirekter Vergleich bezeichnet werden.

[17] Vgl. **Krauter 2007**, S. 2ff.

man den Zähler Prozentsatz p. Den Zähler des ursprünglichen Bruchs nennt man Prozentwert und den Nenner Grundwert: $\frac{P}{G}=\frac{p}{100}$.

2.2 Prozentrechnung und Allgemeinbildung

Ohne Zweifel ist die Prozentrechnung ein Themengebiet mit hoher Alltagsrelevanz. Um den Stellenwert der Prozentrechnung als Teilgebiet der mathematischen Grundbildung richtig einschätzen zu können, soll geklärt werden, ob sie ebenfalls der Allgemeinbildung zuzuordnen ist.

2.2.1 Prozentrechnung als Teil der Allgemeinbildung

Wilhelm von Humboldt, Gelehrter und Mitbegründer der Universität in Berlin, schrieb im Dezember 1809 an den preußischen König: „Es gibt schlechterdings gewisse Kenntnisse, die allgemein sein müssen, (...). Giebt ihm [dem Mensch] der Schulunterricht, was hiezu erforderlich ist, so erwirbt er die besondere Fähigkeit seines Berufs nachher sehr leicht und behält immer die Freiheit, wie im Leben so oft geschiehet von einem zum andern überzugehen."[18]

Abbildung 1. Wilhelm von Humboldt[19]

[18] **Erziehungswissenschaft 2007**, S. 3

[19] Vgl. **o.V. 2009**

Humboldt hatte offenbar den Anspruch an die Lehre, Schülern[20] solche Kenntnisse zu vermitteln, die ihnen im Anschluss an die schulische Ausbildung helfen, sich in unterschiedlichen Berufen zurechtzufinden.
Die vorliegende Arbeit beschäftigt sich mit der Prozentrechnung also mit einem Teilgebiet der mathematischen Grundbildung, die laut Humboldts Definition ebenfalls zu den Kenntnissen „die allgemein sein müssen" (Allgemeinbildung) zugeordnet werden können.
Interessant ist an dieser Stelle das Ergebnis einer Studie zur Einschätzung der schulischen Vermittlung solcher *allgemeiner* Kenntnisse. Vor allem Führungskräfte aus Wirtschaft und Verwaltung bemängeln die schulische Vermittlung im gegenwärtigen Bildungssystem in Deutschland. Im Rahmen der Bildungsstudie 2007 von Focus und Microsoft wurden etwa 400 Führungskräfte befragt. Ein Ergebnis ist: „Entscheider im Personalwesen sind im Vergleich zu Eltern und Lehrern unzufrieden mit der schulischen Vermittlung von Allgemeinwissen"[21]. Die folgende Abbildung zeigt, dass ca. 70 % der Eltern, 50 % der Lehrer und lediglich 20 % der Personalverantwortlichen mit der schulischen Vermittlung von Mathematik zufrieden sind:

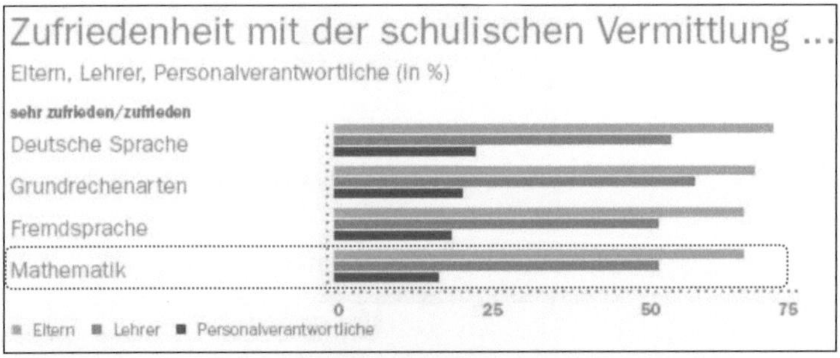

Abbildung 2. Zufriedenheit mit der schulischen Vermittlung (verändert)[22]

---

[20] Zur Vereinfachung werden im Folgenden jeweils nur die männlichen Bezeichnungen angegeben; weibliche Personen sind hierbei inbegriffen.

[21] **Bildungsstudie 2007**

[22] Vgl. **Bildungsstudie 2007**

Nur 31 % der Befragten halten zudem die „Leistungen der Schulabgänger in Mathematik (...) für ausreichend.“[23]
In der geplanten empirischen Untersuchung wird sich zeigen, ob die Einschätzung der Befragten mit den Kompetenzen der Jugendlichen zumindest im Teilgebiet Prozentrechnen übereinstimmt (vgl. Kapitel „5.3 Zur Unterscheidung Jugendlicher und Erwachsener“).

Hans Werner **HEYMANN**, Professor für Erziehungswissenschaft an der Universität Siegen, sieht die Prozentrechnung ebenfalls als Teil der Allgemeinbildung.
Die von ihm Mitte der 90er Jahre erschienene Habilitationsschrift „Allgemeinbildung und Mathematik“[24] unterschied ab dem 8. Schuljahr in Schüler, die sich im späteren Leben einem mathematikintensiven Beruf zuwenden und solchen, die dies nicht vorhätten. In Zusammenhang mit dem von ihm vorgeschlagenen Konzept nennt er einige nach seiner Ansicht wichtige Kriterien für „allgemeinbildenden Mathematikunterricht“. Darunter sieht er im Bereich „Lebensvorbereitung“ vor allem auch „unmittelbar lebensnützliche Aktivitäten wie Schätzen, Überschlagen, Interpretieren und Darstellen“[25], die im Mathematikunterricht öfter und eindringlicher thematisiert werden sollten.
Die Prozentrechnung kann in Anbetracht der alltäglichen Verwendung zu diesen „lebensnützlichen Aktivitäten“ gezählt werden. Beispiele für die alltägliche Verwendung sind[26]:

- Die Bank bietet ein Tagesgeldkonto mit einem Zinssatz von 2,5 % an.
- Die Mehrwertsteuer wird in Deutschland zum 1.1.2007 auf 19 % angehoben.
- Jugendliche und Studenten erhalten 20 % Eintritts-Ermäßigung im Theater.

---

[23] **Focus 2007**, S. 28
[24] Vgl. **Heymann 1996**
[25] Vgl. ebd., S. 278
[26] Vgl. **Duden 1999**, S. 5

Auch in dem von HEYMANN vorgestellten Katalog mathematischer Inhalte „(...), auf die Nicht-Mathematiker nach Abschluss ihrer Schulzeit im privaten oder beruflichen Alltag bisweilen zurückgreifen“[27] wird die Prozentrechnung im arithmetischen Bereich angesprochen:

> Trotz der gravierenden Unterschiede der berücksichtigten Populationen in Bildungsniveau, aktueller Tätigkeit, Alter und Nationalität stimmen die Ergebnisse in erstaunlichem Maße überein. Eine Essenz bietet der folgende Katalog:
>
> *Mathematische Inhalte und inhaltsbezogene Qualifikationen, auf die Nicht-Mathematiker nach Abschluß ihrer Ausbildung im Alltag bisweilen zurückgreifen:*[112]
>
> - *Arithmetischer Bereich:* Anzahlbestimmungen; Beherrschung der Grundrechenarten (je nach Komplexität "im Kopf" oder schriftlich); Rechnen mit Größen, Kenntnis der wichtigsten Maßeinheiten, Durchführung einfacher Messungen
>
> (vor allem Zeit und Längen); Rechnen mit Brüchen mit einfachen Nennern in anschaulichen Kontexten; Rechnen mit Dezimalbrüchen; Ausrechnen von Mittelwerten (arithmetisches Mittel); Prozentrechnung; Zinsrechnung; Schlußrechnung ("Dreisatz"); Durchführung arithmetischer Operationen mit einem Taschenrechner; Grundfertigkeiten im Abschätzen und Überschlagen.
> - *Geometrischer Bereich:* Kenntnis elementarer regelmäßiger Figuren (Kreis, Rechteck, Quadrat etc.) und Körper sowie elementarer geometrischer Beziehungen und Eigenschaften (Rechtwinkligkeit, Parallelität etc.); Fähigkeit zur Deutung und Anfertigung einfacher graphischer Darstellungen von Größen und Größenverhältnissen (Schaubilder, Diagramme, Karten) sowie von Zusammenhängen zwischen Größen mittels kartesischer Koordinatensysteme.
>
> Selbstverständlich weist dieser Katalog unscharfe Ränder auf. Es gibt viele mathematikscheue Erwachsene, denen selbst Anwendungen der Prozent- und Zinsrechnung oder des Dreisatzes – also der vergleichsweise "höchsten" in obigem Katalog aufgeführten Mathematik – große Schwierigkeiten bereiten, die sich deshalb in Situationen, in denen sich persönliche Entscheidungen auf entsprechende Rechnungen stützen ließen, lieber auf andere verlassen: etwa auf den Anlageberater ihrer Bank oder den Verkäufer, die ihnen "mathematikfrei" erklären, welche Geldanlage oder welches Produkt für sie am günstigsten sei. Umgekehrt gibt es einfache An-

Abbildung 3. Katalog mathematischer Inhalte nach HEYMANN[28]

---

[27] **Heymann 1996**, S. 36

[28] Vgl. **Heymann 1996**, S. 136ff.

Im Folgenden wird demnach davon ausgegangen, dass Prozentrechnung als Teilgebiet der mathematischen Grundbildung auch als Allgemeinbildung Relevanz hat.

2.2.2 Halbwertszeit des Wissens

Es wird heute vielfach diskutiert, dass „die Wissensinhalte häufig in kürzeren Zyklen überholt"[29] werden und es deshalb nicht oder nur schwer möglich ist, sich in Schule und Ausbildung genau das Wissen anzueignen, das man im späteren Berufsleben braucht.

Man spricht auch davon, dass beispielsweise die Halbwertszeit verschiedener Wissensarten unterschiedlich lang ist. Die Halbwertszeit kann als der Zeitraum bezeichnet werden, in dem man noch die Hälfte von dem weiß, was man gelernt hat. Die folgende Abbildung zeigt die Halbwertszeit für verschiedene Wissensarten:

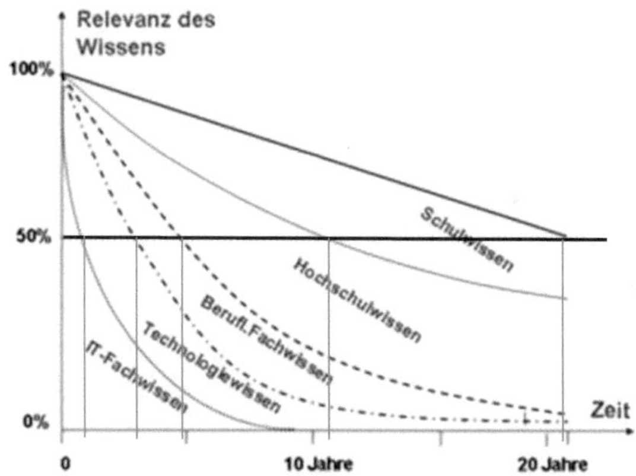

Abbildung 4. Halbwertszeit des Wissens[30]

Dieser Kurve entsprechend müssten die mathematischen Kenntnisse der Erwachsenen im Allgemeinen geringer ausfallen als bei jungen Menschen: Die

[29] **Göbel 2004**

[30] Vgl. **Schüppel 1996**, S. 238

waagrechte Linie bei 50 % und die davon senkrecht nach unten abgehenden Linien zeigen an, nach wie viel Jahren noch die „Hälfte“ des Gelernten gewusst wird. Beim Schulwissen beispielsweise liegt die Halbwertszeit bei etwa 20 Jahren, wogegen sie bei IT-Fachwissen nur noch bei etwa einem Jahr liegt. In dieser Zeit hat man demnach die Hälfte des ehemals Gelernten wieder vergessen.[31] Das erworbene Wissen muss offenbar vor allem bei stark berufsabhängigem Wissen permanent erneuert werden.

Die Kurve zur Halbwertszeit des Wissens soll zur Überprüfung der Frage verwendet werden, ob das Themengebiet der Prozentrechnung zu elementaren, „nicht vergessbaren“ Grundwissen, wie etwa sprachlichem Wissen gehört, oder aber zu „Spezialwissen“, ähnlich dem IT-Fachwissen. Wenn in der geplanten empirischen Untersuchung festgestellt wird, dass die Kompetenz im Prozentrechnen nahezu gleichmäßig auf alle Berufsgruppen verteilt ist, so könnte Prozentrechnen als nicht vergessbares Grundwissen betrachtet werden. Ist die Kompetenz im Prozentrechnen allerdings stark berufsabhängig, spräche dies für Prozentrechnung als Spezialwissen (vgl. Kapitel „5.4 Zur Unterscheidung der Berufsgruppen“).

2.3 Aktuelle Studien zum Thema mathematische Grundbildung und Prozentrechnung

Die Ergebnisse von Schüler-Studien, wie der PISA-Studie oder der TIMS-Studie und Ergebnisse von Erwachsenen-Studien zeigen, dass diese nur bedingt Rückschlüsse auf die Fähigkeiten der Teilnehmer im Prozentrechnen zu lassen.

---

[31] Fraglich und umstritten bleibt natürlich, ob es überhaupt möglich ist, Wissen zu quantifizieren und folglich eine Halbwertzeit zu ermitteln. Vgl. **Klemm 2002**

2.3.1 Ergebnisse von Schüler-Studien

2.3.1.1 Ergebnisse der PISA-Studien

Bei PISA 2000 werden bei den internationalen PISA-Aufgaben 2 von 31 Aufgaben zum Stoffgebiet Proportionalität und Prozentrechnung gestellt[32] Das sind etwa 6 % der Aufgaben. In den nationalen Erweiterungstests wird der Prozentrechnung dagegen mehr Beachtung geschenkt: „Proportionalität und Prozentrechnung sind Themen, die im internationalen Test eher implizit aufgenommen sind, im nationalen Ergänzungstest aber als wichtige Aspekte von mathematischer Grundbildung (...) systematisch eingefügt werden.“[33] Bei den nationalen PISA-E-Tests aus dem Jahr 2000 sind es 15 von insgesamt 86 Aufgaben, also etwa 17 %.[34]

Um welche Aufgaben es sich konkret handelt, ist aber leider nicht nachvollziehbar, weil nur ein Teil der Aufgaben der PISA-Tests öffentlich sind.[35]

Im Gegensatz zu den Ergebnis-Berichten von PISA 2000 ist bei PISA 2003 nicht klar erkennbar, wie viel Aufgaben aus dem Bereich Prozentrechnung vorliegen. Auch die veröffentlichten Aufgabenbeispiele sind nicht eindeutig der Prozentrechnung zuzuordnen.[36] Der Test 2006 griff auf Aufgaben aus dem Test von 2003 zurück.

---

[32] Nach den internationalen PISA-Tests werden jeweils im darauffolgenden Jahr, nationale, so genannte PISA-E-Tests in Deutschland durchgeführt. Dabei sind deutlich mehr Schüler beteiligt (etwa 5.000 beim internationalen PISA-Test und etwa 50.000 beim PISA-E-Test).[32] Außerdem werden die Tests inhaltlich mehr auf den deutschen Lehrplan abgestimmt. Dennoch bekräftigt das deutsche PISA-Konsortium, „(...) dass faktisch, wenn man Leistungsunterschiede untersuchen will, der internationale und der nationale Mathematiktest zu denselben Ergebnissen führen.“ Vgl. **Baumert et al. 2001**, S. 157

[33] **Baumert et al. 2001**, S. 153

[34] Vgl. **Baumert et al. 2001**, S. 155

[35] Vgl. **o.V. 2006a**

[36] Vgl. **o.V. 2006b**

Die internationalen PISA-Studien machen demnach tatsächlich nur beschränkt Aussagen über die Kompetenz im Prozentrechnen. Dies rechtfertigt eine weitere empirische Untersuchung zu diesem Themengebiet.

Im Hinblick auf eine spätere Unterscheidung der Geschlechter in der geplanten empirischen Untersuchung soll festgehalten werden, dass bei allen internationalen PISA-Tests ein signifikanter Geschlechtsunterschied festgestellt werden konnte. Jungen schneiden innerhalb der mathematischen Grundbildung grundsätzlich besser ab als Mädchen.

2.3.1.2 Ergebnisse der TIMS-Studie

Vor PISA lieferte bereits die dritte internationale Mathematik- und Naturwissenschaftsstudie TIMSS (TIMSS - Third International Mathematics and Science Study") Ergebnisse zum Bildungsstand der deutschen Schüler. Sie wurde 1995 und 1996 an etwa 130 Schulen und insgesamt über 5.000 Schülern in Deutschland durchgeführt. Insgesamt beteiligten sich etwa 500.000 Schüler aus 46 Ländern an der TIMS-Studie.[37] TIMSS zeigt, dass deutsche Schüler in der mathematischen Grundbildung im Vergleich zu weiteren 23 Ländern im unteren Mittelfeld abschneiden. Ähnlich wie bei den PISA-Tests kann bereits bei TIMSS festgestellt werden: „Geschlechtsspezifisch betrachtet zeigen Jungen durchweg bessere Leistungen und mehr Selbstvertrauen, teilweise sogar eine überzogene Vorstellung von der eigenen Leistungsfähigkeit. Mädchen hingegen tendieren dazu, bei durchschnittlich schlechteren Leistungen ihre Kompetenz sogar noch zu unterschätzen."[38]

Insgesamt werden nur zwei Aufgaben zur Prozentrechnung in den Beispielaufgaben veröffentlicht. Eine Aufgabe verlangt die Berechnung des Prozentwertes und daraufhin die Schätzung des neuen Grundwertes:

---

[37] Vgl. **o.V. 2007**

[38] **Klieme et al. 2001**, S. 94

K6. Im letzten Jahr besuchten 1172 Schüler und Schülerinnen das Gymnasium Neufeld. Dieses Jahr sind es 15% mehr als im letzten. Wieviele Schüler und Schülerinnen gehen dieses Jahr ungefähr ins Gymnasium Neufeld?

A. 1800

B. 1600

C. 1500

D. 1400

E. 1200

Abbildung 5. Aufgabe K6 der TIMS-Studie (Population II)[39]

Die richtige Lösung der Aufgabe K6 ist D. Die Lösungswahrscheinlichkeit der deutschen Schüler der 8. Jahrgangsstufe liegt bei etwa 53 %:

Int. Schwierigkeit	603,5
Int. Lösungswahrscheinlichkeit 7. Jhg.	0,36
Int. Lösungswahrscheinlichkeit 8. Jhg.	0,44
Dt. Lösungswahrscheinlichkeit 7. Jhg.	0,43
Dt. Lösungswahrscheinlichkeit 8. Jhg.	0,53
Sachgebiet	Zahlen und Zahlenverständnis
Richtige Lösung	D

Abbildung 6. Lösung der Aufgabe K6 der TIMS-Studie (Population II)[40]

Die zweite veröffentlichte Aufgabe zur Prozentrechnung verlangt die Berechnung des Prozentsatzes bei erhöhtem Grundwert:

O2. Der Preis einer Dose Bohnen wird von 60 Pfennig auf 75 Pfennig erhöht. Um wieviel Prozent ist der Preis gestiegen?

A. 15%

B. 20%

C. 25%

D. 30%

Abbildung 7. Aufgabe O2 der TIMS-Studie (Population II)[41]

---

[39] **Baumert et al. o.J.**, S. 82

[40] Vgl. ebd.

[41] **Baumert et al. o.J.**, S. 90

Die richtige Lösung ist hier die Antwort C. Die Lösungswahrscheinlichkeit der deutschen Schüler der 8. Jahrgangsstufe liegt bei der Aufgabe K6 bei etwa 32 %:

Int. Schwierigkeit	680,2
Int. Lösungswahrscheinlichkeit 7. Jhg.	0,23
Int. Lösungswahrscheinlichkeit 8. Jhg.	0,28
Dt. Lösungswahrscheinlichkeit 7. Jhg.	0,27
Dt. Lösungswahrscheinlichkeit 8. Jhg.	0,32
Sachgebiet	Zahlen und Zahlenverständnis
Richtige Lösung	C

Abbildung 8. Lösung der Aufgabe O2 der TIMS-Studie (Population II)[42]

Somit liefert auch die TIMS-Studie mit zwei veröffentlichten Aufgaben zur Prozentrechnung, nur bedingt konkrete Aussagen über die Leistungen der Schüler in der Prozentrechnung. Diese beiden Aufgaben zur Prozentrechnung werden im Kapitel zur Testkonstruktion nochmals aufgegriffen, erläutert und in der geplanten Untersuchung integriert.

2.3.2 Ergebnisse von Erwachsenen-Studien

Ende 2003 gab es bereits erste Forderungen, PISA auch für andere Bevölkerungsgruppen durchzuführen. „PISA für alle!“ war in den Medien zu lesen.[43] Die geplante Studie **Piaac** (Programme for the International Assessment of Adult Competences) der OECD soll Kompetenzen aller Erwachsenen mit Aufteilung in unterschiedliche Altersklassen (20-35-Jährige, 35-50-Jährige, Personen ab 50 Jahre) testen, um Informationen über den Bildungsstand der Bevölkerung zu gewinnen.[44] Die Vorbereitungen für die Studie sollen bis 2009 abgeschlossen werden, um dann im selben oder darauf folgenden Jahr eine erste Erhebung durchzuführen.[45] Eine Expertengruppe beschäftigt sich damit, die zu testenden Kompetenzkategorien auszuwählen, wobei vermutlich auch die rechnerischen

---

[42] Vgl. ebd.

[43] Vgl. **Kahl 2003**

[44] Vgl. **FAZ 2006**

[45] Vgl. **OECD 2008**

Fähigkeiten („Numeracy") getestet werden.[46] Bei der Durchführung von Piaac sollen ausschließlich 18- bis 65-Jährige Versuchspersonen teilnehmen, die mittels einer repräsentativen Stichprobe ausgewählt werden. Diese Studie ist noch in der Konzeptionsphase. Ergebnisse sind erst 2013 zu erwarten.[47]

Vor der geplanten Piaac-Studie wurde bereits eine weitere internationale Studie zu mathematischen Kompetenzen Erwachsener durchgeführt. Aufbauend auf die International Adult Literacy Survey (IALS), die ausschließlich die Lese-Kompetenz Erwachsener untersucht, liefert die Adult Literacy and Life Skills Survey (ALL)[48] Ergebnisse zur mathematischen Lese-Kompetenz Erwachsener. **ALL** wurde 2003 zur Ermittlung von Grundkompetenzen beim Lesen und Problemlösen bei Erwachsenen durchgeführt. Sie wurde von Statistics Canada und dem Institute of Education Sciences der USA geleitet. Auf den offiziellen Webseiten wird ALL folgendermaßen beschrieben: „ALL measured the literacy and numeracy skills of a nationally representative sample of 16- to 65-year olds from six participating countries (Bermuda, Canada, Italy, Norway, Switzerland, and the United States). (...) Numeracy applies to the knowledge and skills required to manage mathematical demands of diverse situations"[49]. Neben Lesen und Problemlösen wurde auch das Kompetenzfeld „Alltagsmathematik" geprüft. Deutschland hat nicht an der Studie teilgenommen. Als einziges deutschsprachiges Land beteiligte sich die Schweiz. Im Teilbereich Alltagsmathematik belegte sie vor allen anderen Ländern den ersten Platz. Die ALL-Studie lässt je-

---

[46] Vgl. **Kaufhold 2006**, S. 30

[47] Vgl. **OECD 2008**

[48] In einigen Staaten übernehmen bereits eigens dafür vorgesehene Institutionen die Messung der Kompetenz Erwachsener. In Großbritannien ist das zum Beispiel der „British Congress of Mathematics Education" und in Kanada das „Centre Alpha Plus". In den USA sind bereits drei Institutionen für die Erwachsenenbildung zuständig: das „National Center for Adult Literacy" (NCAL) das „Adult Numeracy Network" (ANN) und das „National Center for the Center of Adult Learning" (NCSALL). Vgl. **Ehmke 2004**, S. 146

[49] Vgl. **IES 2007**

doch die Frage offen, wie *deutsche* Erwachsene in einem Test zur Alltagsmathematik abschneiden.

Eine weitere Studie zur mathematischen Grundbildung von Erwachsenen wurde 2003 von einem wissenschaftlichen Mitarbeiter der Universität Augsburg durchgeführt.[50] Sie zeigt, dass Erwachsene bei ausgewählten TIMSS-Items und selbst erstellten Aufgaben signifikant besser abschneiden als Schüler, die bei TIMSS getestet werden. Neben Befragungen in einigen Vorlesungen verschiedener Studiengänge, Arztpraxen und zwei Firmen richtete sich der Untersuchende per E-Mail und über das Internet an die Probanden. Insgesamt wurden die Daten von etwa 1200 Personen ausgewertet. Ergebnis der Arbeit ist unter anderem, dass die Anzahl der Fehler und die Leistung pro Aufgabe signifikant vom Schulabschluss der Probanden abhängen. Unter den Aufgaben befand sich allerdings nur eine Aufgabe zur Prozentrechnung.

Keine der bisher durchgeführten Erwachsenen-Studien liefert demnach umfassende Ergebnisse zur Kompetenz von Erwachsenen in der Prozentrechnung. Dies soll mit der geplanten Untersuchung nachgeholt werden.

2.4 Prozente im Alltag

Da es sich bei der Prozentrechnung um ein mathematisches Sachgebiet mit hoher Alltagsrelevanz handelt, haben auch Angehörige bestimmter Berufe täglich Kontakt mit der Berechnung von Prozenten (zum Beispiel Bankangestellte, Versicherungsvertreter, Verkäuferinnen, Ärzte, Wissenschaftler etc.).

2.4.1 Prozentrechnen in unterschiedlichen Berufen

Es ist zu vermuten, dass Menschen, deren beruflicher Alltag keine Prozentrechnung erfordert, in einem Test zur Prozentrechnung schlechter abschneiden

---

[50] Vgl. **Kessler 2003**

als solche, die ihr Wissen im Beruf häufig anwenden. Da es zu aufwendig wäre die Ausbildungsrichtlinien aller Berufe im Hinblick auf die Anwendung der Prozentrechnung zu überprüfen, soll es an dieser Stelle genügen, die Lehrpläne beruflicher Schulen zu analysieren. Die Analyse soll zeigen, ob die Prozentrechnung in bestimmten Ausbildungsberufen häufiger thematisiert wird als in anderen.

Die Rahmenlehrpläne für berufliche Schulen werden von der Kultusministerkonferenz (KMK) zur Verfügung gestellt.[51] Es bleibt allerdings jedem Bundesland selbst überlassen, inwiefern diese übernommen oder abgeändert werden.[52]

In den Rahmenlehrplänen der KMK wird die Prozentrechnung für unterschiedliche Ausbildungsberufe als Inhalt oder Ziel in bestimmten Lernfeldern aufgelistet. Einige dieser Berufe sind:

- Kaufmann im Einzelhandel, Verkäufer
- Kaufmann für Tourismus und Freizeit
- Zweiradmechaniker
- Berufsausbildung in der Bauwirtschaft, Ausbildungsberuf Tiefbaufacharbeiter
- Wasserbauer
- Reiseverkehrskaufmann
- Tiermedizinischer Fachangestellter
- Industriekeramiker Modelltechnik
- Fachkraft für Holz- und Bautenschutzarbeiten
- Holz- und Bautenschützer

In anderen Berufen wird die Prozentrechnung in den Rahmenlehrplänen nicht thematisiert:

- Steinmetz
- Steinbildhauer
- Soziale Berufe

---

[51] Vgl. **KMK 2007b**

[52] Vgl. **KMK 2007a**

Bei der näheren Betrachtung zeigt sich, dass vor allem kaufmännische Berufe in der Ausbildung mit der Prozentrechnung wiederholt konfrontiert werden. Außerdem wird in technischen und handwerklichen Berufen (zum Beispiel Mechaniker, Baufacharbeiter, etc.) die Prozentrechnung im Lehrplan genannt. Auszubildende künstlerischer Berufe (zum Beispiel Steinmetz oder Steinbildhauer) oder sozialer Berufe werden durch die Rahmenlehrpläne offensichtlich nicht angehalten, die Prozentrechnung zu vertiefen.
Ob tatsächlich bestimmte Berufe besser oder schlechter in einem Test zur Prozentrechnung abschneiden, soll mit Hilfe der empirischen Untersuchung geklärt werden (vgl. Kapitel „5.4 Zur Unterscheidung der Berufsgruppen“).
Neben der Notwendigkeit, die Prozentrechnung in vielen Berufen einsetzen zu müssen, scheint auch der alltägliche Umgang damit häufig problematisch.

2.4.2 Alltagsproblematik

Aussagen über Prozente oder prozentuale Vergünstigungen sind in der Praxis beliebt und weit verbreitet. Die hohe Relevanz der Prozentrechnung für den beruflichen und privaten Alltag führt aber häufig auch zu Missverständnissen oder Problemen. Zum Teil ist sogar eine regelrechte Verwirrung der Konsumenten zu beobachten. Sowohl verzerrte grafische Darstellungen als auch trügerische Versprechungen mit Prozentangaben finden vor allem in der Wirtschaft häufig Anwendung.[53]
Diese Alltagsproblematik soll durch einige Beispiele verdeutlicht werden.

[53] Vgl. **Dewdney 1994**, S. 30ff.

Beispiel 1:

15 PERFORMANCE

◆ **Wie wird der Erfolg gemessen?**

◆ Trotz konservativem Investmentstil und langfristigem Ansatz müssen Vermögensverwalter letztendlich auch Rendite bringen. Sie dokumentieren ihre Ergebnisse anhand des Track-Records – eine Darstellung der Wertentwicklung der Kundenportfolios.

TIPP

Lassen Sie sich nicht von Hochglanzprospekten blenden: Es gibt keine Richtlinien, wie ein Track-Record beschaffen sein muss. Deshalb wird jeder Portfoliomanager seine Erfolgsbilanz so aufbereiten, dass sie möglichst glanzvoll aussieht. Die Tricks: unterschiedliche Depots, undurchsichtige Vergleichszeiträume und verzerrte grafische Darstellung.

CHECK

Der Track-Record sollte zumindest folgende Merkmale aufweisen:

- **Zeitraum wenigstens zehn Jahre**
- **Performance der Einzeljahre**
- **Reale Kundendepots als Basis des Records statt Berechnungen mit fiktiven Musterdepots**

Abbildung 9. Magazin „Capital“[54]

So rät zum Beispiel das Magazin „Capital“ seinen Lesern, sich nicht von verzerrten grafischen Darstellungen zur Wertentwicklung eines Fonds „blenden“ zu lassen.

Das zeigt der hervorgehobene Text in der nebenstehenden Abbildung.

Beispiel 2:

Ein Beispiel für den fälschlichen Umgang mit Prozentangaben, zeigt ein Artikel der Zeitung „Neue Westfälische“ vom 17.10.1991.

> **Frauen in traditionell männlichen Berufen**
>
> ... So steigerte sich die Zahl der weiblichen Auszubildenden von 1975 bis 1990 um 7,9 Prozent. 1991 verdienten in Ostdeutschland immerhin schon mehr als ein Fünftel der berufstätigen Frauen ihr Geld in traditionell männlichen Berufen. In Westdeutschland waren es mit 26,5 Prozent kaum weniger.[55]

Bei der näheren Betrachtung dieses Artikels fällt zunächst auf, dass formal zwi-

---

[54] **Capital 2002**, S. 9

[55] **Herget et al. 1998**, S. 33

schen Prozentangaben und Angaben mit Bruchteilen gewechselt wird. Mit der Aussage am Ende „In Westdeutschland waren es mit 26,5 Prozent kaum weniger" wird allerdings klar, dass die Aussage des Textes falsch interpretiert wird. Denn ein Fünftel der Frauen sind 20 % und 26,5 % sind nicht weniger (auch nicht „kaum") sondern mehr. Westdeutschland hatte somit 1991 mit 6,5 % mehr Frauen in traditionell männlichen Berufen als Ostdeutschland.

Beispiel 3:

Ebenso wie die falsche Interpretation von Aussagen in Beispiel 2, ist auch der Missbrauch grafischer Darstellungen verbreitet. Das zeigt das folgende Beispiel, bei dem der Text des Artikels nicht zur dazugehörenden grafischen Darstellung passt:

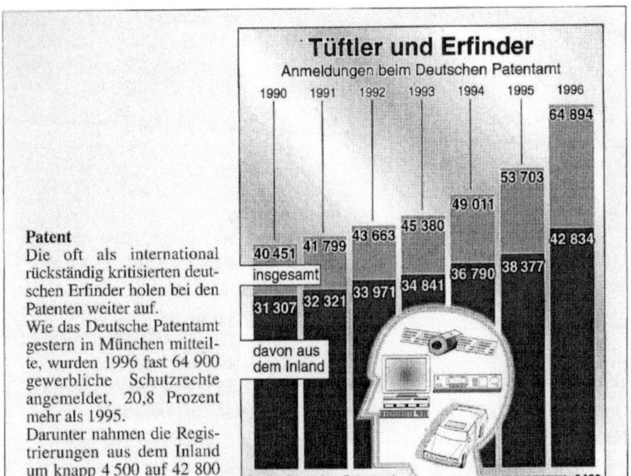

Patent
Die oft als international rückständig kritisierten deutschen Erfinder holen bei den Patenten weiter auf.
Wie das Deutsche Patentamt gestern in München mitteilte, wurden 1996 fast 64 900 gewerbliche Schutzrechte angemeldet, 20,8 Prozent mehr als 1995.
Darunter nahmen die Registrierungen aus dem Inland um knapp 4 500 auf 42 800 zu.

Abbildung 10. Missbrauch grafischer Darstellung „Patent" [56]

Der Text auf der linken Seite des Zeitungsartikels erklärt, dass die deutschen Erfinder im Vergleich zu den ausländischen Erfindern aufholen. Berechnet man allerdings die relative Zunahme der Anmeldungen von 1995 auf 1996, stellt

[56] Vgl. **Herget et al. 1998**, S. 41

man fest, dass im Vergleich zum Vorjahr fast 44 % mehr Patent-Anmeldungen aus dem Ausland zu verzeichnen sind. Der Anstieg der Anmeldungen aus dem Inland beträgt lediglich knapp 12 %.[57]

Da der Text die Darstellung nicht korrekt interpretiert, kann das beim Leser zu Verwirrung und Unverständnis führen. Man ist versucht, den Publizierenden zu unterstellen, dass dieser Effekt beabsichtigt ist, um einen bestimmten Sachverhalt nicht realistisch wiederzugeben und somit zu verfälschen.

Beispiel 4:

Auch der Maßstab hat bei grafischen Darstellungen eine wesentliche Bedeutung. Er kann beispielsweise so gewählt werden, dass Unterschiede über- oder untertrieben werden. So könnte beispielsweise die Entwicklung der folgenden Zeitreihe unterschiedlich dargestellt werden:

Jahr	1998	1999	2000	2001	2002	2003	2004
Gewinn	52	54	56	58	60	62	64

Tabelle 1. Zeitreihe

Beide Grafiken haben die Zeitreihe aus Tabelle 1 als Datenquelle:

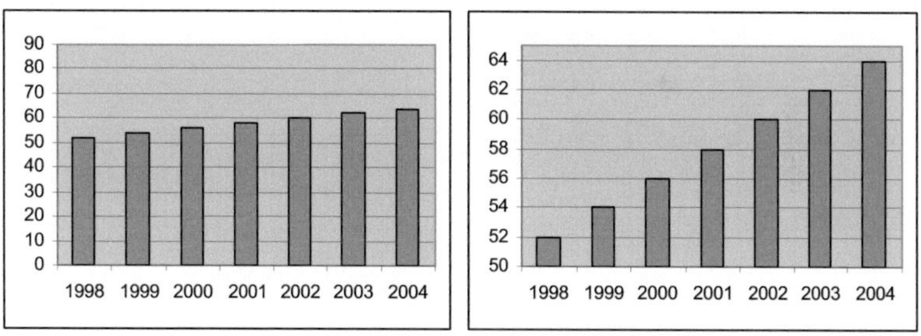

Abbildung 11. Nullpunkt wird unterdrückt

57 Die Rechnung muss folgendermaßen lauten. Vgl. **Herget et al. 1998**, S. 147: Anstieg der Anmeldungen aus dem Ausland (64.894–42.834):(53.703-38.377)-1≈44%; Anstieg der Anmeldungen aus dem Inland 42.834:38.377-1≈12%

Bei Balkendiagrammen ist es geläufig, die Abszisse (waagrechte x-Achse) oder die Ordinate (senkrechte y-Achse) eines Diagramms nicht gleichbleibend zu beschriften.

Durch das Stauchen der Ordinate und der Unterdrückung des Nullpunktes, wie in der obigen rechten Abbildung, könnte in diesem Fall beispielsweise ein schnelleres Wachstum vorgetäuscht werden.

Gelegentlich wird diese Methode sogar bei direkt zu vergleichenden Diagrammen angewendet, um einen positiven oder negativen Effekt zu betonen.

Beispiel 5:

Um Diagramme zu beschönigen, könnten auch bestimmte Werte ausgelassen werden. So wäre aus folgenden Abbildungen ersichtlich, dass ein fiktives Unternehmen 2001 ein Gewinnrückgang zu verzeichnen hatte. Das rechte Diagramm zeigt denselben Sachverhalt wie das linke Diagramm. Der Nullpunkt wird allerdings unterdrückt und die y-Achse gestaucht:

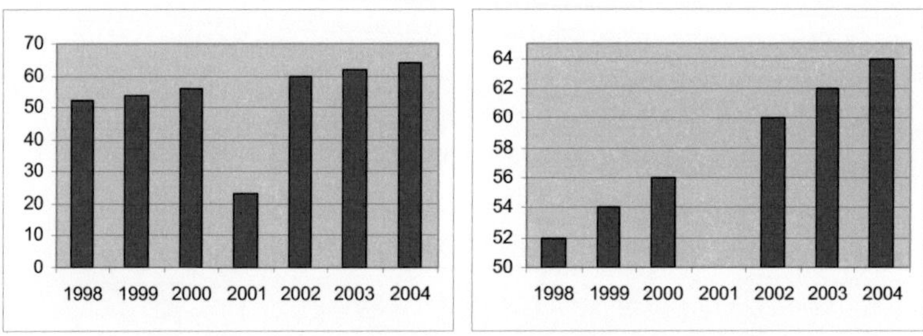

Abbildung 12. Unverfälschte Darstellung eines Balkendiagramms

Um den fehlenden Balken des Jahres 2001 nicht offensichtlich darstellen zu müssen, könnte das Jahr 2001 einfach ausgelassen werden:

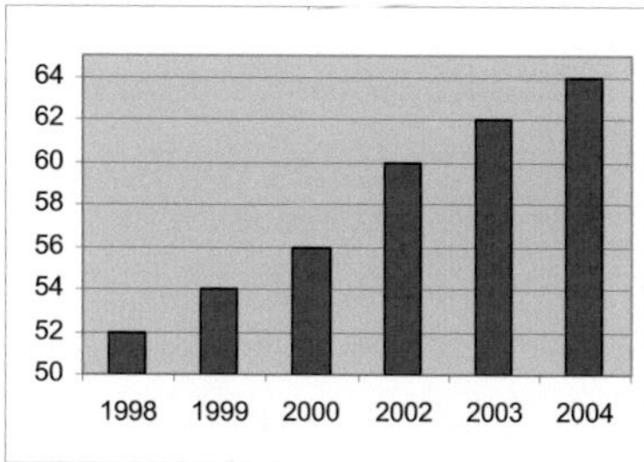

Abbildung 13. Verfälschte Darstellung eines Balkendiagramms

Es wird womöglich nur genauen Beobachtern auffallen, dass in dieser Abbildung ein Wert bei den Vergleichszeiträumen fehlt.

Beispiel 6:

Im Alltag werden Leser in Zeitungen oder Zeitschriften vielfach mit Prozentangaben in Diagrammen konfrontiert, die vom Ersteller bewusst verändert wurden. Häufig werden Diagramme auch schon durch die gewählte Schraffierung (Längs- oder Querstreifen) verzerrt.[58] Durch Längsstreifen erscheinen die markierten Bereiche größer, durch Querstreifen kleiner. Bei schrägen Streifen scheinen die Balken auch schief zu sein oder abzufallen:

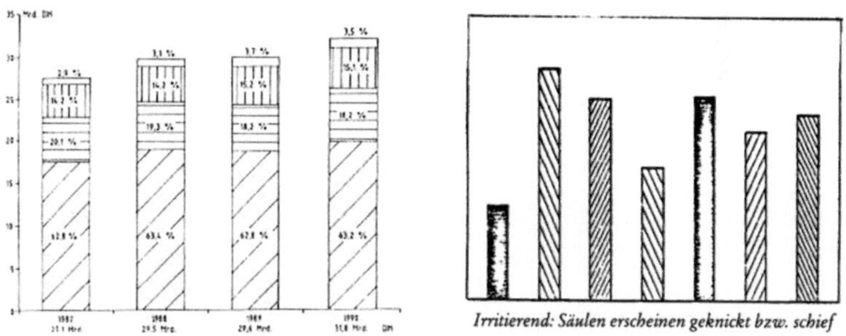

Abbildung 14. Missbrauch grafischer Darstellungen[59]

[58] Vgl. **Krämer 2001**, S. 203ff.

[59] **Krämer 2001**, S. 203ff.

Dadurch können ganz bestimmte Effekte bewusst hervorgehoben werden. Zum Beispiel, dass bestimmte Säulen oder Teile von Säulen größer oder kleiner wirken.

Beispiel 7:

Auch eine ungewöhnliche Darstellung von Prozentangaben in Diagrammen kann bestimmte positive oder negative Effekte erzeugen. Dies veranschaulicht die folgende Abbildung:

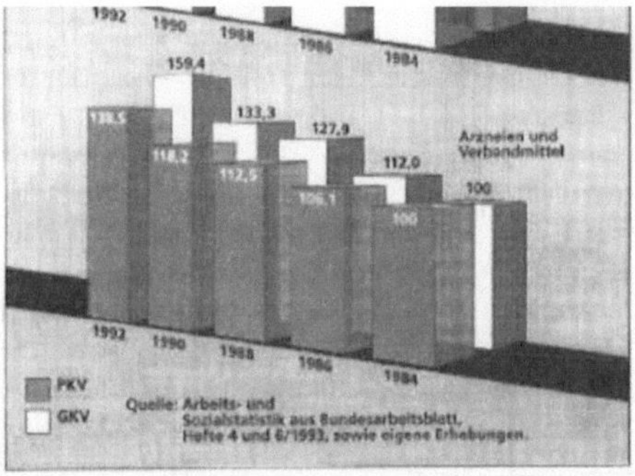

Abbildung 15. Ansteigende Grundlinie bei grafischen Darstellungen[60]

Durch die ansteigende Grundlinie scheint die Entwicklung positiver als in der Realität.

Beispiel 8:

Vor allem die Angabe von **Wachstumsfaktoren** scheint häufig nicht verstanden zu werden.[61] Ein aktuelles Beispiel soll diese Problematik verdeutlichen.

---

[60] **Krämer 2001**, S. 203ff.

[61] Vgl. **Dewdney 1994**, in dem Buch „200 Prozent von nichts“ finden sich weitere Beispiele für Fälschungen von Aussagen in Zusammenhang mit der Prozentrechnung.

Von welcher prozentualen Erhöhung kann man beispielsweise bei der Mehrwertsteuererhöhung vom 1. Januar 2007 von 16 % auf 19 % der Produktpreise sprechen? Man hörte häufig in den Medien, dass es sich lediglich um eine Erhöhung von 3 % handelt, da die Erhöhung von 16 % auf 19 % einem Plus von 3 % entspricht. Tatsächlich handelt es sich allerdings um eine *Erhöhung* von mehr als 18 %. Geht man von der ursprünglichen Höhe der Mehrwertsteuer von 16 % aus, so kann man den Prozentsatz p berechnen.

Rechnung:

$$p = \frac{P}{G} \cdot 100$$

$$p = \frac{3}{16} \cdot 100$$

$$p = 18{,}75\%$$

Richtig wäre also die Formulierung, dass es sich um eine Erhöhung um 3 Prozentpunkte, aber um nahezu 19 % handelt.

Zusammenfassend lässt sich feststellen, dass die Relevanz der Prozentrechnung für den beruflichen und privaten Alltag offensichtlich zu vielfältigen Problemen führen kann. Das bekräftigt die Vermutung, dass sowohl Jugendliche als auch Erwachsene im Alltag Schwierigkeiten mit der Berechnung von Prozentaufgaben haben könnten.

2.5 Prozentrechnung in der Schule

Wie im Kapitel 2.3 bereits festgestellt wurde, lassen die aktuellen Studien zum Thema mathematische Grundbildung nicht darauf schließen, welche Kompetenzen Schüler speziell in der Prozentrechnung aufweisen. Da die Prozentrechnung in der Schule „mit Blick auf ihre Bedeutung im Alltag und in der Berufswelt (...) neben den Grundrechenarten zu den wichtigsten Stoffgebieten der Schulmathematik“[62] zählt, soll im Folgenden betrachtet werden, wie sie dort behandelt wird. Das Ziel dieser Analyse ist die Definition eines Kompetenzmodells für diese Arbeit (vgl. Kapitel „3.2.1 Kompetenzmodell für die vorliegende Arbeit“). Dazu werden zunächst die drei gängigsten Berechnungsmethoden und die didaktisch-methodische Vorgehensweise der Lehrenden untersucht. Des Weiteren scheinen eine Lehrbuchanalyse, die Analyse der Bildungsstandards und die Betrachtung der Lehrpläne sinnvoll. Auch die seit einigen Jahren in Bayern durchgeführten Jahrgangsstufentests könnten einen wichtigen Beitrag hierzu liefern.

2.5.1 Methoden zur Berechnung der Grundaufgaben der Prozentrechnung

Zur Berechnung von Prozentaufgaben gibt es unterschiedliche Möglichkeiten. Die drei gängigsten Lösungsverfahren zur Prozentrechnung sollen kurz vorgestellt werden.

2.5.1.1 Dreisatzmethode

Das Dreisatzverfahren ist wohl die bekannteste Methode zur Berechnung von Prozentaufgaben. Zum einen wird die „Rückführung auf 1 %“, wie auch Sill den Dreisatz bezeichnet, als praktikables Verfahren vor allem in beruflichen Schulen gelehrt.[63] Dieses Verfahren ist im Alltag ohne Verwendung von Hilfsmitteln (zum Beispiel den Taschenrechner) einfach handhabbar. Je nachdem wie die Aufgabenstellung lautet, ist neben der Rückführung auf 1 % auch eine Rückführung auf 10 % üblich. Geht es um die Berechnung von Prozentsätzen, die nicht durch 10 teilbar sind (zum Beispiel 1 %, 2 %, 15 % oder 23 %), so scheint es günstiger, das Dreisatzverfahren mit Rückführung auf 1 % anzuwenden. Bei Prozentsätzen, die durch 10 teilbar sind (zum Beispiel 10 %, 20 % oder 120 %), ist die Rückführung auf 10 % naheliegender.

---

[62] **Berger 1991**, S. 30

[63] Vgl. **Sill 1994**, S. 264

Das Dreisatzverfahren soll anhand der „Rückführung auf 1 %“ dargestellt werden.

Die Dreisatzmethode zur **Berechnung des Prozentwertes** kann anhand des folgenden Beispiels anschaulich in „drei Sätzen“ dargestellt werden[64]:

Beispiel 2 „Wie viel sind 15 % von 80?“[65]

1. Satz: 100 % sind 80.

:100

2. Satz: 1 % sind 0,8.

*15

3. Satz: 15 % sind 12.

15 % von 80 sind 12.

Sowohl die „rechte Seite“ als auch die „linke Seite“ dieser Aufstellung wird jeweils mit demselben Wert dividiert oder multipliziert.
Ausformuliert kann man die Dreisatzmethode folgendermaßen notieren:
1. Satz: „100 % sind 80“ beziehungsweise „100 % entsprechen 80“
2. Satz: „1 % sind 0,8“ beziehungsweise „1 % entspricht 0,8“
3. Satz: „15 % sind dann 12” beziehungsweise „15 % entsprechen 12“.
Die Vorgehensweise nach dem Dreisatzverfahren zeigt im dritten Satz die Lösung.

Die **Berechnung des Grundwertes** kann ebenfalls mit dem Dreisatz dargestellt werden:

Beispiel 3 2 % eines Gehalts sind 100 Euro. Wie hoch ist das Gehalt?“[66]

1. Satz: 2 % des Gehalts sind 100 Euro.

2. Satz: 1 % des Gehalts sind 50 Euro.

3. Satz: 100 % des Gehalts sind 5000 Euro.

Das Gehalt beträgt 5000 €.

Auch die **Berechnung des Prozentsatzes** kann mit der Methode „Rückführung auf 1%“ dargestellt werden:

---

[64] Vgl. **Postel 1981**, S. 68ff. ; Beispiele: eigene Quelle

[65] Vgl. **Zech 1995**, S. 227

[66] Vgl. **Zech 1995**, S. 228

Beispiel 4	„20 von 80 Schülern sind krank. Wie viel Prozent sind das?"[67]
	1. Satz: 80 Schüler sind 100 %.
:80	2. Satz: 1 Schüler ist 1,25 %.
*20	3. Satz: 20 Schüler sind 25 %.
	20 Schüler sind 25 % aller Schüler.

Zusätzlich zu dem obigen Verfahren ist eine weitere Strategie bei bestimmten Aufgabentypen vorstellbar. Man könnte sie als **„Orientierung am Grundwert 100"** bezeichnen. Dieses Vorgehen eignet sich für Aufgaben, bei denen der Grundwert 100 oder ein Vielfaches Ganzes davon beträgt (zum Beispiel 200, 300, etc.). Das folgende Beispiel soll das verdeutlichen:

Beispiel 5	Eine Ware kostet 400 Euro. Der Preis wird um 30 % reduziert.
	Um wie viel Euro wird der Preis reduziert?
	Die Rechnung könnte lauten:
	30 % von 100 € sind 30 €.
	30 € „mal" 4 sind dann 120 €.
	Der Preis wird um 120 € reduziert.

Dabei handelt es um eine Kombination aus den beiden ersten Möglichkeiten, Rückführung auf 1 % oder Rückführung auf 10 % und der Möglichkeit, dies zunächst auf den Grundwert mit der Einheit 100 zu beziehen. Erst im zweiten Schritt wird der Prozentwert mit dem Vielfachen Ganzen des Grundwertes multipliziert, um das korrekte Ergebnis zu erhalten.

2.5.1.2 Operatormethode

Eine weitere Methode zur Berechnung der Grundaufgaben der Prozentrechnung ist die Operatormethode.[68]

---

[67] Vgl. ebd.

[68] SCHWARTZE weist darauf hin, dass man nicht von Operatormethode sprechen sollte, da es sich bei dieser lediglich um eine Anwendung der Bruchrechnung, nicht aber um ein eigenständiges Verfahren handelt. Vgl. **Schwartze 1980**, S. 230. Analog könnte man dann jedoch bei der

Operatoren sind grundsätzlich Rechen- oder Handlungsanweisungen.[69] „Unter einem Operator versteht man eine Zuordnung, durch die jedem Element einer Menge D genau ein Element einer Menge Z zugeordnet wird. Die Menge D heißt Definitionsbereich des Operators, Z der Zielbereich.“[70]

Das Operatorschema lautet:

$$\textbf{Grundwert} \xrightarrow{\text{Prozentoperator}} \textbf{Prozentwert}$$[71]

Der Prozentoperator kann je nach Vorliebe oder Aufgabentyp ein Bruchoperator oder ein Dezimalbruchoperator sein.

Die Verwendung von Dezimalbruchoperatoren vermutet APPELL vor allem im Alltag in Verbindung mit der Verwendung von Taschenrechnern. „Man überlegt, dass bei einer Preisreduzierung um 20 % noch 80 % des alten Preises zu zahlen sind, und multipliziert den alten Preis mit 0,8.“[72]

Folgende Abbildung stellt die Grundaufgaben der Prozentrechnung nach der Operatormethode dar.

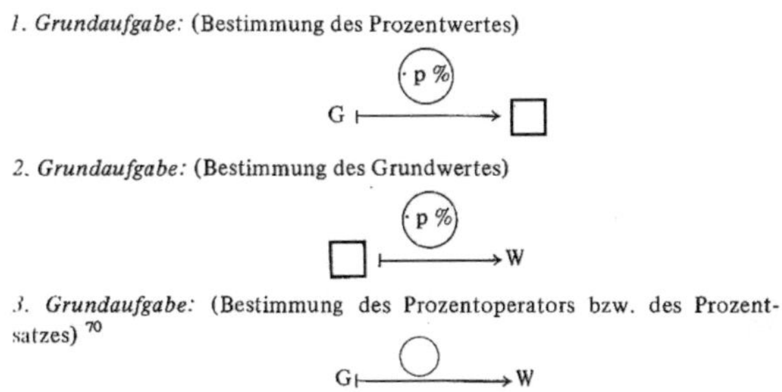

Abbildung 16. Darstellung der Grundaufgaben nach der Operatormethode[73]

Prozentrechnung argumentieren, dass diese auch „nur“ ein Spezialfall der Bruchrechnung ist. Dennoch ist es sicherlich sinnvoll diese zu benennen.

[69] Vgl. **Postel 1981**, S. 48

[70] Vgl. **Postel 1981**, S. 47

[71] Vgl. **Zech 1995**, S. 227

[72] Vgl. **Appell 2004**, S. 23

[73] Vgl. **Padberg 1978**, S. 167

Für die Anwendung der Operatormethode bei der Prozentrechnung dienen folgende Beispiele. Sie werden jeweils mit Dezimal- und Bruchoperatoren gerechnet.

Zur **Berechnung des Prozentwertes** beispielsweise multipliziert man den Grundwert mit dem Prozentsatz:

Beispiel 6 „Wie viel sind 15 % von 80?“[74]

$80 \xrightarrow{\cdot 0,15} 12$ oder

$80 \xrightarrow{\cdot \frac{15}{100}} 12$

Durch die Multiplikation von 80 mit 0,15 oder $\frac{15}{100}$ erhält man den Prozentwert 12 (80*0,15=12).

Um den **Grundwert** mit Hilfe der Operatormethode zu berechnen, geht man folgendermaßen vor:

Beispiel 7 „2 % eines Gehalts sind 100 Euro. Wie hoch ist das Gehalt?“[75]

$? \xrightarrow{\cdot 0,02} 100\ €$ oder $? \xrightarrow{\cdot \frac{2}{100}} 100\ €$

$? \xleftarrow{:0,02} 100\ €$ oder $? \xleftarrow{:\frac{2}{100}} 100\ €$

Rechnung: 100 €: 0,02 = 5000 €[76].

Das Gehalt beträgt 5000 Euro.

Bei der Berechnung des Grundwertes mit der Operatormethode wird der Gegenoperator eingesetzt. Der Gegenoperator zum Bruchoperator *y/z lautet *z/y. Man kann auch den Multiplikationsoperator zum Divisionsoperator umwandeln.

Auch die **Berechnung des Prozentsatzes** kann mit der Operatormethode dargestellt werden. Allerdings sind hier Verständnisschwierigkeiten möglich, da

---

[74] Vgl. **Zech 1995**, S. 227

[75] Vgl. **Zech 1995**, S. 228

[76] Vgl. **Krauter 2007**, S. 10

kein Operator wie in den beiden obigen Fällen angewendet werden kann. Hier wird der Operator gesucht:

Beispiel 8	„20 von 80 Schülern sind krank. Wie viel Prozent sind das?“[77] $80 \xrightarrow{\cdot ?} 20$ Rechnung: $80 \cdot x = 20$ $x = \frac{20}{80} = 0{,}25 = 25\%$ [78] Etwa 25 % der Schüler sind krank.

2.5.1.3 Gleichungsmethode

Eine weitere gängige Möglichkeit zur Berechnung der Grundbegriffe der Prozentrechnung ist die Gleichungsmethode.

Die Verhältnisgleichung $\frac{\text{Prozentwert}}{\text{Grundwert}} = \frac{\text{Prozentsatz}}{100}$, die im Kapitel „2.1.2 Begriffe in der Prozentrechnung“ hergeleitet wird, kann nach der gesuchten Größe aufgelöst werden.

Durch Zuordnen der gesuchten Werte zu den Grundbegriffen der Prozentrechnung und Einsetzen der Werte in die Formel kann die gesuchte Größe berechnet werden. Dieses Vorgehen soll wieder durch die folgenden drei Beispiele erläutert werden.

Das erste Beispiel verdeutlicht die **Berechnung des Prozentwertes** mit der Gleichungsmethode:

[77] Vgl. **Zech 1995**, S. 228

[78] Vgl. **Krauter 2007**, S. 10

Beispiel 9	„Wie viel sind 15 % von 80?"[79]
	$\frac{\text{Prozentwert}}{\text{Grundwert}} = \frac{\text{Prozentsatz}}{100}$, daraus folgt $\frac{x}{80} = \frac{15}{100}$
	$x = \frac{15}{100} \cdot 80 = 12$
	15 % von 80 sind 12.

Die gegebenen Größen werden zunächst zugeordnet und in die Verhältnisgleichung eingesetzt. Die Gleichung wird dann nach x aufgelöst. Der Prozentwert beträgt 12.

Die **Berechnung des Grundwertes** kann mit der Gleichungsmethode folgendermaßen geschehen:

Beispiel 10	„2 % eines Gehalts sind 100 Euro. Wie hoch ist das Gehalt?"[80]
	$\frac{\text{Prozentwert}}{\text{Grundwert}} = \frac{\text{Prozentsatz}}{100}$, daraus folgt $\frac{100\,€}{x} = \frac{2}{100}$ bzw. $\frac{x}{100\,€} = \frac{100}{2}$
	$x = \frac{100}{2} \cdot 100\,€ = 5000\,€$
	Das Gehalt beträgt 5000 €.

Die gegebenen Größen werden zugeordnet und in die Verhältnisgleichung eingesetzt. Um einfacher nach x aufzulösen, kann die Gleichung so angepasst werden, dass x im Zähler steht. Diese Gleichung wird dann nach x aufgelöst. Der Grundwert beträgt folglich 5000 €.

Die **Berechnung des Prozentsatzes** mit der Gleichungsmethode wird durch nachfolgendes Beispiel dargestellt:

---

[79] Vgl. **Zech 1995**, S. 227

[80] Vgl. **Zech 1995**, S. 228

Beispiel 11 „20 von 80 Schülern sind krank. Wie viel Prozent sind das?“[81]

$$\frac{\text{Prozentwert}}{\text{Grundwert}} = \frac{\text{Prozentsatz}}{100}\text{, daraus folgt } \frac{20}{80} = \frac{x}{100} \text{ bzw. } \frac{x}{100} = \frac{20}{80}$$

$$x = \frac{20}{80} \cdot 100 = 25\,\%$$

20 Schüler sind 25 % aller Schüler.

Grundwert, Prozentwert und Prozentsatz können mit Hilfe der Formel sehr leicht berechnet werden. Die Verwendung der Gleichungsmethode im Alltag setzt allerdings voraus, dass man diese entweder auswendig weiß oder sich einfach herleiten kann. Sie scheint deshalb nur bedingt alltagstauglich. APPELL nimmt an, dass im Alltag vor allem die Strategien „Dreisatz“ und „Multiplikationsoperatoren“ (in Verbindung mit einem Taschenrechner) verwendet werden.[82]

Welche Berechnungsmethoden in der schulischen Vermittlung angewendet werden, zeigt das didaktisch-mathematische Konzept im nächsten Kapitel. Welche Methoden in den Schulbüchern angewendet werden, wird in Kapitel 2.5.4 erläutert.

2.5.2 Didaktisch-methodische Vermittlung der Prozentrechnung

Um festzustellen wie die Prozentrechnung in der Schule vermittelt wird, ist es wichtig, dieses Themengebiet zunächst abzugrenzen.

Nach SCHWARTZE ist die Prozentrechnung „als Teil der Bruchrechnung aufzufassen“[83]. Da man es „(....) bei Prozentangaben einfach mit Brüchen zu tun hat (...)“[84], plädieren die meisten Experten dafür, die Prozentrechnung sinnvollerweise über die Bruchrechnung einzuführen.

Die Prozentrechnung kann außerdem mit weiteren mathematischen Bereichen in Zusammenhang gebracht werden: Hierbei sind neben der Bruchrechnung die

---

[81] Ebd.

[82] Vgl. **Appell 2004**, S. 23

[83] **Schwartze 1980**, S. 229

[84] **Appell 2004**, S. 25-27

Sachgebiete Dezimalbruchrechnung und Proportionalität zu nennen.[85] Sie werden meist im Vorfeld der Einführung der Prozentrechnung in der Schule mehr oder weniger ausführlich, abhängig von Schultyp und Lehrer, durchgenommen.

Eine sinnvolle Möglichkeit der didaktischen Vermittlung der Prozentrechnung in der Schule soll an einem konkreten Vorschlag von ZECH vorgestellt werden.[86] Auch er plädiert dafür, die Prozentrechnung unbedingt über die Bruchrechnung einzuführen und begründet dies damit, dass die Prozentrechnung ein wichtiges Anwendungsgebiet der Bruchrechnung ist. So seien „20 % und $\frac{20}{100}$ wie auch 0,02 nur verschiedene Schreibweisen für ein und denselben Bruch“[87]. Da Schüler aufgrund von Alltagserfahrung bereits meist einfache Prozentangaben (zum Beispiel 50 % oder „hundertprozentig“) kennen, können auch Beispiele aus dem Alltag helfen, die Prozentrechnung alltagsnah einzuführen (zum Beispiel Zeitungsausschnitte).[88]

Schüler sollen sich anfangs vor allem gängige Prozentangaben und deren Bruchteile merken. In den Schulbüchern wird dabei häufig von Merkbrüchen gesprochen. Es werden meist die folgenden Brüche genannt:

$\frac{1}{10}$=10 %, $\frac{1}{5}$=20 %, $\frac{1}{4}$= 25 %, $\frac{1}{2}$=50 %, $\frac{3}{4}$=75 %, $\frac{1}{1}$=100 %

Ergänzend können auch die Brüche $\frac{1}{8}$=12,5 %, $\frac{1}{3}=33\frac{1}{3}$ % und $\frac{2}{3}=66\frac{2}{3}$ % als Merkbrüche betrachtet werden.[89]

Diese Merkbrüche sollen im Anschluss mit einfachen Beispielen aus dem Alltag angewendet werden. Dazu gehören zum Beispiel Fragestellungen wie „Was

---

[85] Vgl. **Sill 1994**, S. 262

[86] Vgl. **Zech 1995**, S. 224-246 und **Zech 1996**

[87] Vgl. **Zech 1995**, S. 232

[88] Vgl. **Lehrplan Hessen 2007**, S. 15

[89] **Berger 1991**, S. 34

sind 50 % von 200 Euro?“ und „Wie viel Ermäßigung sind 20 % bei einem Eintrittspreis von 10 Euro?“.
Die Prozentrechnung soll danach, anhand von Modellen, wie zum Beispiel dem Prozentblatt oder dem Kreis- und Streifendiagramm, veranschaulicht werden. Ergänzend können auch Prozentangaben angesprochen werden, die größer als 100 % oder nicht ganzzahlig sind.

Im nächsten Schritt – so ZECH – sollen die einzelnen Grundaufgaben **nach dem Schwierigkeitsgrad** aufsteigend durchgenommen werden.
Als erstes nennt er die Berechnung des Prozentwertes. Sie ist der einfachste Aufgabentyp, da es sich dabei um die Berechnung eines Bruchteils handelt und dies den Schülern meist schon vertraut ist, oder zumindest vertraut sein sollte.[90] Dazu gehören zum Beispiel Fragen wie „Was sind 5 % von 200?“. Daran anknüpfend können auch noch geringere Bruchteile angesprochen werden, die in Promille dargestellt werden. Zum Beispiel $\frac{2}{1000}$=0,2 %. Im nächsten Schritt schlägt er die Grundwertberechnung vor, da sie die „direkte Umkehrung“ der Prozentwertberechnung ist.[91] Daran anschließend folgt die Prozentsatzberechnung als der augenscheinlich schwierigste Aufgabentyp der Prozentrechnung, da hier „die meisten Voraussetzungen aus der Bruchrechnung eingehen“[92]:
Bei allen drei Grundaufgaben unterscheidet ZECH zwischen der Berechnung in einfachen und allgemeinen (schwierigen) Fällen.[93] Er schlägt vor, die Reihenfolge der Behandlung im Unterricht darauf abzustimmen. Bei der Berechnung der Grundaufgaben schlägt er „im einfachen Falle“ konkret vor, die Prozentsätze „10 %, 25%, ... oder darauf gerundeten Prozentsätzen“ zu behandeln und im

---

[90] Vgl. **Zech 1995**, S. 227

[91] **Zech 1995**, S. 227

[92] Ebd.

[93] Vgl. **Zech 1995**, S. 225ff. ; Diese Unterteilung wird in der vorliegenden Untersuchung ebenfalls bei der Berechnung der Grundaufgaben vorgenommen.

Anschluss daran erst die Berechnung „im allgemeinen Falle“ mit beispielsweise 14 % durchzuführen.

ZECH ist der Auffassung, dass, mit Ausnahme der Bruchrechnung, andere Methoden zur Einführung der Prozentrechnung wenig sinnvoll sind. Weder die Operatormethode mit dem Schema Grundwert $\xrightarrow{\text{Prozentoperator}}$ Prozentwert[94], noch die Dreisatzmethode seien zur Berechnung der Grundbegriffe der Prozentrechnung gleichermaßen geeignet wie die Bruchrechnung.
Zum Abschluss hält er es unter anderem für notwendig, die Schüler zur Fehlersuche anzuregen und daran anknüpfend eine Wiederholung zur Bruch- und Dezimalbruchrechnung vorzunehmen.

Die Untersuchung der didaktisch-methodischen Vermittlung der Prozentrechnung zeigt, dass die Prozentrechnung sinnvollerweise über die Bruchrechnung eingeführt werden sollte. Diese eignet sich laut ZECH optimal zur Vermittlung der Prozentrechnung.

2.5.3 Typische Fehler bei Prozentaufgaben

Um besonders fehleranfällige Aufgabentypen zu identifizieren und Schwierigkeiten bei der Prozentrechnung besser einschätzen zu können, sollen typische Fehler bei Prozentaufgaben kurz erläutert werden. Erkenntnisse hieraus fließen in die Erstellung des Kompetenzmodells ein.
Innerhalb einer umfangreichen Untersuchung von Hauptschulabschlussprüfungen von 1985 bis 1987 konnten unterschiedliche Kategorien von Fehlern bei der Prozentrechnung bei Schülern festgestellt werden.[95] Innerhalb der einzelnen Fehlerstrategien unterscheidet BERGER teilweise nach diesen Kriterien:

- Nichtbearbeitung

---

[94] Vgl. **Zech 1995**, S. 227

[95] Der Untersuchung liegen per Zufallsauswahl ausgewählte Schülerarbeiten der Abschlussprüfungen der Hauptschule aus Baden-Württemberg zugrunde. Vgl. **Berger 1991**, S. 30.

- Falscher Ansatz
    i. Zuordnungsfehler
    ii. Operationsfehler
- Unvollständiger Ansatz
- Rechenfehler
    iii. Stellenwertfehler
    iv. Multiplikationsfehler
- Bagatellfehler

Die Benennung der Fehlertypen ist überwiegend selbsterklärend. Begeht jemand beispielsweise einen „Zuordnungsfehler“, so ist er nicht in der Lage, die Textaufgabe in eine Rechnung (für die Prozentrechnung) umzusetzen. „Operationsfehler“ hingegen sind reine Rechenfehler, wie zum Beispiel die Durchführung einer Multiplikation statt einer Division.

Das Ergebnis der Untersuchung zeigt folgende Fehlerhäufigkeiten: Etwa 8 % aller Aufgaben werden nicht bearbeitet. 20 % der Aufgaben enthalten einen Ansatzfehler, 4 % der Aufgaben haben einen unvollständigen Ansatz. Bei 7 % der Aufgaben liegen Rechenfehler vor und 1 % der Aufgaben enthält Bagatellfehler. 60 % aller Aufgaben werden vollständig richtig von den Schülern gelöst.

BERGER stellt bei der Analyse der obigen Fehler außerdem die folgenden Probleme bei den Schülern fest:

- vor allem bei Aufgaben mit großen Zahlen werden Operationsfehler gemacht;
- bei Aufgaben zur Berechnung des Prozentwertes und des verminderten Grundwertes werden mehr Zuordnungsfehler gemacht, als bei Aufgaben zur Prozentsatzberechnung;
- bei der Prozentsatzberechnung werden mehr Operationsfehler gemacht als bei der Berechnung des Prozentwertes und bei der Berechnung des verminderten Grundwertes;
- das Ergebnis mehrschrittiger Aufgaben leidet meist unter dem Auslassen einzelner Rechenoperationen.

BERGER kann außerdem beobachten, dass die Fehler je nach angewendeter Strategie variieren. So wird in der von ihm vorgestellten Untersuchung beispielsweise festgestellt, dass bei der Anwendung der Formel deutlich mehr Ansatzfehler gemacht werden, als bei der Anwendung der Dreisatz- oder der Operatormethode.[96]

Die Berechnung des Prozentwertes scheint den Schülern die geringsten Probleme zu bereiten.[97]

Untersuchungen haben ergeben, dass vor allem die Berechnung des verminderten Grundwertes den Schülern scheinbar große Probleme bereitet.[98]

Zum besseren Verständnis wird die Berechnung des **verminderten und des erhöhten Grundwerts** kurz erläutert:

Beim verminderten Grundwert handelt es sich zum Beispiel um Aufgaben zur Preisreduzierung.

Beispiel 12	Der Preis einer Ware wird um 20 % reduziert. Die Ware kostet nach der Preisreduzierung 80 Euro. Wie viel kostete die Ware vorher? Antwort: Die Ware kostete vorher 100 Euro.

Bei Aufgaben zum erhöhten Grundwert, werden dagegen typischerweise Aufgaben zur Preiserhöhung gestellt:

Beispiel 13	Der Preis einer Ware wird um 20 % erhöht. Die Ware kostet nach der Preiserhöhung 60 Euro. Wie viel kostete die Ware vorher? Antwort: Die Ware kostete vorher 50 Euro.

Die Schwierigkeit bei Aufgaben dieses Typs ist, zu erkennen, dass der Grundwert nach der Reduzierung oder Erhöhung nicht mehr 100% beträgt, sondern je nach Aufgabenstellung variiert. Im Beispiel 12 beträgt der Grundwert 80 % von 100 Euro (100 % - 20 %). Im Beispiel 13 beträgt der Grundwert 120 % von 50 Euro (100 % + 20 %).

---

[96] Vgl. **Berger 1991**, S. 34

[97] Vgl. **Hollmann 1975,** S. 19-34

[98] Vgl. **Berger 1991**

2.5.4 Lehrbuchanalyse und curriculare Eingliederung der Prozentrechnung

Die Lehrbuchanalyse kann Aufschluss darüber geben, wie einheitlich oder unterschiedlich ein Thema in den Schulen vermittelt wird.

Die Lehrenden sind zwar nicht strikt an eine Vorgehensweise gebunden, dennoch stellt der thematisch inhaltliche Aufbau von Schulbüchern einen wichtigen Teilaspekt zur didaktischen Aufbereitung des Themas Prozentrechnung in der Schule dar. Die Frage ist auch, ob es Unterschiede zwischen heutigen Lehrbüchern und Lehrbüchern aus früheren Zeiten, zum Beispiel aus den 40er bis 70er Jahren gibt.

Die Erkenntnisse aus der Lehrbuchanalyse fließen in die Erstellung des Kompetenzmodells für diese Arbeit und somit in die nachfolgende Item-Generierung des Tests zur Prozentrechnung ein.

Um zunächst eine Übersicht über die heute angebotenen Schulbücher in den unterschiedlichen deutschen Bundesländern, deren Schularten und Bildungsgängen zu erhalten, ist es hilfreich, einen Blick in die Schulbuchkataloge der Bundesländer zu werfen.[99]

Fast jedes Bundesland veröffentlicht jährlich einen Katalog, der eine Liste der zugelassenen Schulbücher und Lernmittel enthält.[100]

Es werden beispielhaft einige aktuelle Lehrbücher aus verschiedenen Schultypen, Jahrgangstufen und Bundesländern ausgewählt und nach bestimmten Kri-

---

[99] Neben Lehrbüchern kann man auch Arbeitsbücher und Arbeitshefte, Aufgaben- und Formelsammlungen, die auch im Unterricht verwendet werden, als zugelassene Lernmittel bezeichnen. Außerdem steht den Lehrenden ein breites Angebot an zusätzlichen Medien (Filme, CDs, Folien) zur Verfügung. Derzeit sind etwa 70 Schulbuchverlage an der Erstellung von Schulbüchern in Deutschland beteiligt. Vgl. **Bear et al. 1998**, S. 8.

[100] Die Listen sind für acht Bundesländer (Baden-Württemberg, Bayern, Niedersachsen, Nordrhein-Westfalen, Sachsen, Sachsen-Anhalt, Schleswig-Holstein, Thüringen) im Internet zu finden.

terien analysiert. Ergänzend wird ein Vergleich zu Schulbüchern aus den 40er bis 70er Jahren hinsichtlich der Prozentrechnung angestellt.
Zuvor soll zum besseren Verständnis auch die curriculare Eingliederung der Prozentrechnung am Beispiel des bayerischen Lehrplans dargestellt werden.

2.5.4.1 Lehrpläne nach der Einführung der Bildungsstandards

Die Ergebnisse einer detaillierten Analyse der bayerischen Lehr- und Bildungspläne können verkürzt zusammengefasst werden[101]:

- In der **Grundschule** und in der Förderschule wird die Prozentrechnung laut Lehrplan nicht angesprochen.
- In der **Hauptschule** wird die Prozentrechnung in den Regelklassen und in den Mittlere-Reife-Klassen (M-Klassen) hauptsächlich in der 7. und 8. Jahrgangsstufe behandelt. In den M-Klassen wird das Wissen meist in Klasse 9 und 10 vertieft.
- Die **Realschulen** behandeln die Prozentrechnung im Mathematikunterricht der vierstufigen Realschule (R4) ausschließlich in der 7. Jahrgangsstufe. Eine Vertiefung findet in anderen Fächern, vor allem den „Grundlagen im Rechnungswesen“ und „Betriebswirtschaft“ statt.[102] Seit 2003 ist die sechsstufige Realschule (R6) in Bayern die Regelschule.[103] Hier wird die Prozentrechnung bereits in der 6. statt (wie bisher) in der 7. Jahrgangsstufe eingeführt.[104]
- Das im Jahr 2011 auslaufende neunstufige **Gymnasium** (G9) behandelt die Prozentrechnung im Lehrplan in der 6. Jahrgangsstufe. Hingegen nimmt das im Jahr 2004 in Bayern eingeführte achtstufige Gymnasium

---

[101] Vgl. **ISB 2007**; Es wurden die Lehrpläne von Grundschule, Hauptschule, Realschule, dem (auslaufenden neunstufigen) Gymnasium und dem achtstufigen Gymnasium analysiert.

[102] Vgl. **Lehrplan der R4**, S. 81, S. 171

[103] Vgl. **BRN 2009**

[104] Vgl. **Lehrplan der R6**, S. 179; Die sechsstufige Realschule wird in Bayern seit etwa 1992 aufgebaut.

(G8) die Prozentrechnung laut Lehrplan in der 6. und 7. Jahrgangsstufe durch.[105] Die Prozentrechnung soll im G8 – im Gegensatz zum Lehrplan der G9 – vermehrt in Verbindung mit anderen Themengebieten (zum Beispiel relative Häufigkeiten, Stochastik) aufgegriffen werden.[106] Die Lehrplananalyse am Beispiel Bayern zeigt also, dass die Prozentrechnung etwa bis 2003 im Gymnasium relativ isoliert in der 6. Klasse als Block vorgesehen war.

Diese Ergebnisse können übersichtlich in einer Tabelle dargestellt werden:

Schultyp	**Jahrgangsstufe**
Grundschule	–
Hauptschule Regelklassen	7. / 8.
Hauptschule Mittlere-Reife-Klassen	7. / 8. und 9. / 10.
Realschule R4	7.
Realschule R6	6.
Gymnasium G9	6.
Gymnasium G8	6. / 7.

Tabelle 2. Prozentrechnung im bayerischen Lehrplan

Kein Schüler kommt demnach vor der 6. Klasse (etwa mit 11 bis 12 Jahren) mit dem Thema Prozentrechnung in Berührung.

Bei einem Blick in Lehrpläne anderer Bundesländer zeigen sich Abweichungen. Im Lehrplan von Niedersachsen beispielsweise wird in der Hauptschule bereits am Ende des 6. Schuljahrganges von den Schülern erwartet, dass sie Brüche mit dem Nenner 100 als Prozent identifizieren können.[107] Schulbücher für diese Jahrgangsstufe behandeln deshalb auch meist schon die Prozentrechnung. Im Schulbuch Maßstab 6 (für die 6. Klasse) wird die Prozentrechnung zum Beispiel auf etwa 2 Seiten thematisiert.[108]

---

[105] Das bayerische Gymnasium wurde bis zum Jahr 2003 in neun Jahrgangsstufen absolviert. Im September 2004 wurde das achtstufige Gymnasium in Bayern eingeführt. Die Einführung soll im Jahr 2011 beendet sein. Vgl. **Schäfer 2007**

[106] Vgl. **Lehrplan der G9**, S. 1196; vgl. **Lehrplan der G8**

[107] Vgl. **Lehrplan Niedersachsen 2006**, S. 26

[108] Vgl. **Maßstab 6 2001**, S. 90

2.5.4.2 Fachliche Analyse der Schulbücher

Die Lehrbuchanalyse bis zur 4. Jahrgangsstufe ergab, dass hier lediglich Verfahren zum Kopfrechnen und zum schriftlichen Rechnen geübt werden, die später bei der Prozentrechnung zur Lösung von Aufgaben wieder eingesetzt werden sollen.[109] Deshalb beschränkt sich die Analyse im Folgenden auf Lehrbücher der Hauptschule, der Realschule und des Gymnasiums.

Zu einer hinreichend aussagekräftigen Analyse wurden sowohl Schulbücher aus den 40er bis 70er Jahren, als auch aktuelle Schulbücher aus verschiedenen Schultypen herangezogen werden. Bei den aktuellen Schulbüchern wurden Schulbücher aus den Jahren 2000 bis 2004 verglichen:

- Schulbücher aus den 40er bis 70er Jahren
  - Rechnen und Raumlehre für die Volksschule (40er Jahre)
  - Bayerisches Volksschulrechenbuch (60er Jahre)
  - Wir rechnen (60er Jahre)
  - Einführung in die Mathematik (70er Jahre)
- Aktuelle Schulbücher für die Hauptschule
  - Maßstab 7 (2001)
  - Mathe aktiv 7 (2001)
  - Mathematik 7 (2001)
- Aktuelle Schulbücher für die Realschule
  - Faktor 7 (2000)
  - Faktor 8 (2001)
- Aktuelle Schulbücher für das Gymnasium
  - XQuadrat (2002)
  - Fokus Mathematik 6 (2004)

Bei der Analyse der Schulbücher wurden folgende Kriterien untersucht:

- Umfang des Themas Prozentrechnung,
- Einführung des Stoffgebietes,

---

[109] Vgl. **Lehrplan Grundschule Bayern 2000**, S. 260

- Vermittlung und Berechnung der Grundbegriffe und
- Behandlung von Diagrammen.

Das Ergebnis der Analyse wird zunächst übersichtlich in der folgenden Tabelle dargestellt:

Titel des Schulbuchs (Jahr der Erscheinung)	Umfang (Seiten)	Einführung der Prozentrechnung	Berechnungs-methode(n)	Diagramme
Schulbücher aus den 40er bis 70er Jahren				
Rechnen und Raumlehre für die Volksschule (40er Jahre)[110]	Ca. 7	Relativer Vergleich und Angabe von Bruchteilen	Bruchteile	Streifendiagramm, Kreisdiagramm
Bayerisches Volksschulrechenbuch (60er Jahre)[111]	Ca. 16	Relativer Vergleich	Bruchteile	Streifendiagramm, Tabellen
Wir rechnen (60er Jahre)[112]	Ca. 9	Relativer Vergleich	Einfache Brüche, Dreisatz, Zerlegung des Prozentsatz, „einfacher Grundwert"	Streifendiagramm, Hunderterfeld
Einführung in die Mathematik (70er Jahre)[113]	Ca. 10	Absoluter und relativer Vergleich	Operatormethode	Streifendiagramm, Kreisdiagramm
Aktuelle Schulbücher für die Hauptschule				
Maßstab 7 (2001)[114]	Ca. 8	Die Berechnung eines Beispiels mit Dreisatz und Bruchoperator, Merkbrüche	Dreisatz und Operatormethode	Kreisdiagramm, Streifendiagramm
Mathe aktiv 7 (2001)[115]	Ca. 21	Absoluter und relativer Vergleich	Dreisatz und Operatormethode	Kreisdiagramm, Hunderterfeld, Streifendiagramm
Mathematik 7 (2001)[116]	Ca. 20	Absoluter und relativer Vergleich	Dreisatz und Operatormethode	Kreisdiagramm, Rechteck- und Streifendiagramm

---

110 Vgl. **Stöffler o.J.**; Wie die Angabe *RM* (Reichsmark) in Sachaufgaben des Schulbuchs zeigt, handelt es sich vermutlich um eine Ausgabe von vor dem Jahr 1949. Die Reichsmark war bis 1948 offizielles Zahlungsmittel in Deutschland. Im Schulbuch wird vermerkt, dass es sich um Rechenübungen für das 7. Schuljahr handelt.

111 Vgl. **Gärtner et al. o.J.**; Laut Stempel der Pädagogischen Hochschule Nürnberg wurde das Schulbuch im Jahr 1966 angeschafft und war offenbar für die 7. Schulklasse bestimmt.

112 Vgl. **Hagen et al. o.J**; Das Schulbuch wurde 1964 in Bayern zugelassen. Es ist deshalb anzunehmen, dass es vor 1965 fertiggestellt wurde.

113 Vgl. **Bigalke 1977**

114 Vgl. **Maßstab 7 2001**

115 Vgl. **Mathe aktiv 7 2001**

116 Vgl. **Mathematik 7 2001**

Aktuelle Schulbücher für die Realschule				
Faktor 7 (2000)[117]	Ca. 23	Ein Beispiel, das verdeutlicht, dass Brüche mit Nenner 100 in Prozentschreibweise dargestellt werden können	Dreisatz und Operatormethode	Kreisdiagramm, Streifen- und Säulendiagramm
Faktor 8 (2001)[118]	Ca. 20	Wiederholung der Grundbegriffe und Wiederholung der Dreisatz- und Bruchoperatormethode	Dreisatz und Operatormethode, Formel	Kreisdiagramm
Aktuelle Schulbücher für das Gymnasium				
XQuadrat (2002)[119]	Ca. 12	Beispiele zur Prozentrechnung, relativer Anteil	Formel wird angeführt	Kreisdiagramm, Streifen- und Säulendiagramm
Fokus Mathematik 6 (2004)[120]	Ca. 25	Beispiel, das von den Schülern verlangt, ein Angebot absolut und relativ zu vergleichen	Dreisatz und Operatormethode	Kreisdiagramm, Prozentstreifen, Säulendiagramm

Tabelle 3. Schulbücher im Vergleich

Im Folgenden werden die Schulbücher in Bezug auf die oben gewählten Kriterien (Seitenumfang, Einführung in das Thema, Berechnungsmethode und erläuterte Diagramme) eingehend analysiert. Es werden Gemeinsamkeiten und Unterschiede aufgedeckt.

- ***Zum Umfang des Themas Prozentrechnung***

Da Lehrbücher grundsätzlich zur Verwendung im Unterricht erstellt werden, fehlen häufig Anmerkungen zur Themenüberleitung oder zur Erläuterung des Zusammenhangs. Diese Zusammenhänge sollen in der Lehre hergestellt werden. Wie die Tabelle 3 zeigt, wird die Prozentrechnung in manchen Schulbüchern ausführlicher behandelt als in anderen. Die geringe Seitenzahl bei Schulbüchern aus den 40er bis 70er Jahren ist darauf zurückzuführen, dass die Schulbücher generell weniger umfangreich gestaltet waren, als heutige Schulbücher. Im Schulbuch „Rechnen und Raumlehre für die Volksschule“ aus den 40er Jahren, das vermutlich Schüler der 6. oder 7. Schulklasse zur Verfügung stand,

---

117 Vgl. **Faktor 7 2000**

118 Vgl. **Faktor 8 2001**

119 Vgl. **Gierse et al. 2002**

120 Vgl. **Fokus Mathematik 2004**

wird die Prozentrechnung nur auf 7 Seiten behandelt. Da der Schwerpunkt in diesem Schulbuch hauptsächlich auf der Raumlehre liegt, war zu erwarten, dass der Prozentrechnung – hier noch als „Vomhundertrechnung“ bezeichnet – weniger Platz eingeräumt wird:

Abbildung 17. Inhaltsverzeichnis zur Prozentrechnung im Schulbuch „Rechnen und Raumlehre für die Volksschule“[121]

Auch bei Schulbüchern für die Hauptschule oder für das Gymnasium kann festgestellt werden, dass der Seitumfang variiert. Im Schulbuch „Mathe aktiv 7“ wird die Prozentrechnung zum Beispiel auf etwa 21 Seiten behandelt[122]:

Im gymnasialen Schulbuch „XQuadrat“ (für die 7. Jahrgangsstufe) wird die Prozentrechnung unter dem Kapitel „Proportionalitäten“ dagegen nur auf etwa 12 Seiten behandelt[123]:

[121] Vgl. **Stöffler o.J.**, zu finden auf der Rückseite des Deckblatts (Seite ohne Angabe der Seitenzahl)

[122] Vgl. **Mathe aktiv 7 2001**, S. 3

[123] Vgl. **Gierse et al. 2002**, S. 119ff.

In den letzten Jahren haben sich curriculare Änderungen auch im Aufbau und Umfang einiger Schulbücher durchgesetzt. Die Lehrpläne in Bayern wurden durch die Einführung der Bildungsstandards im Jahr 2003 sowie des achtstufigen Gymnasiums so überarbeitet, dass die Prozentrechnung nun mehrfach, verteilt über das Schuljahr der 6. Klasse thematisiert wird. Diese curricularen Änderungen sind zum Beispiel auch im Schulbuch „Fokus Mathematik 6“, das im Jahr 2004 erschienen ist, zu sehen. Es ist in neun etwa gleich große Abschnitte gegliedert, wobei die Prozentrechnung zum ersten Mal im Abschnitt „Bruchteile und Bruchzahlen“ auf etwa sechs Seiten mit der Überschrift „Prozentschreibweise“ behandelt wird.[124] Dass die Prozentrechnung als Folge der Bildungsstandards nun noch in weiteren Kapiteln thematisiert wird, ist ein Novum: Das gilt zum Beispiel für Kapitel „3. Relative Häufigkeit“ und Kapitel „5. Multiplikation und Division nicht negativer Zahlen“ im Unterkapitel „Vorteilhaftes Rechnen“.

Ein weiteres Kapitel zur Prozentrechnung findet sich im hinteren Teil des Schulbuches. Die Prozentrechnung wird an dieser Stelle als eigenständiges Kapitel auf etwa 20 Seiten behandelt[125]:

Grundsätzlich finden zusätzliche Themen wie Rabatt, Skonto, Mehrwertsteuer und Gewinn und Verlust, die häufig im Anschluss an die Prozentrechnung erfol-

---

[124] Vgl. **Fokus Mathematik 2004**, S. 3

[125] Vgl. **Fokus Mathematik 2004**, S. 4

gen, heute in der Realschule und in der Hauptschule mehr Verwendung als im Gymnasium.[126]

- ***Zur Einführung des Stoffgebietes***

In allen genannten Schulbüchern kann man stets den praktischen Bezug zur Prozentrechnung feststellen. Da die Einführung in das Thema Prozentrechnung in den Schulbüchern mit unterschiedlichsten Beispielen aus dem Alltag stattfindet, werden im Folgenden zum besseren Einblick einige dieser Beispiele gezeigt.

In allen hier vorliegenden Schulbüchern der 40er bis 70er Jahre findet die Einführung der Prozentrechnung über den Vergleich relativer Anteile statt, so auch im Schulbuch „Rechnen und Raumlehre für die Volksschule“:

Erweiterung der Vomhundertrechnung.

320. In einer Schule mit 500 Schülern werden während eines Sommers 60 Schüler durch die NSV. an die See verschickt, aus einer andern Schule mit 650 Schülern kommen 65 fort. **a)** Schätze, welche Schule verhältnismäßig mehr Kinder verschickt! **b)** Berechne, welchen Bruchteil der Schülerzahl die verschickten Kinder für jede Schule ausmachen! **c)** Berechne, wieviel von je 100 Kindern in beiden Fällen verschickt werden!

Abbildung 18. Einführung der Vomhundertrechnung, Prozentrechnung im Schulbuch „Rechnen und Raumlehre für die Volksschule“[127]

Im „Bayerischen Volksschulrechenbuch“ wird die Prozentrechnung ebenfalls

---

[126] Bei Barzahlung eines Produkts oder einer Dienstleistung wird häufig Skonto gegeben. Rabatt kann vom Verkäufer aus verschiedenen Gründen gewährt werden. Vgl. **Zech 1996**, S. 22

[127] Vgl. **Stöffler o.J.**, S. 24

über den relativen Vergleich und die Angabe von Bruchteilen eingeführt:

Die Prozentrechnung

Der Prozentwert ist gegeben, der Prozentsatz ist gesucht

1. Drei Schulklassen vergleichen ihre Leistungen im Schwimmen. Die schwimmbeste Klasse erhält als Preis einen Wasserball. Die Freischwimmerprüfung hat folgendes Ergebnis gezeigt:

Klasse	Schülerzahl	Freischwimmer
7a	44	33
7b	35	28
7c	40	28

Welches ist die schwimmbeste Klasse?

Hans rechnet so:

Kl. 7a Freischwimmer $^{33}/_{44}$ = gekürzt $^{3}/_{4}$
7b Freischwimmer $^{28}/_{35}$ = gekürzt $^{4}/_{5}$
7c Freischwimmer $^{28}/_{40}$ = gekürzt $^{7}/_{10}$

Gleichnamige Brüche bringen die richtige Lösung!

Berechne auf diese Weise auch die Bruchteile der Nichtschwimmer!

Abbildung 19. Einführung der Prozentrechnung im Schulbuch „Bayerisches Volksschulrechenbuch“[128]

Das „Hundertstel“ wird im Schulbuch „Wir rechnen“ auch mit Hilfe eines Beispiels über den relativen Vergleich mit Hilfe der Bruchrechnung eingeführt:

Das Hundertstel — eine günstige Vergleichszahl

Wir lernen das Hundertstel als Vergleichszahl kennen

Unsere Hühnerzucht

*[1] Verschiedene Bäuerinnen haben Eier zum Brüten untergelegt. Am 6. Tag lassen sie die Eier durchleuchten. Schlechte (lautere) Eier werden ausgesondert.

1	2	3	4	5
Nr.	Name	Eier	lautere	Teil
1	Meier Anna	10	2	
2	Huber Frieda	30	3	
3	Scherer Emma	20	1	
4	Lehner Marie	28	7	
5	Niedermeier F.	50	2	
6	Müller Katharina	100	5	

Trage die Tabelle in dein Rechenheft ein!

*[2] Berechne für jede Bäuerin, welcher Teil der Eier lauter war, und schreibe das Ergebnis mit Bruchstrich in Spalte 5!

Abbildung 20. Einführung der Prozentrechnung im Schulbuch „Wir rechnen“[129]

---

[128] Vgl. **Gärtner et al. o.J.**, S. 20

Im Schulbuch „Einführung in die Mathematik“ aus den 70er Jahren erfolgt die Einführung der Prozentrechnung zunächst über den absoluten Vergleich:

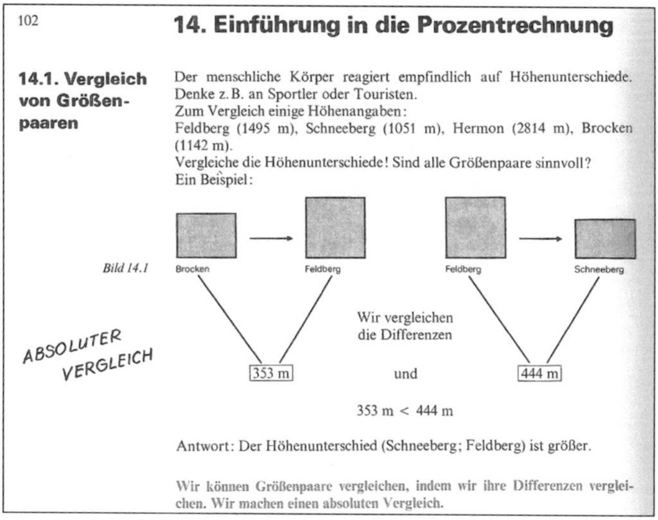
102

14. Einführung in die Prozentrechnung

14.1. Vergleich von Größenpaaren

Der menschliche Körper reagiert empfindlich auf Höhenunterschiede. Denke z. B. an Sportler oder Touristen.
Zum Vergleich einige Höhenangaben:
Feldberg (1495 m), Schneeberg (1051 m), Hermon (2814 m), Brocken (1142 m).
Vergleiche die Höhenunterschiede! Sind alle Größenpaare sinnvoll?
Ein Beispiel:

Bild 14.1

353 m < 444 m

Antwort: Der Höhenunterschied (Schneeberg; Feldberg) ist größer.

Wir können Größenpaare vergleichen, indem wir ihre Differenzen vergleichen. Wir machen einen absoluten Vergleich.

Abbildung 21. Einführung der Prozentrechnung im Schulbuch „Einführung in die Mathematik“[130]

Im Anschluss an den absoluten Vergleich wird dann der relative Vergleich durch den Vergleich von Quotienten veranschaulicht:

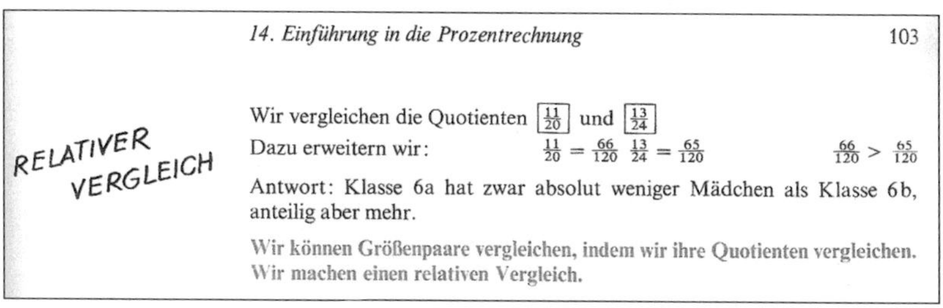
14. Einführung in die Prozentrechnung 103

Wir vergleichen die Quotienten $\frac{11}{20}$ und $\frac{13}{24}$

Dazu erweitern wir: $\frac{11}{20} = \frac{66}{120}$ $\frac{13}{24} = \frac{65}{120}$ $\frac{66}{120} > \frac{65}{120}$

Antwort: Klasse 6a hat zwar absolut weniger Mädchen als Klasse 6b, anteilig aber mehr.

Wir können Größenpaare vergleichen, indem wir ihre Quotienten vergleichen. Wir machen einen relativen Vergleich.

Abbildung 22. Relativer Vergleich im Schulbuch „Einführung in die Mathematik“[131]

[129] Vgl. **Hagen et al. o.J.**, S. 64

[130] Vgl. **Bigalke 1977**, S. 102

[131] Vgl. **Bigalke 1977**, S. 103

Auch in den aktuellen Schulbüchern der Hauptschule wird die Prozentrechnung vorwiegend über den relativen Vergleich eingeführt. Im Anschluss daran wird dann meist die Verbindung zur Bruchrechnung hergestellt:

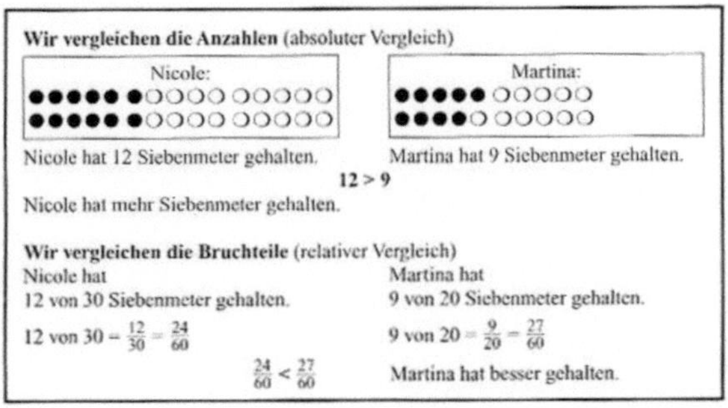

Abbildung 23. Einführung der Prozentrechnung im Schulbuch „Mathematik 7“[132]

In den analysierten Schulbüchern für die Realschule ist vor allem die Gegenüberstellung von Prozentsätzen und Brüchen festzustellen:

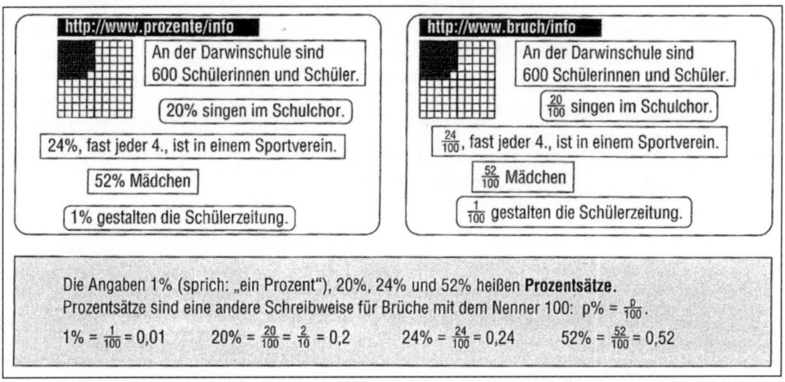

Abbildung 24. Einführung der Prozentrechnung im Schulbuch „Faktor 7“[133]

Das einführende Beispiel im Schulbuch „Faktor 7“ wird in zweifacher Form aufgeführt. Auf der linken Seite wird die Aufgabenstellung mit Prozentangaben an-

[132] Vgl. **Mathematik 7 2001**, S. 89

[133] Vgl. **Faktor 7 2000**, S. 32

gegeben, auf der rechten Seite mit Brüchen. Das im Beispiel dargestellte Hunderterfeld veranschaulicht den Prozentsatz 24 % und $\frac{24}{100}$. Hierbei soll verdeutlicht werden, dass es sich bei der Prozentschreibweise um Brüche mit dem Nenner 100 handelt. Im Anschluss an das Beispiel erfolgt die Erläuterung von Prozentsätzen und deren Umwandlung in Brüche und Dezimalbrüche.

In der Einführung im ersten Kapitel der Schulbuchs „Faktor 8" werden – anders als bei den zuvor genannten Schulbüchern – bereits im ersten Schritt die Grundbegriffe der Prozentrechnung erläutert:

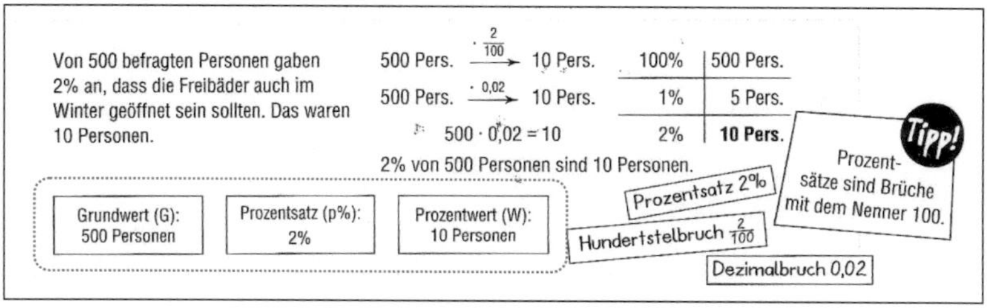

Abbildung 25. Einführung der Prozentrechnung im Schulbuch „Faktor 8"[134]

Die Einführung des Themas im gymnasialen Schulbuch „XQuadrat" beginnt mit drei Aufgabenstellungen zur Prozentrechnung. Es handelt sich jeweils um mehrschrittige Aufgaben:

4.2 Prozentrechnung

1 Zum Geschäftsjubiläum werden alle Artikel um 15 % reduziert. Kostet nun eine Jeans für 80 € dann 68 € oder nur noch 63 €?

2 Jeder fünfte Schüler fährt mit dem Fahrrad zur Schule. Wie viel Prozent der gesamten Schülerschaft von 440 Schülern sind das?

3 Von 50 € hat Max 15 € gespart. Bastian hat von seinen 70 € genau 21 € gespart. Gibt es einen fleißigeren Sparer? Stelle den Sparerfolg von Max in einem Kreisdiagramm dar.

Abbildung 26. Einführung der Prozentrechnung im Schulbuch „XQuadrat 7"[135]

---

[134] Vgl. **Faktor 8 2001**, S. 80

Auffallend an diesem Beispiel ist, dass die erstgenannte Aufgabenstellung zwei Lösungsmöglichkeiten vorgibt. Das könnte bereits eine Folge der Aufgabenstellung in PISA sein. Die Aufgabenstellungen erfordern unter anderem die Berechnung des Prozentwertes und des Prozentsatzes, die Umsetzung einer Sachsituation in eine Rechnung und die Erstellung eines Kreisdiagramms.

Die Einführung des Stoffgebietes Prozentrechnung erfolgt im gymnasialen Schulbuch „Fokus Mathematik 6“ ebenfalls über drei Aufgaben, in denen die Schüler Angebote und Werte vergleichen sollen. Die erste Aufgabe lautet:

> Die Mädchen-Zeitschrift „Happy“ kostet pro Heft 2,25 €. Das Jahresabonnement ist um 12 % billiger als 12 Einzelhefte. Ein Jahresabonnement für „Young“ kostet 32,13 €. Es ist um 15 % günstiger als der Preis für 12 Monatshefte.
> Vergleiche die Angebote.

Abbildung 27. Einführung der Prozentrechnung im Schulbuch „Fokus Mathematik 6“[136]

Die Aufgabe erfordert (neben weiteren Rechenschritten) die Berechnung von Prozentwert und erhöhtem Grundwert. Außerdem wird offensichtlich ein verbaler Vergleich verlangt. Vor allem das zeigt, dass der Anspruch an die Schüler im Gymnasium offenbar deutlich höher ist.

- ***Zur Berechnung der Grundbegriffe***

In den genannten Schulbüchern wird die Prozentrechnung entweder in Verbindung mit der Bruchrechnung oder als eigenes Kapitel behandelt. Sie wird somit nicht immer oder nur bedingt im Zusammenhang mit der Bruchrechnung gesehen. Im Gegensatz zur Auffassung von ZECH[137] werden in fast allen Schulbüchern als Berechnungsmethoden nicht nur die Bruchrechnung, sondern auch die von ZECH meist als „künstlich“[138] angewendete Operatormethode und Dreisatzmethode gezeigt.

---

[135] Vgl. **Gierse et al. 2002**, S. 123

[136] Vgl. **Fokus Mathematik 2004**, S. 172

[137] Vgl. Kapitel 2.5.2

[138] Vgl. **Zech 1995**, S. 229

In den Schulbüchern der 40er bis 70er Jahre werden die (damaligen) Grundbegriffe am Streifendiagramm abgetragen:

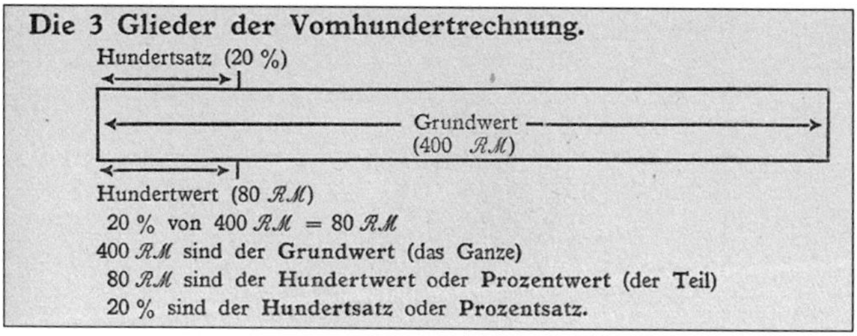
Die 3 Glieder der Vomhundertrechnung.

Hundertsatz (20 %)

Grundwert (400 RM)

Hundertwert (80 RM)

20 % von 400 RM = 80 RM

400 RM sind der **Grundwert** (das Ganze)

80 RM sind der **Hundertwert** oder **Prozentwert** (der Teil)

20 % sind der **Hundertsatz** oder **Prozentsatz.**

Abbildung 28. „Die 3 Glieder der Vomhundertrechnung" im Schulbuch „Rechnen und Raumlehre für die Volksschule"[139]

Zwar werden in diesem Schulbuch die Begriffe Hundertwert und Hundertsatz verwendet. Jedoch werden hier auch bereits die „modernen" Bezeichnungen Prozentwert, Grundwert und Prozentsatz angegeben.

Im Schulbuch „Wir rechnen" aus den 60er Jahren werden schon vier verschiedene Wege zur Berechnung von Prozentaufgaben dargestellt:

Nun kennst du verschiedene Wege. Beisp.: $12\frac{1}{2}$% von 160 DM

$12\frac{1}{2}$% ist $\frac{1}{8}$ vom Ganzen *$\frac{1}{8}$ von 160 DM = 20 DM*	*Auf 100 DM treffen 12,50 DM* *Auf 1 DM treffen 0,125 DM* *Auf 160 DM treffen 160 · 0,125 DM = 20 DM*
1% von 160 DM = 1,60 DM *$12\frac{1}{2}$% ist $12\frac{1}{2}$ · 1,60 DM = 20 DM*	*Du kannst $12\frac{1}{2}$% auch zerlegen* *in 10%, 2% und $\frac{1}{2}$%!*

Überlege: Welcher Weg ist der kürzeste? Kannst du ihn immer gehen?

Abbildung 29. Methoden zur Prozentrechnung im Schulbuch „Wir rechnen"[140]

Die Beziehung der Grundbegriffe Prozentwert, Grundwert und Prozentsatz mit der Operatormethode wird erstmals im Schulbuch „Einführung in die Mathematik" der 70er Jahre dargestellt:

---

[139] Vgl. **Stöffler o.J.**, S. 25

[140] Vgl. **Hagen et al. o.J.**, S. 67

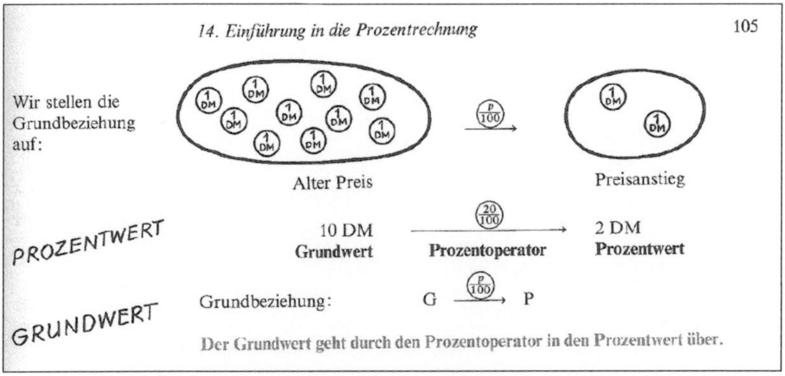

Abbildung 30. Grundbeziehung der Prozentrechnung im Schulbuch „Einführung in die Mathematik“[141]

In der Hauptschule werden zumeist die Methoden Dreisatz und Operatormethode vorgestellt:

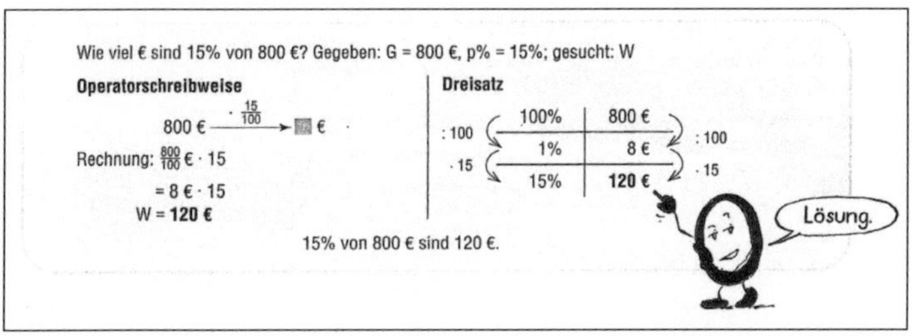

Abbildung 31. Einführung der Prozentrechnung im Schulbuch „Maßstab 7“ der Hauptschule[142]

Außerdem wird in einigen Schulbüchern auch die Gleichungsmethode (Berechnung mit der Formel) angewendet.

Im Schulbuch „Faktor 8“ der Realschule wird die Prozentrechnung sowohl mit der Operator- als auch mit der Dreisatzmethode angewendet:

---

[141] Vgl. **Bigalke 1977**, S. 105ff.

[142] Vgl. **Maßstab 7 2001**, S. 76

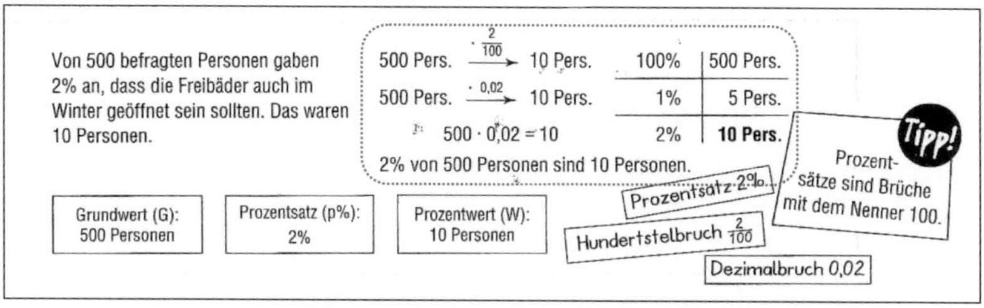

Abbildung 32. Einführung der Prozentrechnung im Schulbuch „Faktor 8"[143]

Zusätzlich wird aber auch die „Prozentrechnung mit der Formel" erläutert:

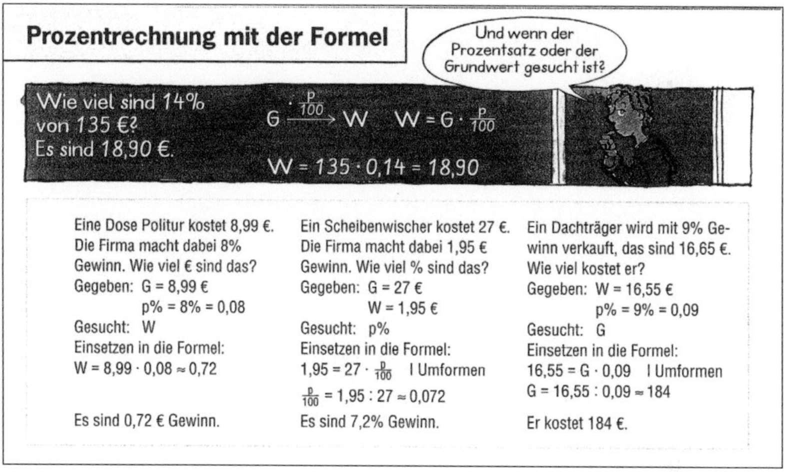

Abbildung 33. Prozentrechnung mit der Formel im Schulbuch „Faktor 8" [144]

Die Prozentrechnung ausschließlich mit der Formel zu berechnen ist nicht sinnvoll, da sie „als Lösungshilfe für Prozentaufgaben nur eingeschränkt geeignet"[145] ist. Einige Lehrbücher, wie das gymnasiale Lehrbuch XQuadrat, arbeiten dennoch stark formelorientiert.

---

[143] Vgl. **Faktor 8 2001**, S. 80

[144] Ebd.; vgl. **Faktor 8 2001**, S. 82

[145] Vgl. **Appell 2004**, S. 26

Die Verwendung unterschiedlicher Methoden soll vermutlich dazu beitragen, sowohl schwächeren als auch stärkeren Schülern einen individuellen Rechenweg anbieten zu können. So schreibt BERGER „Die in den letzten Jahren erschienen Beiträge (...) zeigen, (...) dass dabei die Frage nach dem „idealen“ Lösungsverfahren nach wie vor im Mittelpunkt der didaktischen Diskussion steht.“[146]

In vielen Lehrbüchern erfolgt die Berechnung der Grundbegriffe der Prozentrechnung nach dem Vorschlag von ZECH nach aufsteigendem Schwierigkeitsgrad. Zuerst die Berechnung des Prozentwertes, danach die Berechnung des Grundwertes und dann erst die Berechnung des Prozentsatzes.

Die Beziehung der Grundbegriffe Prozentwert, Grundwert und Prozentsatz wird an unterschiedlichen Stellen innerhalb der Lehrbücher eingefügt.

- ***Zur Behandlung von Diagrammen***

Die Schulbücher aus den 40er bis 70er Jahren bieten vorwiegend Streifendiagramme. Im „Bayerischen Volksschulrechenbuch“ werden beispielsweise folgende Streifendiagramme innerhalb des Themengebietes zur Prozentrechnung dargestellt:

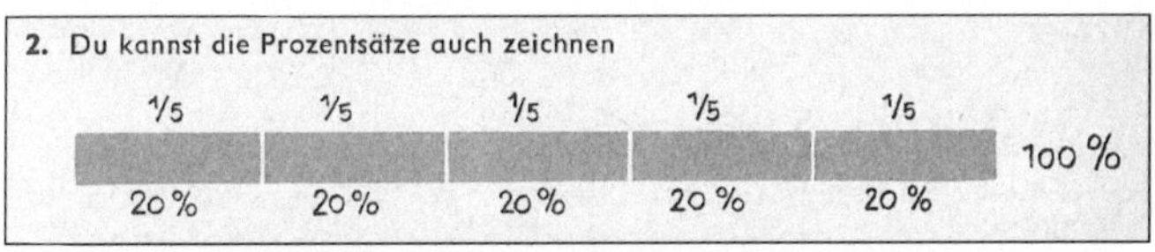

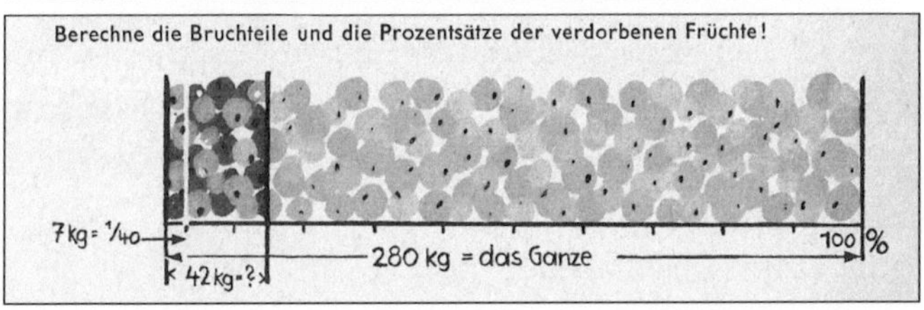

[146] **Berger 1991**, S. 30

Abbildung 34. Diagramme zur Prozentrechnung im Schulbuch „Bayerisches Volksschulrechenbuch“[147]

Daneben werden aber auch weitere Diagramme wie Kreisdiagramme, Tabellen und Hunderterfelder dargestellt:

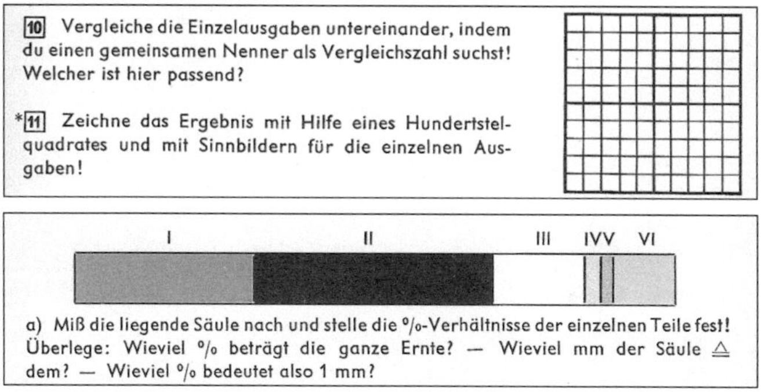

Abbildung 35. Diagramme zur Prozentrechnung im Schulbuch „Wir rechnen“[148]

Auch die aktuellen Schulbücher zeigen zumeist Streifendiagramme und Kreisdiagramme:

[147] Vgl. **Gärtner et al. o.J.**, S. 21ff.

[148] Vgl. **Hagen et al. o.J.**, S. 65-68

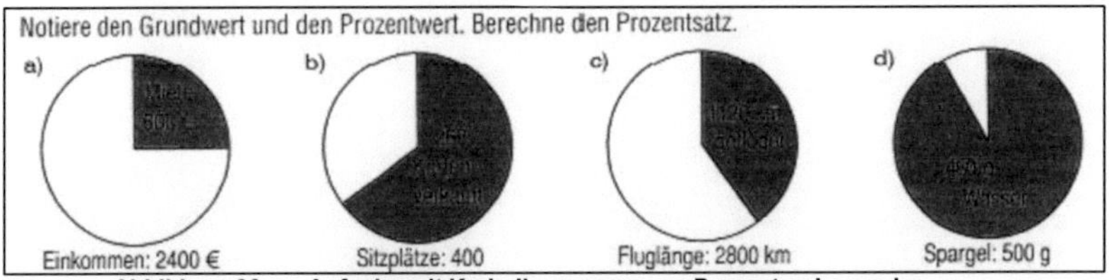

Abbildung 36. Aufgabe mit Kreisdiagrammen zur Prozentrechnung im Schulbuch „Faktor 7“ der Realschule[149]

Hinsichtlich der Darstellung von Diagrammen ist keine auffällige Veränderung von Schulbüchern der 40er bis 70er Jahre zu heutigen Schulbüchern festzustellen.

Unterschiedlich ist allerdings, je nach Schulbuch, der Umfang der Thematisierung von Diagrammen. Einige Schulbücher bieten eigene Kapitel zu den Veranschaulichungshilfen an, andere nur ein bis zwei Aufgaben.

- ***Fazit***

Der Umfang des Themas Prozentrechnung in den Schulbüchern ist unterschiedlich. Es ist allerdings nicht zu erkennen, dass dieser Unterschied abhängig von den einzelnen Schultypen ist. Die Einführung in das Stoffgebiet der Prozentrechnung erfolgt häufig über den absoluten und relativen Vergleich. Als Berechnungsmethoden werden in aktuellen Schulbüchern vorwiegend Dreisatz- und Operatormethode angeboten. In Schulbüchern aus den 40er bis 60er Jahren wurden hingegen die Bruchteile dargestellt. Erst ab den 70er Jahren wird auch die Operatormethode in Schulbüchern abgebildet.

In gymnasialen Lehrbüchern ist eine Veränderung des Aufbaus der Schulbücher zu beobachten. In neu herausgegebenen Schulbüchern werden die einzelnen Themen zumeist weniger isoliert betrachtet. Dies ist vor allem den Übungsaufgaben, die jedes Kapitel innerhalb der Schulbücher abschließen, zu entnehmen. Des Weiteren werden vermehrt anwendungsorientierte Aufgaben

---

[149] Vgl. **Faktor 7 2000**, S. 37

integriert. Dies sind womöglich auch Folgen der 2003 in Deutschland eingeführten Bildungsstandards, die im nächsten Kapitel näher erläutert werden.

Die fachliche Analyse der Schulbücher zeigt im Hinblick auf die geplante Untersuchung im Wesentlichen, dass es offensichtlich Aufgaben zur Prozentrechnung gibt, die zu jeder Zeit in den Schulbüchern vertreten sind. Aufgaben dieser Art sollen bei der Erstellung des Kompetenzmodells für die vorliegende Arbeit berücksichtigt werden.

2.5.5 Die Bildungsstandards im Hinblick auf die Prozentrechnung

Da die Bildungsstandards seit ihrer Einführung 2003 bundesweit für mehr oder weniger starke Veränderung in der Lehre einzelner Bundesländer gesorgt haben, sollen sie allgemein und im Zusammenhang mit der Prozentrechnung erläutert werden. Vor allem die Darstellung der Kompetenzanforderungen in den Bildungsstandards soll helfen, ein Kompetenzmodell für die geplante Untersuchung zu erstellen.

2.5.5.1 Einführung der Bildungsstandards

Im so genannten Konstanzer Beschluss wird 1997 von der KMK beschlossen, dass Deutschland die Leistungen der Schüler messen und damit international vergleichbar machen will. Aufgrund dessen hat sich Deutschland in den folgenden Jahren an den internationalen Schulleistungsstudien TIMSS, PISA und IGLU beteiligt.[150] Aufgrund der unerwartet unterdurchschnittlichen Ergebnisse der deutschen Schüler bei diesen Studien und maßgeblich durch den so genannten PISA-Schock, kam es in Deutschland 2003 zur Einführung der länderübergreifenden Bildungsstandards durch die Kultusministerkonferenz.[151] Die Bildungs-

---

[150] Vgl. **IQB 2007**

[151] Vgl. **IQB 2007a.** Die bayerischen Schüler schnitten im Vergleich sowohl in der ersten PISA Studie 2000 als auch in der PISA-Studie 2003 (Schwerpunkt mathematische Grundbildung)

standards sollen festlegen, „was Schüler zu bestimmten Zeitpunkten ihrer Schullaufbahn können und wissen sollen.“[152] MEYERHÖFER meint sogar, dass die Bildungsstandards der KMK „faktisch den Rang eines bundesweiten Lehrplans“[153] einnehmen.

Zur Überprüfung der Bildungsstandards wird 2004 das bundesweit tätige und von den Bundesländern getragene „Institut zur Qualitätsentwicklung im Bildungswesen“ (IQB) an der Humboldt-Universität in Berlin ins Leben gerufen. Dessen Aufgabe ist zum einen die Weiterentwicklung der Bildungsstandards und zum anderen, „ihre Erreichung zu überprüfen“[154]. Auf der Webseite des IQB ist nachzulesen, dass hierzu die „Erarbeitung von computergestützten Test-, Auswertungs- und Rückmeldesystemen“[155] nötig ist. Die Bildungsstandards sollen demnach fortan zur Qualitätssicherung an Schulen dienen. Sie werden bis zu Beginn des Schuljahres 2005/2006 verbindlich an allen Schulen eingeführt.[156]

Für das Fach Mathematik sind auf den Seiten des IQB ausschließlich Bildungsstandards für den Primarbereich, den Hauptschulabschluss und den Mittleren Schulabschluss zu finden.[157]

---

besser ab als Gesamtdeutschland. Ausführliche Informationen dazu sind im Kapitel 2.3.1 zu finden.

[152] **Paulsen 2006**, S. 147

[153] Vgl. **Meyerhöfer 2003**

[154] **IQB 2007b** und vgl. **KMK 2007**

[155] Vgl. **IQB 2007b**

[156] Vgl. **IQB 2007a**

[157] Vgl. **IQB 2009**

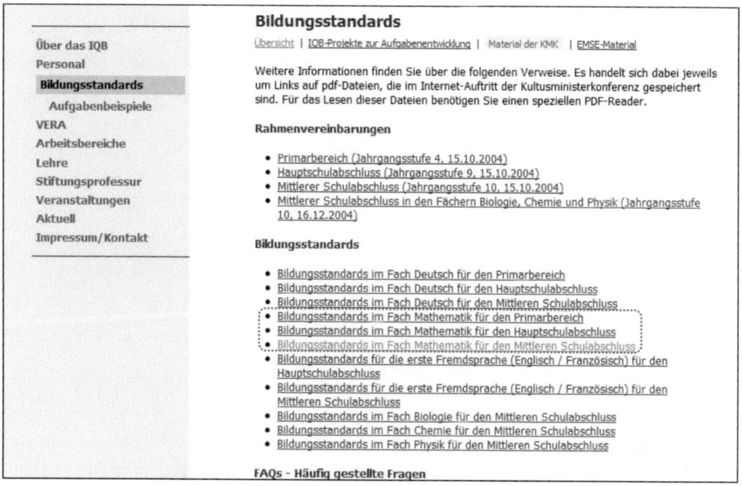

Abbildung 37. Bildungsstandards laut IQB[158]

Die Bildungsstandards liegen demnach für folgende Schulabschlüsse und Jahrgangsstufen vor:

	Schulabschluss	Nach / Am Ende der ... Jahrgangsstufe	Fächer
1	Grundschulabschluss (Primarbereich)	4	Deutsch, **Mathematik**
2	Hauptschulabschluss	9	**Mathematik**, Deutsch, erste Fremdsprache
3	Mittlerer Schulabschluss	10	**Mathematik**, Deutsch, erste Fremdsprache
	Mittlerer Schulabschluss	10	Biologie, Physik, Chemie

Tabelle 4. Bildungsstandards in Deutschland

Bildungsstandards für den gymnasialen Schulabschluss sind beim IQB nicht definiert.

---

[158] Ebd.

2.5.5.2 Kompetenzen und Anforderungsbereiche

Die Bildungsstandards sind für das Fach Mathematik in folgende Bereiche gegliedert (für den Hauptschulabschluss und den Mittleren Schulabschluss):[159]

1. Beitrag des Faches Mathematik zur Bildung
2. Allgemeine mathematische Kompetenzen im Fach Mathematik
3. Standards für inhaltsbezogene Kompetenzen im Fach Mathematik
4. Aufgabenbeispiele
   4.1 Anforderungsbereiche der allgemeinen mathematischen Kompetenzen
   Anforderungsbereich I: Reproduzieren
   Anforderungsbereich II: Zusammenhänge herstellen
   Anforderungsbereich II: Verallgemeinern und Reflektieren
   4.2 Kommentierte Aufgabenbeispiele

Im ersten Punkt „Beitrag des Faches Mathematik zur Bildung“ werden die durch den Mathematikunterricht vermittelten grundlegenden Erfahrungen für die Schüler beschrieben.

Unter „allgemeinen mathematischen Kompetenzen“ im zweiten Punkt werden sechs Kompetenzen und Fähigkeiten verstanden, welche die Schüler am Ende der 9. und 10. Jahrgangsstufe erworben haben sollten. Diese sind:

- Mathematisch argumentieren (K 1)
- Probleme mathematisch lösen (K 2)
- Mathematisch modellieren (K 3)
- Mathematische Darstellungen verwenden (K 4)
- Mit symbolischen, formalen und technischen Elementen der Mathematik umgehen (K 5)
- Kommunizieren (K 6)

Für die Prozentrechnung ist dabei insbesondere die Fähigkeit, mathematisch zu argumentieren (K 1) und mathematische Darstellungen zu verwenden (K 4) erforderlich. Das geht aus den Aufgabenbeispielen der Bildungsstandards für die Prozentrechnung hervor. Die Prozentrechnung wird also genau diesen beiden Kompetenzen zugeordnet:

---

[159] Vgl. **Beschlüsse KMK 2004**, S. 5

(K 1) Mathematisch argumentieren

Dazu gehört:

- Fragen stellen, die für die Mathematik charakteristisch sind („Gibt es ...?", „Wie verändert sich...?", „Ist das immer so ...?"), und Vermutungen begründet äußern,
- mathematische Argumentationen entwickeln (wie Erläuterungen, Begründungen, Beweise),
- Lösungswege beschreiben und begründen.

Abbildung 38. K 1: Mathematisch argumentieren[160]

(K 4) Mathematische Darstellungen verwenden

Dazu gehört:

- verschiedene Formen der Darstellung von mathematischen Objekten und Situationen anwenden, interpretieren und unterscheiden,
- Beziehungen zwischen Darstellungsformen erkennen,
- unterschiedliche Darstellungsformen je nach Situation und Zweck auswählen und zwischen ihnen wechseln.

Abbildung 39. K 1: Mathematische Darstellungen verwenden[161]

Bei dem dritten Gliederungspunkt „inhaltsbezogene mathematische Kompetenzen" findet eine Unterteilung in Leitideen statt:

- Leitidee Zahl (L 1)
- Leitidee Messen (L 2)
- Leitidee Raum und Form (L 3)
- Leitidee Funktionaler Zusammenhang (L 4)
- Leitidee Daten und Zufall (L 5)

Zwei Leitideen sind davon für die Prozentrechnung von Interesse:

Innerhalb der Leitidee Zahl (L 1) werden die Bildungsstandards hinsichtlich der Prozentrechnung für den Hauptschulabschluss und den Mittleren Schulabschluss dahingehend spezifiziert, dass die Schüler in der Lage sein sollen, die Prozent- und Zinsrechnung sachgerecht zu verwenden[162]. Für den Hauptschulabschluss wird außerdem festgelegt, dass innerhalb der Leitidee funktionaler Zusammenhang (L 4) die Prozentrechnung auch bei Aufgaben zu Wachstums-

---

100 Vgl. **Beschlüsse KMK 2003**, S. 8; vgl. **Beschlüsse KMK 2004**, S. 7

161 Vgl. **Beschlüsse KMK 2003**, S. 8; vgl. **Beschlüsse KMK 2004**, S. 8

162 Vgl. **Beschlüsse KMK 2003** , S. 10, vgl. **Beschlüsse KMK 2004**, S. 9

prozessen (zum Beispiel unter Verwendung der Zinsrechnung) einzusetzen ist. Dabei soll auch ein Tabellenkalkulationsprogramm zum Einsatz kommen.[163]

Im dritten Punkt der Einteilung der Bildungsstandards werden für die allgemeinen mathematischen Kompetenzen noch drei Anforderungsbereiche definiert, zu welchen die Aufgabenbeispiele zugeordnet werden können. Der erste und geringste Anforderungsbereich lautet „Reproduzieren", der zweite Anforderungsbereich „Zusammenhänge herstellen" und der dritte, schwierigste Anforderungsbereich „Verallgemeinern und Reflektieren".
Die Bildungsstandards enthalten des Weiteren jeweils kommentierte Aufgabenbeispiele. Diese Aufgaben prüfen die zuvor genannten allgemeinen und inhaltlichen mathematischen Kompetenzen ab. Bei den kommentierten Aufgabenbeispielen für den Hauptschulabschluss wird auch eine Aufgabe aus der Prozentrechnung angeführt, die dem Alltagsbereich zugeordnet wurde. Diese soll hier beispielhaft für die Art der Aufgabenstellung in den Bildungsstandards und deren Lösungsvorschlag angeführt werden:

Aufgabenstellung:

Quelle: Internet-Werbung

163 Vgl. **Beschlüsse KMK 2004**, S. 10

> Auszubildender Maximilian soll die Preisschilder schreiben. Er denkt: „Donnerwetter, erst wurde um 20% gesenkt und dann noch einmal um 30%. Jetzt kostet die Anlage ja nur noch die Hälfte!"
>
> Was meinst du dazu? Begründe deine Aussage.

Abbildung 40. Kommentiertes Aufgabenbeispiel aus den Bildungsstandards für den Hauptschulabschluss[164]

Es folgt eine Beschreibung der Aufgabe und deren Zielsetzung:

> **Beschreibung der Aufgabe und ihrer Zielsetzung:**
>
> Die anwendungsbezogene Aufgabe zur Prozentrechnung entspricht dem Erfahrungsbereich der Schülerinnen und Schüler und fordert von ihnen, sich mit dem Fehlschluss auseinander zu setzen. Die Aufgabe kann zum Beispiel wie folgt variiert werden: „Berechne den Preis für die Reduzierung um 20%." oder „Ändert sich das Ergebnis, wenn zuerst um 30% und dann um 20% gesenkt wird? Begründe."
>
> Bei der Bearbeitung der Aufgabe sollen die Schülerinnen und Schüler nachweisen, inwieweit sie insbesondere die **allgemeine mathematische Kompetenz**
>
> – mathematisch argumentieren (K 1)
>
> im Rahmen der **Leitidee** Zahl (L 1) erworben haben.

Abbildung 41. Beschreibung und Zielsetzung des kommentierten Aufgabenbeispiels aus den Bildungsstandards für den Hauptschulabschluss[165]

Anschließend wird die Zuordnung der Aufgaben zu Leitideen und Anforderungsbereichen zur Verfügung gestellt:

Lösungsskizze mit Angabe der allgemeinen mathematischen Kompetenzen, ihrer Anforderungsbereiche und der Leitideen:

	Lösungen und Hinweise	Leitidee	Anforderungsbereich I	II	III
	Begründen der Aussage verbal und durch Rechnung (wie „Nach zweimaliger Reduzierung kostet das Gerät noch 84,00 €, denn ...).	L 1		K 1	

Abbildung 42. Lösungen und Hinweise zum kommentierten Aufgabenbeispiel aus den Bildungsstandards für den Hauptschulabschluss[166]

Mit der Aufgabe soll geprüft werden, ob die Schüler in der Lage sind, mathematisch zu argumentieren. Das entspricht der allgemeinen mathematischen Kom-

---

[164] Vgl. **Beschlüsse KMK 2004**, S. 17

[165] Vgl. **Beschlüsse KMK 2004**, S. 18

[166] Ebd.

petenz K 1. Die Aufgabe wird außerdem der Leitidee Zahl (L 1) und dem mittleren Anforderungsbereich II „Zusammenhänge herstellen“ zugeordnet.

Bei den kommentierten Aufgabenbeispielen für den Mittleren Schulabschluss werden weitere Aufgaben zur Prozentrechnung angeführt, die hier aber nicht im Einzelnen wiederholt werden, da dies wenig Zugewinn hätte.[167]

Die wesentlichen Erkenntnisse aus diesem Kapitel sind die Definition der mathematischen Kompetenz in den Bildungsstandards und die Einteilung der (Teil-) Aufgaben auf unterschiedliche Aufgabenbereiche.

2.5.6 Jahrgangsstufentests an bayerischen Schulen

Bereits die Analyse aktueller Studien zur mathematischen Grundbildung hat gezeigt, dass diese nur bedingt Rückschlüsse auf die Fähigkeiten der Probanden in der Prozentrechnung zulassen. Deshalb bieten möglicherweise die seit einigen Jahren in Bayerns Schulen eingeführten Jahrgangstufentests einen objektiven Maßstab zur Beurteilung der schülerischen Kompetenz im Prozentrechnen.

Nach den vergleichsweise schlechten Ergebnissen der Schüler in der internationalen Schulleistungsstudie TIMSS wurden 1998 für das Fach Mathematik an bayerischen Hauptschulen, Realschulen und Gymnasien Jahrgangsstufentests eingeführt.[168] Die Jahrgangsstufentests wurden nach und nach in den Schulalltag integriert. Es handelt sich dabei um zentrale Tests, die in ganz Bayern eingesetzt werden. Sie dienen zur Qualitätssicherung an bayerischen Schulen.[169] Dadurch soll außerdem ein bayernweiter Vergleich des Grundwissens der

---

[167] Vgl. **Beschlüsse KMK 2003**, S. 17ff.

[168] Vgl. **Bayerisches Staatsministerium 2007**

[169] Vgl. **BRN 2007**

Schüler hergestellt werden. Die Tests werden jeweils zu Beginn des Schuljahres (etwa in der 2. Schulwoche im September) durchgeführt.[170]

Zunächst scheint es sinnvoll einen Überblick zum Aufbau der Jahrgangsstufentests in den einzelnen Schultypen zu erhalten. Ziel der Analyse ist es dann, die in den Tests enthaltenen unterschiedlichen Aufgabentypen zu kategorisieren, so dass diese wiederum in die Erstellung des Kompetenzmodells für diese Arbeit einfließen können.

2.5.6.1 Allgemeines zu den Jahrgangsstufentests

In der Hauptschule sowie in der Realschule finden die Tests zu Beginn der 6. und 8. Jahrgangsstufe statt. Im Gymnasium in der 8. und 10. Jahrgangsstufe.[171]

Schultyp	Jahrgangsstufe
Hauptschule	6. / 8.
Realschule	6. / 8.
Gymnasium	8. / 10.

Tabelle 5. Jahrgangstufentest pro Schultyp und Jahrgangsstufe

Die Jahrgangsstufentests wurden für die unterschiedlichen Schultypen hinsichtlich der Prozentrechnung für die Jahrgänge 2004 bis 2006 analysiert.

In den Jahrgangsstufentests der **Hauptschule** für die 6. Klasse wird die Prozentrechnung noch nicht geprüft, da sie erst ab der 7. Jahrgangsstufe durchgenommen wird. Es werden demnach in der Hauptschule ausschließlich die Jahrgangsstufentests der 8. Klasse betrachtet.

---

[170] Neben Mathematik werden die Tests noch für die Fächer Deutsch und Englisch ausgerichtet.

[171] Auf den Internetseiten des ISB werden die Jahrgangsstufentests zur Verfügung gestellt unter http://www.isb.bayern.de/isb/index.asp?MNav=0&QNav=11&TNav=0&INav=0, Hier wird die Bezeichnung „Jahrgangsstufentest 2004/2005“ und „Jahrgangsstufentest 2005/2006“, etc. verwendet. In der vorliegenden Arbeit soll jeweils nur die erste Jahreszahl genannt werden. Statt „Jahrgangsstufentest 2004/2005“ wird folglich die Bezeichnung „Jahrgangsstufentest 2004“ angewandt. Dies ist auch sinnvoll, weil die Tests jeweils im September eines beginnenden Schuljahres durchgeführt werden.

Die Analyse der Jahrgangsstufentests von 2004 bis 2006 für die Hauptschule zeigt, dass die Schüler der R-Klassen[172] grundsätzlich etwa 20 bis 30 Prozentpunkte unter der Erfolgsquote ihrer Mitschüler aus der M-Klasse liegen.
Das gilt auch für die Aufgaben, die Transferleistungen erfordern.[173] Sie werden von etwa 70 % der Schüler der R-Klassen, aber nur etwa von 40 % der Schüler der M-Klassen richtig gelöst. Überraschenderweise wurde im Jahrgangsstufentest 2006 – der im Vergleich zu den Vorjahren relativ gut ausfiel – keine Aufgabe mehr mit dem Anspruch zur Transferleistung gestellt. Es wurden lediglich Aufgaben mit der „einfachen“ Kompetenz „Reorganisieren und Reproduzieren“ geprüft. Es könnte vermutet werden, dass die Lösungsquoten der Jahrgangsstufentests nach der Einführung der Bildungsstandards durch vermehrt einfachere Aufgaben besser dargestellt werden sollten.

Auch in der **Realschule** finden Jahrgangsstufentests zu Beginn der 8. Klasse statt. Diese enthalten ebenfalls Aufgaben zur Prozentrechnung.[174] Die meisten Aufgaben können jedoch nicht einmal von der Hälfte der Schüler gelöst werden. Dieses Ergebnis ist überraschend, da die Schüler erst in der 7. Klasse die Prozentrechnung durchgenommen haben.
Wie auch bei den Jahrgangsstufentests der Hauptschule schnitten die Realschüler im Jahr 2006 bei den Tests insgesamt besser ab als zuvor. Dies könnte möglicherweise eine Folge des verstärkten Vorbereitens auf schulische Tests sein. Die Vermutung dieses verstärkten Vorbereitens ist auch auf die Angabe

---

[172] Das Kürzel R-Klasse steht für Regelklassen. Schüler der Regelklasse schließen mit dem Hauptschulabschluss oder dem qualifizierten Hauptschulabschluss die Hauptschule ab. Schüler der M-Klasse (Mittlere-Reife-Klassen) können dagegen die Hauptschule mit der Mittleren Reife abschließen.

[173] Es sind zwei Kompetenzstufen für die Aufgaben zur Prozentrechnung vorgesehen: „Reorganisieren und Reproduzieren“ (ReRe) und die höhere Kompetenzstufe „Transfer und Problemlösen“ (TraPro).

[174] In der Realschule werden bereits in der 6. Jahrgangsstufe Tests durchgeführt, die aber keine Aufgaben zur Prozentrechnung enthalten.

der deutschen Schüler im PISA-Test 2003 zurückzuführen, bei dem 26 % der Schüler bestätigten, „dass sie für den Mathematiktest trainierten“ [175].

Am **Gymnasium** werden die Jahrgangsstufentests als Bayerische Mathematik-Tests (BMT) bezeichnet. Sie werden in den Klassen 8 und 10 durchgeführt.[176] Leider ist durch die Berichte und Dokumente zu den Jahrgangsstufentests nicht nachvollziehbar, wie es zu teilweise enormen Unterschieden in Aufgaben ähnlichen Typs kommen konnte (Aufgaben zum Abschätzen des Prozentsatzes aus Diagrammen im Test 2005 und 2006 für die 10. Jahrgangsstufe).

2.5.6.2 Zur Unterscheidung der Aufgabentypen

Beim Vergleich der Aufgaben der verschiedenen Schultypen, kann man feststellen, dass die Aufgaben der Realschule und der 8. Jahrgangsstufe der Gymnasien von den Schülern zumeist eine Freitextantwort fordern. Wie die veröffentlichten Dokumente des ISB zu den Lösungen der Aufgaben zeigen, ist dies allerdings häufig nur das Ergebnis, das hier händisch notiert werden soll (zum Beispiel („10 %“ oder „40 %“)[177]. Im Gegensatz dazu ist die Aufgabenstellung der Hauptschule meist als Lückentext aufgebaut. In seltenen Fällen wird auch hier nur als „Freitextantwort“ die Angabe einer richtigen Lösungs-Zahl verlangt. Bereits der inhaltliche Umfang, den die Aufgaben zur Prozentrechnung in den Jahrgangsstufentests in Hauptschule, Realschule und Gymnasium einnehmen, zeigt, welchen Stellenwert die Prozentrechnung in den verschiedenen Schultypen hat. Während im Gymnasium meist nur eine Aufgabe gestellt wird, die etwa

---

[175] **Prenzel et al. 2004**, S. 40

[176] Die Jahrgangsstufentests werden in allen zugänglichen Dokumenten mit dem Kürzel BMT für Bayerischer Mathematik-Test abgekürzt. Sie stehen im Internet unter der URL http://www.isb.bayern.de/isb/index.aspx?MNav=6&QNav=11&TNav=0&lNav=0&VTyp=1&Fach=30 zum Download zur Verfügung. Die Aufgaben werden zum Teil mit unterschiedlichen Zahlen für zwei Schülergruppen A und B angeboten. Hier werden aus Gründen der Einfachheit ausschließlich die Aufgaben aus Gruppe A erläutert.

[177] Vgl. **BMT8 2005 – Lösungen**, S. 1, Nr. 2a, und **BMT8 2004 – Lösungen**, S. 1, Nr. 1

5 % bis 10 % der gesamten Punktzahl ausmacht, nimmt der Themenbereich der Prozentrechnung in der Hauptschule bis zu drei Aufgaben und damit etwa 15 % der gesamten Punktzahl ein. In Hauptschule, Realschule und der 8. Jahrgangsstufe des Gymnasiums wird vorwiegend die Berechnung der Grundbegriffe und des erhöhten und verminderten Grundwertes abgefragt. In den Gymnasien steht dagegen bei den Tests der 10. Jahrgangsstufen die Interpretation von Diagrammen im Vordergrund. Die richtige Lösung muss hier per Multiple-Choice-Verfahren ausgewählt werden.

Die verschiedenen Aufgabentypen aller Jahrgangsstufen können inhaltlich zusammengefasst werden. In Abbildung 43 werden die Lösungsquoten der Schüler mit angegeben. Aus Gründen der Übersichtlichkeit werden bei den Hauptschülern nur die erreichten Punkte der Regelklassen (nicht der Mittlere Reife-Klassen) betrachtet.

Die folgenden Aufgabentypen – in der Abbildung jeweils inhaltlich zusammengefasst – sind zu erkennen:

- Bruch oder Dezimalbruch in Prozent umwandeln
- Prozentwert berechnen
- Grundwert und verminderten Grundwert berechnen
- Prozentsatz berechnen
- Diagramme interpretieren
- Weitere Aufgaben (mehrschrittige Aufgaben, Interpretation von Sachsituationen, Prozentuale Änderungen, etc.)

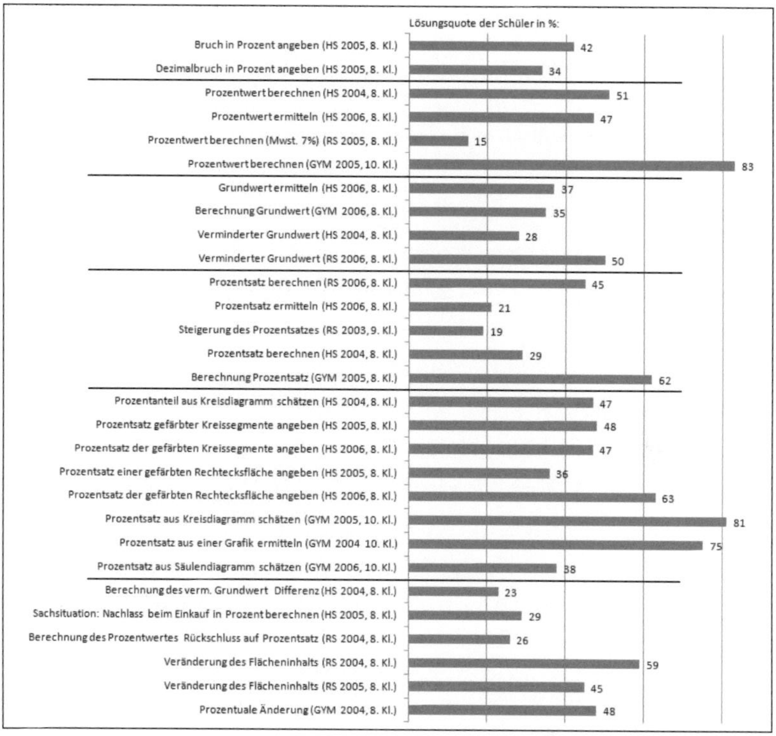

Abbildung 43. Aufgaben zur Prozentrechnung der Jahrgangsstufentests aller Schultypen[178]

---

[178] Vgl. **Jahrgangsstufentest Hauptschule 2004a**, S. 1-2; Vgl. **Jahrgangsstufentest Hauptschule 2004b**, S. 4 und 6; Vgl. **Jahrgangsstufentest Hauptschule 2005a**, S. 1-2; Vgl. **Jahrgangsstufentest Hauptschule 2005b**; Vgl. **Jahrgangsstufentest Hauptschule 2006a**, S. 2; Vgl. **Jahrgangsstufentest Hauptschule 2006b**, S. 4. Die Ergebnisse der einzelnen Teilbereiche sind im Online-Dokument „Auswertungsbericht" des ISB ausführlich auf S. 7 und 8 dokumentiert;

Vgl. **Jahrgangsstufentest Realschule 2003a**, S. 4; Vgl. **Jahrgangsstufentest Realschule 2003b**, S. 11; Vgl. **Jahrgangsstufentest Realschule 2004**, S. 22; Vgl. **Jahrgangsstufentest Realschule 2005**, S. 6 und 7; Vgl. **Jahrgangsstufentest Realschule 2006**, S. 4 und S. 22;

Vgl. **BMT8 2004**, S. 1 und. **BMT8 2004 – Ergebnisse**, S. 3; Vgl. **BMT8 2005**, S. 1 und **BMT8 2005 – Ergebnisse**, S. 3; Vgl. **BMT8 2006**, S. 2 und **BMT8 2006 – Ergebnisse**, S. 3; Vgl.

Die Aufgaben sind je nach Schultyp und Jahrgangsstufe von unterschiedlicher Schwierigkeit und deshalb nicht direkt vergleichbar. Um dennoch einen groben Überblick über die Schülerleistung zu erhalten, können die Ergebnisse der Abbildung 43 folgendermaßen zusammengefasst werden:

Aufgaben zum Typ „Bruch oder Dezimalbruch in Prozent umwandeln“ werden nur in den Jahrgangsstufentests der Hauptschule (nicht in der Realschule oder im Gymnasium) integriert. Beim Berechnen des Prozentwerts schneiden Realschüler vergleichsweise am schlechtesten ab. Dagegen liegen die Realschüler beim Berechnen des verminderten Grundwerts vorn. Bei Aufgaben zum Typ „Prozentsatz berechnen“ schneiden Gymnasiasten am besten ab. Haupt- und Realschüler liegen im Minimum nur bei etwa 20 % Lösungsquote. Beim Interpretieren von Diagrammen schneiden Hauptschüler und Gymnasiasten im Vergleich zu den vorhergehenden Aufgabentypen besser ab, wobei Gymnasiasten dennoch eine höhere Lösungsquote haben. Bemerkenswert ist, dass Realschülern in den Jahrgangsstufentests keine Aufgabe zur Interpretation von Diagrammen vorgelegt wurde. Beim Typ „weitere Aufgaben“ schneiden Hauptschüler durchschnittlich schlechter ab als Schüler der Realschule oder des Gymnasiums.

Die hier dargestellten verschiedenen Aufgabentypen sollen auch in die geplante empirische Untersuchung einfließen. Sie leisten einen Beitrag zur Erstellung des Kompetenzmodells.[179]

BMT10 2005, S. 1 und **BMT10 2005 – Ergebnisse**, S. 3; Vgl. **BMT10 2006**, S. 3 und **BMT10 2006-Ergebnisse**, S. 3

[179] Vgl. Kapitel „3.2.1 Kompetenzmodell für die vorliegende Arbeit“

2.6 Hilfsmittel zur Prozentrechnung in Schule und Alltag

Es gibt gängige Rechenhilfsmittel und Methoden zur Veranschaulichung von Prozentangaben, die zum besseren Verständnis der Prozentrechnung beitragen können. Rechenhilfsmittel, die im Alltag und in der Schule häufig angewendet werden, sollen vorgestellt und erläutert werden. Ziel ist es, zu ermitteln, inwieweit Rechenhilfsmittel und die Veranschaulichung von Prozentangaben in das Kompetenzmodell der geplanten Untersuchung einfließen sollen.

2.6.1 Rechenhilfsmittel Taschenrechner

Ein alltägliches, aber auch in der Schule häufig angewendetes Hilfsmittel, das meist sogar in Zusammenhang mit der Prozentrechnung eingeführt wird, ist der Taschenrechner.

Während beispielsweise klar ist, wie der Taschenrechner beim Multiplizieren funktioniert, ist die Anwendung bei der Prozentrechnung auf verschiedenen Wegen möglich und erforderlich.

Die Verwendung der Prozenttaste am Taschenrechner eignet sich im Besonderen für die Berechnung des Prozentwertes. Die Berechnung von Grundwert und Prozentsatz am Taschenrechner ist jedoch kompliziert. Schüler sollen aber in der Lage sein, nicht nur den Prozentwert, sondern auch Grundwert (20 % sind 100 Euro. Wie viel sind 100 %?) und Prozentsatz (2 von 12 Schülern sind krank. Wie viel Prozent sind das?) am Taschenrechner zu berechnen.[180]

Die Problematik der Berechnung von Prozentaufgaben mit dem Taschenrechner wird exemplarisch am Beispiel der Berechnung des Prozentwertes kurz dargestellt. Sie ist die „einfachste" Aufgabe der Prozentrechnung. Zusätzlich die Vorgehensweise bei der Berechnung der beiden anderen Aufgabentypen zu beschreiben, wäre für das genannte Ziel nicht hilfreich.

---

[180] Vgl. **Müller 1978**, S. 147ff.

Zur Berechnung von Prozentaufgaben ist sowohl auf handelsüblichen als auch auf den so genannten wissenschaftlichen Taschenrechnern meist eine Prozenttaste (%) verfügbar. Diese ist je nach Taschenrechnermodell unterschiedlich zu handhaben. Es wird zunächst ein Modell betrachtet, das im Alltag häufig angewendet wird:

Abbildung 44. Taschenrechner mit Prozenttaste[181]

Will man beispielsweise 60 % von 250 berechnen, gibt man beim obigen Modell „60" ein, drückt die Prozenttaste und sieht im Display „0,6". Diese Zahl multipliziert man mit 250. Der Prozentwert beträgt 150.

Bei einem Taschenrechner ohne Prozenttaste, wie in der Abbildung 45, ist ein anderes Vorgehen erforderlich.
Zur Berechnung derselben Aufgabe (60 % von 250) muss man auch bei diesem Modell zunächst „60" eingeben. Danach drückt man statt der Prozenttaste die Tasten „INV" und „=", danach nochmals „=" und sieht im Display „0,6". Diese Zahl multipliziert man mit 250.

[181] Vgl. **o.V. 2008b**

Abbildung 45. Taschenrechner ohne Prozenttaste

Andere Taschenrechnermodelle und die „Rechner“-Software am Computer reagieren wieder anders:

Abbildung 46. Taschenrechner mit Prozenttaste und Rechner am Computer

Bei diesen beiden Modellen führt die zuerst erläuterte Vorgehensweise nicht zum Ergebnis. Nach der Eingabe einer Zahl und dem anschließenden Drücken der Prozenttaste erscheint in der Anzeige 0. Hier ist es offensichtlich notwendig bei der Berechnung derselben Aufgabe anders vorzugehen: Zuerst muss die

Zahl 250 eingegeben werden, um danach auf die Taste für „Multiplizieren“ (beziehungsweise „x“ oder „*“) zu drücken. Anschließend gibt man 60 ein und danach drückt man die Prozent-Taste. Daraufhin erhält man den gesuchten Prozentwert „150“ ohne noch die „=“-Taste anzuwenden.

Da der Taschenrechner in Zusammenhang mit der Prozentrechnung sowohl im Alltag als auch in der Schule Anwendung findet, soll er in der geplanten empirischen Untersuchung thematisiert werden.

2.6.2 Veranschaulichung von Prozentangaben

Um die Grundbegriffe der Prozentrechnung und deren Zusammenhang anschaulich darzustellen, können Tabellen eingesetzt werden. Sie sind insbesondere dafür geeignet, „die funktionale Abhängigkeit des Prozentwertes von Grundwert und Prozentsatz bewusst zu machen“ [182]:

Prozentsatz / Grundwert	1 %	10 %	20 %	50 %	75 %	100 %	200 %
a) 100 Euro							
b) 200 Euro							
c) 260 Euro							
d) 100 Euro							

Tabelle 6. Tabelle zur Berechnung des Prozentwertes[183]

Durch die Berechnung der Werte in der Tabelle soll vor allem das Schätzen eines nicht angegebenen Prozentwertes eingeübt werden. Die Angabe von 1 %, 10 % und 20 % wird den Lernenden nicht schwer fallen. Mit Hilfe dieser Werte lassen sich dann „schwierige“ Prozentsätze, zum Beispiel 28 %, einfacher schätzen.[184]

In Schulbüchern werden Tabellen auch häufig zur Berechnung einer fehlenden Größe angegeben:

---

[182] **Zech 1995**, S. 235

[183] Vgl. **Zech 1995**, S. 235. Die Tabelle wurde angepasst.

[184] Es wird im Folgenden immer die Unterscheidung der Aufgaben in Aufgaben mit einfachen und schwierigen Zahlen vorgenommen.

Prozentsatz p%	Grundwert g	Prozentwert w
14 %	750 €	
7,5 %		99,375 kg
	12 600 €	4788 €

Tabelle 7. Tabellen bei der Prozentrechnung[185]

In die „Lücken" sollen die korrekten Ergebnisse eingetragen werden.

Zur grafischen Darstellung von Prozentangaben gibt es verschiedene Möglichkeiten. In der Schule werden vor allem das Kreisdiagramm, das Streifendiagramm und das Säulendiagramm angewendet.[186] Auch im Alltag werden diese Diagramme oft dargestellt:

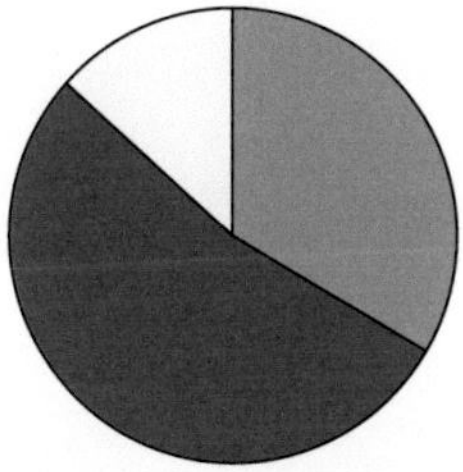

Abbildung 47. Kreisdiagramm

Abbildung 48. Streifen- beziehungsweise Balkendiagramm (zweidimensional)

[185] Vgl. **Duden 1999**, S. 85

[186] Vgl. **Schwartze 1980,** S. 229

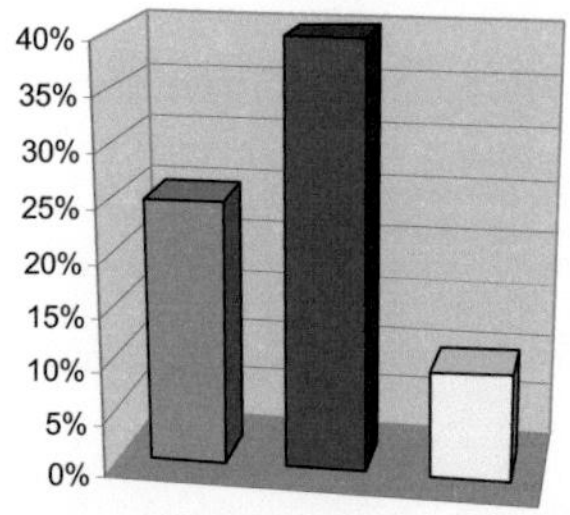

Abbildung 49. Säulendiagramm (dreidimensional)

Häufig wird das Streifendiagramm auch als Balkendiagramm bezeichnet (zum Beispiel im Tabellenkalkulationsprogramm Microsoft Excel). Das Streifen- oder Balkendiagramm und das Säulendiagramm werden sowohl mit vertikalen als auch mit horizontalen Streifen beziehungsweise Säulen dargestellt.

Neben den drei genannten Diagrammtypen gibt es weitere Modelle zur Visualisierung von Prozentangaben, die vor allem in der Schule Anwendung finden. Bei der Einführung der Prozentrechnung wird häufig das so genannte „Prozentblatt" oder „Hunderterfeld" verwendet, das aus 10 mal 10 Kästchen besteht.[187] Die folgende Abbildung zeigt 15 % im Hunderterfeld an[188]:

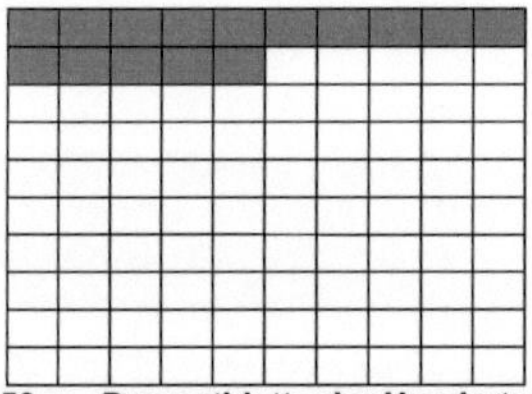

Abbildung 50. Prozentblatt oder Hunderterfeld

Beim „Prozentrechteck" steht die ganze Figur jeweils für den Grundwert.[189] Man kann den Prozentwert am Grundwert abtragen und so anschaulich anzeigen:

---

[187] Vgl. **Mathe aktiv 7 2001**, S. 44

[188] Vgl. **Berger 1989**, S. 105

[189] Vgl. **Kilian 1986**, S. 80

Abbildung 51. Prozentrechteck

Ein weiteres Modell zur Veranschaulichung von Prozentangaben ist die „Doppelleiste“.

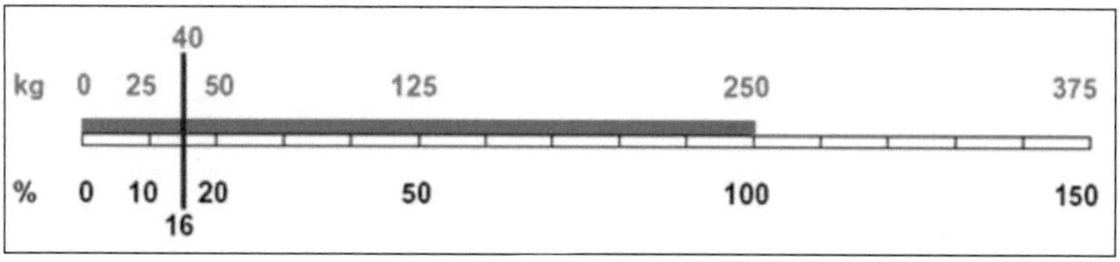

Abbildung 52. Doppelleiste [190]

Um die Doppelleiste sinnvoll einzusetzen, werden zunächst auf der unteren Skala die Prozentsätze 10 %, 20 %, 50 %, 100 % und 150 % abgetragen. Im vorliegenden Fall lautet die Frage „Wie viel sind 16 % von 250 kg?“. Je nach Fragestellung können weitere Prozentangaben, wie zum Beispiel 75 %, eingetragen werden. Anschließend werden auf der darüber liegenden Skala die Prozentwerte ergänzt. Das Ergebnis im vorliegenden Fall lautet „16 % von 250 kg sind 40 kg.“

Die Doppelleiste dient vor allem dazu, im Vorfeld den gesuchten Wert durch Überschlag und Schätzung ungefähr zu ermitteln.

Bei der Verwendung des Taschenrechners und der Veranschaulichung von Prozentangaben handelt es sich offenbar um zentrale Inhalte der Prozentrechnung. Sie sollen deshalb im geplanten empirischen Test berücksichtigt werden.

---

[190] Vgl. **Krauter 2007**, S. 8

2.7 Erkenntnisse der analytischen Betrachtung

Zur besseren Übersicht werden noch einmal die wichtigsten Erkenntnisse aus der vorhergehenden Analyse aufgezeigt und ihre Bedeutung für die geplante Untersuchung hervorgehoben.

- **Grundlegendes zum Prozentbegriff (vgl. Kapitel 2.1)**
  Die Fachliteratur tut sich offenbar schwer, eine einheitliche Definition, beziehungsweise Darstellung der Grundbegriffe der Prozentrechnung zu finden. Im Rahmen dieser Arbeit wurde deshalb zunächst der Versuch einer tragfähigen Definition unternommen.

- **Prozentrechnung und Allgemeinbildung (vgl. Kapitel 2.2)**
  Die Prozentrechnung wird als Teilgebiet des Mathematikunterrichts in der geplanten Untersuchung sowohl zu den von HUMBOLDT beschriebenen „gewissen Kenntnissen, die allgemein sein müssen“[191], als auch zu HEYMANNS „allgemeinbildendem Mathematikunterricht“[192] als zugehörig betrachtet. Es wird deshalb in der vorliegenden Untersuchung davon ausgegangen, dass mathematische Grundbildung als Allgemeinbildung relevant ist.

- **Aktuelle Studien zum Thema (vgl. Kapitel 2.3)**
  Die bisherigen internationalen und nationalen Studien lassen nur bedingt Rückschlüsse auf die Fähigkeiten der Probanden im Prozentrechnen zu, da die Itemdichte zu diesem Gebiet offensichtlich nicht hoch genug ist.
  Die PISA-Studie etwa trat mit dem Ziel an, Alltagsfähigkeiten und Anwendungen zu testen. So fehlen aber zum Beispiel Erkenntnisse, wie Schüler bei einzelnen Aufgaben abgeschnitten haben. Damit könnte man

---

[191] **Erziehungswissenschaft 2007**, S. 3

[192] **Heymann 1996**, S. 278

gezielt bestehende Defizite diagnostizieren. Zudem beschränken sich die Items zum Thema „Proportionalität und Prozentrechnung“ beispielsweise bei PISA 2000 auf lediglich 6 % der Gesamtaufgaben.
Zwei Aufgaben aus der TIMS-Studie könnten hingegen in der Itemgenerierung erneut aufgegriffen und übernommen werden.

- **Prozente im Alltag (vgl. Kapitel 2.4)**
  Offensichtlich gibt es Berufe, die mehr als andere die Prozentrechnung in den beruflichen Alltag integrieren (müssen). Ob und inwieweit Personen mit bestimmten Berufen bei der geplanten Untersuchung unterschiedlich abschneiden, soll deshalb untersucht werden.
  Wie die Beispiele zur Alltagsproblematik gezeigt haben, scheint die Prozentrechnung dort besondere Probleme aufzuwerfen: Missverständlicher oder fälschlicher Umgang mit Prozentangaben ist ebenso verbreitet, wie der Missbrauch grafischer Darstellungen. Durch die Integration alltagsnaher Aufgaben in die geplante Untersuchung soll festgestellt werden, inwieweit Probanden in der Lage sind, Aufgaben dieser Art zu bewältigen. Im geplanten Test wird auf eine klare und präzise Aufgabenstellung Wert gelegt. Es soll möglichst kein Interpretationsspielraum bei der Beantwortung der Aufgaben vorhanden sein – außer, dies wird konkret beabsichtigt (was dann bei der entsprechenden Aufgabe dargestellt werden soll).

- **Prozentrechnung in der Schule (vgl. Kapitel 2.5)**
  Hinsichtlich der inhaltlichen Vermittlung der Prozentrechnung in den verschiedenen Schultypen, ergibt die Analyse der Lehrbücher und Lehrpläne ein relativ inhomogenes Bild. Die Analyse kann dennoch einige wertvolle Hinweise zu den (offensichtlich) als wichtig erachteten Aufgabentypen in der Prozentrechnung liefern. Über die Zeiten hinweg werden von den Unterrichtsgestaltern bestimmte Rechenkompetenzen (zum Beispiel die Berechnung der „Grundaufgaben“, erhöhter / verminderter Grundwert, Umrechnung von „einfachen“ Prozentwerten in Brüche und umge-

kehrt) als zeitlich unveränderlicher „Standard“ angesehen. Solche Aufgabentypen sollen deshalb als Items in den geplanten Test integriert werden.
Es können einige problematische Details in Bezug auf die verschiedenen Zugangswege zum Thema Prozentrechnung aufgedeckt werden. Die in den Schulbüchern erwähnten unterschiedlichen Methoden zur Berechnung der Prozentrechnung (Dreisatzmethode, Operatormethode und Gleichungsmethode) zeigen, dass die Vermittlung der Prozentrechnung auf verschiedenen Wegen erfolgen kann und auch erfolgt. Da die Methoden zur Berechnung von Prozentaufgaben offensichtlich einem zeitlichen „Wandel“ unterliegen, scheint es legitim, diese in der geplanten Untersuchung nicht als Kompetenz im Prozentrechnen zu betrachten. Es sollen vielmehr „Standards“ in den Fokus genommen werden. Welche dies im Detail sind, wird im Kapitel 3 dargestellt.
Einzelne Aufgaben und Aufgabentypen der Jahrgangsstufentests werden in der Erstellung des Kompetenzmodells für die geplante Untersuchung ebenso berücksichtigt, wie jene aus den Schulbüchern.

- **Hilfsmittel zur Prozentrechnung (vgl. Kapitel 2.6)**

  Die Verwendung des Taschenrechners als Rechenhilfsmittel soll in der geplanten empirischen Untersuchung ebenfalls berücksichtigt werden, da sie teilweise auch in den Lehrplänen erwähnt wird. Es wird vermutet, dass der Taschenrechner auch im Alltag in Verbindung mit der Prozentrechnung (und vor allem der Rechenstrategie Dezimaloperatoren) häufig genutzt wird.[193] Im geplanten Test zur Prozentrechnung soll diese Option deshalb abgefragt werden. Es ist allerdings aufgrund der genannten Problematik bei der Anwendung ausschließlich von Interesse *ob*

---

[193] Vgl. **Appell 2004**, S. 23

Probanden den Taschenrechner nutzen. Die Vorgehensweise der Berechnung bleibt dabei unberücksichtigt.

Wie sich sowohl in der Analyse der Hilfsmittel zur Prozentrechnung aber auch in den Analysen der Schulbücher und Lehrpläne zeigt, handelt es sich auch bei der Veranschaulichung von Prozentangaben um zentrale Inhalte der Prozentrechnung, die auch im Test integriert werden sollen.

3 Testkonstruktion und Durchführung

In diesem Kapitel wird die methodische Vorgehensweise dargestellt und detailliert erläutert. Im Hinblick auf die Fragestellungen werden die Testkonstruktion und die Durchführung des Tests aufgezeigt.
Die Testkonstruktion wird auf Grundlage der klassischen Testtheorie vorgenommen.[194]

3.1 Fragestellungen für die empirische Untersuchung

Aus den bisher gewonnen Erkenntnissen werden die Ziele der geplanten Untersuchung nochmals aufgegriffen und daraus detaillierte Fragestellungen formuliert, die in dieser Arbeit beantwortet werden.

3.1.1 Welche Items sollen ausgewählt werden?

Wie im Kapitel „1.1 Motivation und Zielsetzung“ bereits erwähnt wurde, war zunächst eine Analyse des Themas Prozentrechnung nötig, um ein geeignetes Messinstrument zu erstellen. Diese Analyse zeigte, dass in einem Test zur Prozentrechnung unterschiedliche Aspekte von Bedeutung sind, um die Kompetenz in der anstehenden empirischen Untersuchung hinreichend abzudecken.
Das führt zur folgenden Frage:

> **Welche Items sind nötig, um die mathematische Kompetenz „Prozentrechnen können“ abzudecken?**

Diese Frage wird im Kapitel 3.2.1 zur Erstellung des Kompetenzmodells beantwortet.

---

[194] Vgl. **Bortz et al. 2002**, S. 192ff.; Die klassische Testtheorie unterscheidet sich von der Item-Response-Theorie oder Probabilistischen Testtheorie, wie sie bei PISA- oder TIMSS-Studien angewendet wird.

3.1.2 Sind Online-Befragungen repräsentativ?

Die zweite wesentliche Fragestellung für diese Arbeit ergibt sich bereits aus Vortests, die zeigten, dass potentielle Teilnehmer häufig die Teilnahme am Test innerhalb einer persönlichen Befragung verweigern. Das Problem scheint also vor allem die *persönliche* Befragung, bei der sich die Probanden nicht „trauen". Als Alternative wird deshalb eine webbasierte Befragung gewählt. Die Frage lautet somit:

Führen Online-Befragungen für die mathematikdidaktische Forschung zu repräsentativen Umfrageergebnissen?

Die Repräsentativität soll anhand der Erwachsenengruppe untersucht werden. Als Hinweis auf Repräsentativität wird gemessen, ob die Verteilung der Berufsgruppen in der geplanten Untersuchung der Verteilung in der Gesamtbevölkerung Deutschlands entspricht. Anhand der Verteilung der Berufsgruppen und weiterer persönlicher Merkmale wird dieser Frage im Kapitel 4.1 nachgegangen.

3.1.3 Wie ist die Kompetenz Jugendlicher und Erwachsener im Prozentrechnen?

Da in der vorliegenden Arbeit vor allem auch der Unterschied von Jugendlichen und Erwachsenen von Interesse ist (vgl. Kapitel „1.1 Motivation und Zielsetzung"), stellt sich die Frage:

Wie schneiden Jugendliche hinsichtlich der Kompetenz im Prozentrechnen im Vergleich zu Erwachsenen beim Test ab?

Alle genannten Studien konnten nur bedingt Ergebnisse liefern, die zur Beurteilung der Leistungsfähigkeit von Schülern oder Jugendlichen zum Sachgebiet der Prozentrechnung beitragen. Auch Erwachsenenstudien liefern kein Ergebnis, wie deren Zielgruppe bei Aufgaben zur mathematischen Grundbildung abschneidet.

Bei der Beantwortung dieser Fragestellung sind demnach verschiedene Möglichkeiten denkbar: Die Kompetenzen im Prozentrechnen beider Gruppen könnten sich beispielsweise aufgrund des Alters unterscheiden. Es ist möglich, dass

Erwachsene im mittleren Alter besser abschneiden als jüngere Menschen, da sie im Alltag und Beruf stets dazu lernen konnten.
Erwachsene könnten auch schlechter abschneiden als Jugendliche, weil sie möglicherweise das in der Schule Gelernte bereits wieder vergessen haben (vgl. Kapitel „2.2.2 Halbwertszeit des Wissens").
Womöglich haben jüngere Erwachsene auch einen Vorteil, weil sie die Prozentrechnung erst kürzlich in der Schule durchgenommen haben, oder weil die alltägliche Anwendung im Berufsleben gegebenenfalls zu einer höheren Kompetenz im Prozentrechnen führt.
Möglicherweise besteht aber auch kein Unterschied zwischen den Leistungen beider Gruppen. Den hier angesprochenen Jugendlichen fehlt zwar die nötige Praxis aus dem Alltag und dem Berufsleben der Erwachsenen, sie haben aber die Prozentrechnung erst kürzlich in der Schule durchgenommen, wodurch sie das schulische Defizit der Erwachsenen wieder ausgleichen. Gäbe es keine „gravierenden" Unterschiede zwischen Jugendlichen und Erwachsenen, könnte man folgern, dass das bestehende Defizit bei den Jugendlichen „nicht so schlimm" ist, da die Erwachsenen dies, banal formuliert, auch nicht beherrschen, im Alltag und Beruf aber dennoch klar kommen.
Die Ergebnisse hinsichtlich des Unterschieds von Jugendlichen und Erwachsenen in der Prozentrechnung werden durch statistische Signifikanztests im Kapitel 4.3 abgesichert.

Nebeneffekte der Untersuchung sind weitere Fragen zu qualitativen und quantitativen Merkmalen, die mit Hilfe von Signifikanztests überprüft werden:

- Gibt es Unterscheidungen der Probanden hinsichtlich des Alters, des Geschlechts, der Nationalität oder der Schulbildung?
- Unterscheiden sich Schüler und Studierende von Erwachsenen?

In Bezug auf die einzelnen Items ergeben sich zudem folgende Fragen:

- Gibt es Unterschiede bei der Lösungsquote einzelner Aufgabentypen?
- Sind bestimmte Aufgaben besonders fehleranfällig?
- Schneiden Jugendliche und Erwachsen bei bestimmten Aufgaben unterschiedlich ab?

Um zu prüfen, ob der Taschenrechner grundsätzlich zur Bewältigung von Prozentaufgaben weit verbreitet ist, stellen sich weitere Fragen[195]:

- Wird der Taschenrechner bei der Berechnung von Aufgaben zur Prozentrechnung genutzt und wenn ja, wie hoch ist die Nutzung? Welche Personengruppen nutzen ihn? Erzielen die Nutzer des Taschenrechners bessere oder schlechtere Ergebnisse?
- Die Klärung dieser Fragestellungen wird ebenfalls im Kapitel 4.3 diskutiert.

3.1.4 Unterscheiden sich Berufsgruppen bei der Kompetenz im Prozentrechnen?

Nachdem in der dritten Fragestellung die Kompetenz von Erwachsenen und Jugendlichen in der Prozentrechnung thematisiert wird, führt eine wesentliche Vermutung zur nächsten Fragestellung: Die Kompetenz im Prozentrechnen könnte möglicherweise auf den Beruf zurück zu führen sein. Erwachsene mit Berufen, die häufiger mit Berechnungen im Allgemeinen oder Prozentrechnung im Speziellen konfrontiert sind (zum Beispiel Ingenieure), könnten besser im geplanten Test abschneiden, als Erwachsene mit Berufen, die weniger mit Berechnungen oder Prozentrechnung zu tun haben (zum Beispiel Krankenpfleger). Die Frage lautet deshalb:

Gibt es Berufsgruppen, die eine höhere oder geringere Kompetenz im Prozentrechnen haben als andere?

Um diese Frage beantworten zu können, soll die Kompetenz unterschiedlicher Berufsgruppen im Prozentrechnen herausgestellt werden.

Läge innerhalb einer Berufsgruppe eine breite Streuung der Kompetenz vor (es gibt „gute“, aber auch „schlechte Prozentrechner“), spräche das für eine geringe Relevanz der Prozentrechen-Fähigkeit für diese Berufsgruppe. Könnte man aber innerhalb einer Berufsgruppe eine geringe Streuung der Kompetenz im Prozentrechnen feststellen (es gibt vermehrt „gute“ oder auch vermehrt

---

[195] Vgl. **Schwartze 1980,** S. 260

„schlechte Prozentrechner"), dann hieße das, dass bestimmte Berufe „prozentrechenstark" beziehungsweise „prozentrechenschwach" sind. Daraus könnte man folgern, dass

a) Jugendliche mit geringen Kompetenzen im Prozentrechnen „prozentrechenstarke" Berufe nicht wählen könnten oder
b) Jugendliche mit geringen Kompetenzen diese Kompetenz nach der Berufswahl erwerben könnte oder müsste.

Die Kompetenz im Prozentrechnen unterschiedlicher Berufsgruppen wird im Kapitel 4.4 untersucht.

Zur besseren Übersicht werden die wichtigsten Forschungsfragen nun nochmals kurz zusammengefasst:

1. **Welche Items sind nötig, um die mathematische Kompetenz „Prozentrechnen können" abzudecken?**
2. **Führen Online-Befragungen für die mathematikdidaktische Forschung zu repräsentativen Umfrageergebnissen?**
3. **Wie schneiden Jugendliche und Schüler hinsichtlich der Kompetenz im Prozentrechnen im Vergleich zu Erwachsenen beim Test ab?**
   Innerhalb dieser Fragestellung wird weiteren Fragen zu qualitativen und quantitativen Merkmalen, Lösungsquoten und Fehleranfälligkeit einzelner Items und der Nutzung des Taschenrechners nachgegangen.
4. **Gibt es Berufsgruppen, die eine höhere oder geringere Kompetenz im Prozentrechnen haben als andere?**

3.2 Vorbereitungen zur Durchführung der Untersuchung

Zur Vorbereitung der Durchführung des Tests waren folgende Maßnahmen nötig:

Maßnahme	Funktion
Generierung von Testitems – Erstellung des Kompetenzmodells (vgl. Kapitel 3.2.1)	Zusammenstellung des Fragebogens, Sicherstellung der unterschiedlichen Schwierigkeitsgrade der Items
Expertenbefragung (vgl. Kapitel 3.2.2)	Entwicklung valider Testitems: Optimierung der Items
Durchführung von Pretests (vgl. Kapitel 3.2.3)	Optimierung der Items, Optimierung des Fragebogens hinsichtlich inhaltlichem und formalem Aufbau
Darstellung des endgültigen Aufgabenkatalogs (vgl. Kapitel 3.2.4)	Grundlage zur Durchführung der Untersuchung
Ansprache potentieller Probanden (vgl. Kapitel 3.2.5)	Korrekte Ansprache der Probanden
Schätzung von Stichprobenumfang und Effektgröße (vgl. Kapitel 3.2.6)	Ermittlung des optimalen Stichprobenumfangs

Tabelle 8. Übersicht Testablauf

Durch die Erkenntnisse der Analyse des Themengebietes der Prozentrechnung im Kapitel 2 konnte der Kompetenzbegriff für diese Arbeit präzisiert werden. Es wurde ein Kompetenzmodell zur Beantwortung der Forschungsfragen definiert. Die Items zum definierten Kompetenzmodell wurden daraufhin einem Expertenteam zur Überprüfung vorgelegt. Die Auswahl der Items konnte so optimiert werden.[196] Ergebnisse von Pretests trugen weiter dazu bei, die geplante Untersuchung formal und inhaltlich anzupassen.[197] Nach diesen Maßnahmen war es möglich, den endgültigen Aufgabenkatalog für den Test zusammenzustellen. Es musste noch geklärt werden, wie bei der Ansprache potentieller Probanden

[196] Die Expertenbefragung wird nach Vorgabe der Thurstone-Skala durchgeführt. Vgl. **Bortz et al. 2002**, S. 222

[197] Vgl. Kapitel „3.2.3 Durchführung von Pretests und Ergebnisse“

vorgegangen werden sollte. Durch die Schätzung des Stichprobenumfangs und der Effektstärke wurde geklärt, wie viele Probanden in etwa für die Untersuchung befragt werden müssten. Der Test-Fragebogen[198] konnte daraufhin in seiner endgültigen Version online implementiert werden.

3.2.1 Kompetenzmodell für die vorliegende Arbeit

Zur Erfassung der Kompetenz im Prozentrechnen sollte zunächst das zu untersuchende Kompetenzkonstrukt (Kompetenz im Prozentrechnen) konkret präzisiert werden. Zur Entwicklung des Messinstruments wurden zwei Modelle herangezogen:

> Bei der empirischen Erfassung von Kompetenzen stellt sich die Frage, welche Modelle die Grundlage für die Entwicklung von Messinstrumenten und für die Beschreibung von Messergebnissen bilden. Hierbei lassen sich zwei Formen von Modellen unterscheiden: *Kompetenzniveaumodelle* und *Kompetenzstrukturmodelle* (vgl. Hartig & Klieme, 2006). Beide Formen der Modellierung beziehen sich auf unterschiedliche Aspekte von Kompetenzkonstrukten, die sich gegenseitig keineswegs ausschließen sondern idealerweise ergänzen können.

Abbildung 53. Kompetenzmodelle[199]

Die Beschreibung des vorliegenden Kompetenzmodells sollte durch die Festlegung des **Kompetenzniveaus** und der **Kompetenzstruktur** erfolgen. Während die Kompetenzstruktur die inhaltliche Zusammensetzung der Items im Test beschreibt, legt das Kompetenzniveau den Schwierigkeitsgrad der Items fest.[200]

---

[198] Der Begriff Fragebogen bezeichnet in der vorliegenden Arbeit sowohl den einführenden Text, als auch Fragen nach personalen Daten und die Summe aller Items beziehungsweise Aufgaben. Häufig bezeichnet man als Items auch die Teilaufgaben einer Aufgabe. Da aber keine Teilaufgaben vorgesehen sind, werden die Begriffe Aufgabe und Item synonym verwendet.

[199] Vgl. **Hartig et al. 2007**, S. 11

[200] Vgl. **Hartig et al. 2006**, S. 132

3.2.1.1 Festlegung des Kompetenzniveaus – Schwierigkeitsgrade der Items festlegen

Im Fragebogen sollten aus Motivationsgründen am Anfang überwiegend einfache und erst am Ende schwere Aufgaben gestellt werden. Hierzu war es erforderlich, zunächst das Kompetenzniveau (oder auch Kompetenzstufen genannt)[201] zu definieren.

Da in der geplanten Untersuchung nach der klassischen Testtheorie vorgegangen wurde, resultiert das Merkmal Kompetenz im Prozentrechnen bereits aus den Testergebnissen.[202] Es war deshalb nicht notwendig die Kompetenzen der teilnehmenden Personen abzugrenzen (wie bei der probabilistischen Testentwicklung), sondern „nur“ unterschiedliche Schwierigkeitsstufen *der Aufgaben* zu definieren.[203]

Die Einteilung der Schwierigkeitsstufen basierte im Wesentlichen auf verschiedenen Anforderungsniveaus. Diese Anforderungsniveaus ergaben sich zum einen aus der Analyse im 2. Kapitel dieser Arbeit. Sie können in Anlehnung an den nationalen PISA-2000-Test als „(...) erstes kognitives Niveau, das der Testkonstruktion zu Grunde liegt“ [204] betrachtet werden. Zum anderen wird die

---

[201] Vgl. **Hartig et al. 2007**, S. 12

[202] Vgl. **Bortz et al. 2006**, S. 212. Es wird geraten, bei einem „definitorisch noch nicht“ ausgereiften Testmerkmal „eine weniger aufwendige Testkonstruktion auf Basis der klassischen Testtheorie“ vorzuziehen. Da das Merkmal Kompetenz im Prozentrechnen zunächst definiert werden muss (Analyse im 2. Kapitel, Expertenbefragung in Kapitel 3.2.2), wird das klassische Testmodell im vorliegenden Fall vorgezogen. Nur etwa 5 % aller Testentwicklungen werden nach der probabilistischen Testtheorie (auch Item-Response-Theorie oder Rasch-Modell genannt) vorgenommen. 95% hingegen nach der klassischen Testtheorie.

[203] Vgl. **Hartig et al. 2007**, S. 12: „Bei den meisten Niveaumodellen wird mit Hilfe von Methoden der Item-Response-Theorie (...) eine gemeinsame Skala gebildet, auf der sowohl die Kompetenzen der Personen als auch die Schwierigkeiten der Aufgaben dargestellt werden.“

[204] Vgl. **Jordan et al. 2004**, S. 162

Definition der Anforderungsniveaus nach dem schematischen Aufbau des Testinstruments bei KLEINE vorgenommen[205]:

Anforderungsniveau 1:

- einschrittige Grundaufgaben berechnen;
- Grundbegriffe (Prozentwert, Grundwert, Prozentsatz) richtig zuordnen;
- Prozentwert, Grundwert und Prozentsatz mit einfachen Zahlen berechnen.

Anforderungsniveau 2:

- mehrschrittige Grundaufgaben berechnen;
- Prozentwert, Grundwert und Prozentsatz mit anspruchsvollen Zahlen berechnen.

Anforderungsniveau 3:

- Interpretieren von Diagrammen;
- Grundwert schätzen, erhöhten und verminderten Grundwert berechnen.

Abbildung 54. Anforderungsniveaus[206]

Diese Anforderungsniveaus sollten mit Hilfe des Expertenratings abschließend konkretisiert werden, so dass sich nach dem Expertenrating die endgültigen Schwierigkeitsstufen ergeben würden.[207]

3.2.1.2 Festlegung der Kompetenzstruktur – Testitems generieren

Gemäß der Einteilung des Kompetenzniveaus in die drei genannten Anforderungsbereiche kann die Kompetenzstruktur für die vorliegende Arbeit in vier inhaltliche Teilbereiche zusammengefasst werden. Man könnte dies auch als „Katalog" der Aufgabentypen beschreiben, die man für den geplanten Test „können muss":

1. Allgemeine Anforderungen:
   - Grundbegriffe zuordnen: Prozentwert, Prozentsatz, Grundwert

---

[205] Vgl. **Kleine 2004**, Seite78

[206] Vgl. ebd.

[207] Aufgaben, bei denen sich die Experten hinsichtlich der Bewertung der Schwierigkeit der Aufgabe uneinig sind, entfallen dabei zugunsten der Testvalidität.

   - Umgangssprachlichen Umgang mit Prozentrechnung richtig interpretieren
   - gemeine Brüche zu Prozentsätzen zuordnen
   - Prozentrechnung auf „große" Zahlen anwenden
   - Kreisdiagramm interpretieren
2. Prozentwert berechnen
   - Prozentwert mit einfachen Zahlen berechnen
   - Prozentwert mit anspruchsvollerer Aufgabenstellung berechnen
   - Prozentwert mit schwierigen Zahlen berechnen
   - Prozentwert berechnen und Grundwert schätzen
3. Grundwert berechnen
   - Grundwert mit einfachen Zahlen berechnen
   - Erhöhten Grundwert berechnen
   - Grundwert mit schwierigen Zahlen berechnen
   - Vorgehen bei der Berechnung des erhöhten und verminderten Grundwertes
   - Prozentwert und Grundwert berechnen
4. Prozentsatz berechnen
   - Richtigen Prozentsatz zu bestimmtem Bruch (1/3) auswählen
   - Prozentsatz mit einfachen Zahlen berechnen
   - Prozentsatz berechnen
   - Prozentsatz mit schwierigen Zahlen berechnen
   - Prozentsätze zu Dezimalbruch 0,03 zuordnen
   - Prozentsatz bei erhöhtem Grundwert berechnen

Inhaltlich steht vor allem die Fähigkeit der Probanden zur Ermittlung des Prozentwertes, des Grundwertes und des Prozentsatzes, mit einfachen und anspruchsvolleren Zahlen, im Vordergrund. Außerdem ist die Berechnung von Prozentangaben über 100 % relevant. Die Umwandlung von Dezimalbrüchen in Prozentangaben und die Umwandlung von gemeinen Brüchen in Prozentangaben stellen einen weiteren Aspekt dar. Die Teilnehmer sollen außerdem die Veranschaulichung von Prozentangaben interpretieren können.

Fachübergreifende Kompetenzen (wie zum Beispiel das Problemlösen bei PISA) werden nicht getestet, da der Fokus ausschließlich auf der Abbildung des Merkmals Kompetenz im Prozentrechnen liegt.

Diese theoretischen Überlegungen zur Erfassung von Kompetenzniveau und Kompetenzstruktur mussten nun in optimale praktische Aufgabenstellungen umgesetzt werden.
Es wurde deshalb ein erster Aufgabenkatalog erstellt.
Dieser setzte sich aus Aufgabenstellungen zusammen, die in verschiedenen Schulbüchern unterschiedlicher Schultypen und Klassenstufen zu finden waren und in der Schulpraxis zum Einsatz kommen. Außerdem wurden auch praxisnahe Aufgaben integriert, die im Alltag eine Rolle spielen könnten. Des Weiteren wurden Aufgaben aus früheren Tests aufgenommen, die spätere Leistungsvergleiche zulassen. Hierzu gehören sowohl TIMSS-Aufgaben, als auch Aufgaben aus Jahrgangsstufentests.

3.2.2 Expertenbefragung zu Auswahl und Design der Testitems

Um diesen ersten Itempool zur Erfassung der Kompetenz im Prozentrechnen zu optimieren, wurden die Items einem Expertenteam vorgelegt. Die Items repräsentierten „möglichst viele Ausprägungen des Merkmals“[208] Kompetenz im Prozentrechnen.
Das Expertenteam setzte sich zusammen aus dem Inhaber des Lehrstuhls Didaktik der Mathematik an der Erziehungswissenschaftlichen Fakultät in Nürnberg, Prof. Dr. Thomas Weth und den wissenschaftlichen Mitarbeitern und Dozenten Dr. Rainer Loska und Dr. Mutfried Hartmann.
Die Experten sollten auf einer 11-Punkte-Skala die Schwierigkeit der Aufgaben nach eigenem Ermessen einstufen. Für jedes Item wurde daraufhin ein mittleres Expertenrating berechnet.

---

[208] Vgl. **Bortz et al. 2002**, S. 222

Den Experten wurde ein Dokument mit allen Items vorgelegt, mit der Bitte jedes Item zu bewerten. Außerdem beurteilten die Experten, ob die Aufgabe für den vorliegenden Test geeignet oder ungeeignet ist. Die folgende Abbildung zeigt beispielhaft eine Aufgabe aus der Expertenbefragung:

18. Aufgabe

In einer Wassertonne befinden sich nach einem Regenschauer 230 Liter Wasser. Nach dem Pegelstand zu urteilen sind das 15 % mehr als am Tag zuvor. Wie viel Liter Wasser waren am Vortag in der Tonne?

- O 215 Liter
- O 210 Liter
- O 30 Liter
- O 200 Liter
- O weiß ich nicht

2 Punkte

Ziel: Prozentwert und Grundwert berechnen (mehrschrittige Aufgabe)

Expertenmeinung:

Ich halte die Aufgabe für: (1= sehr leicht; 11= sehr schwer)

1	2	3	4	5	6	7	8	9	10	11

Ich halte die Aufgabe für geeignet:

☐ nein ☐ ja ☐ ja, aber nur wenn ....

Abbildung 55. Aufgabe aus der Expertenbefragung

Damit die Items genügend Streuung aufweisen, wurde bei der Vorauswahl der Items explizit darauf geachtet, dass etwa gleich viele leichte, mittlere und schwere Aufgaben vorhanden waren. Von den Experten sollte diese Einteilung in Schwierigkeitsstufen anhand der 11-Punkte-Skala überprüft werden. Die Experten hatten außerdem die Möglichkeit, ein Statement abzugeben, für den Fall, dass sie eine bestimmte Aufgabe für den Test geeignet oder ungeeignet hielten (vgl. Abbildung 55). Wurde bei einer Aufgabe eine einheitliche Beurteilung der Experten hinsichtlich der Schwierigkeit abgegeben, so konnte diese Aufgabe dennoch aus dem Itempool fallen, wenn die Experten sie als ungeeignet einschätzten.

Das Ergebnis des Expertenratings für alle anfänglich erstellten Aufgaben (insgesamt 37) kann anschaulich in einem Liniendiagramm dargestellt werden:

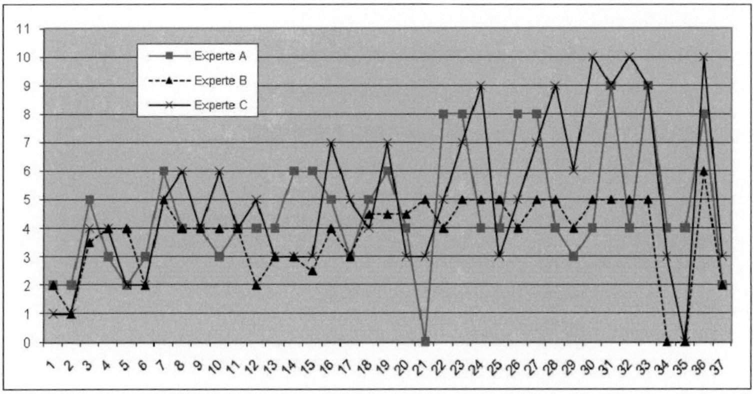

Abbildung 56. Ergebnis der Expertenbefragung

Die Abbildung zeigt, dass die Aufgaben im letzten Drittel von den Experten tendenziell als „schwerer" beurteilt wurden. Der beabsichtigte ansteigende Schwierigkeitsgrad scheint sich somit zu bestätigen. Insgesamt konnte festgestellt werden, dass Experte A und vor allem Experte B die Aufgaben generell „leichter" beurteilten als Experte C. Experte B beurteilte zum Beispiel nur eine Aufgabe (Aufgabe 36) mit 6 Punkten als „schwer".

Die folgenden Abbildungen zeigen das Ergebnis des Expertenratings detailliert pro Aufgabe:

Aufgabe Nr.	1	2	3	4	5	6	7	8	9	10	11	12
Experte A	2	2	5	3	2	3	6	4	4	3	4	4
Experte B	2	1	3,5	4	4	2	5	4	4	4	4	2
Experte C	1	1	4	4	2	2	5	6	4	6	4	5
Mittelwert	1,67	1,33	4,17	3,67	2,67	2,33	5,33	4,67	4,00	4,33	4,00	3,67
Einordnung	leicht	leicht	mittel	mittel	mittel	leicht	mittel	mittel	mittel	mittel	mittel	mittel
Streuung	0,58	0,58	0,76	0,58	1,15	0,58	0,58	1,15	0,00	1,53	0,00	1,53
zugelassen	ja	ja	ja	ja	ja	ja	ja	ja	ja	nein	ja	nein

Aufgabe Nr.	13	14	15	16	17	18	19	20	21	22	23
Experte A	4	6	6	5	3	5	6	4	-	8	8
Experte B	3	3	2,5	4	3	4,5	4,5	4,5	5	4	5
Experte C	3	3	3	7	5	4	7	3	3	5	7
Mittelwert	3,33	4,00	3,83	5,33	3,67	4,50	5,83	3,83	4,00	5,67	6,67
Einordnung	mittel	mittel	mittel	mittel	mittel	mittel	schwer	mittel	mittel	schwer	schwer
Streuung	0,58	1,73	1,89	1,53	1,15	0,50	1,26	0,76	2,52	2,08	1,53
zugelassen	ja	nein	nein	nein	ja	ja	ja	ja	nein	nein	nein

Aufgabe Nr.	24	25	26	27	28	29	30	31	32
Experte A	4	4	8	8	4	3	4	9	4
Experte B	5	5	4	5	5	4	5	5	5
Experte C	9	3	5	7	9	6	10	9	10
Mittelwert	6,00	4,00	5,67	6,67	6,00	4,33	6,33	7,67	6,33
Einordnung	schwer	mittel	schwer	schwer	schwer	mittel	schwer	schwer	schwer
Streuung	2,65	1,00	2,08	1,53	2,65	1,53	3,21	2,31	3,21
zugelassen	nein	ja	nein	nein	nein	nein	nein	nein	nein

Aufgabe Nr.	33	34	35	36	37	Mittelwert
Experte A	9	4	4	8	2	**3,82**
Experte B	5	-	-	6	2	**3,08**
Experte C	9	3	-	10	3	**4,16**
Mittelwert	7,67	3,50	4,00	8,00	2,33	
Einordnung	schwer	mittel	mittel	schwer	leicht	
Streuung	2,31	2,08	2,31	2,00	0,58	
zugelassen	nein	nein	nein	nein	ja	

Tabelle 9. Ergebnis der Expertenbefragung in Tabellenform

Die erste Zeile der Tabelle zeigt die **Nummer** der Aufgaben. In den folgenden 3 Zeilen sind die **Bewertungen** der Experten A, B und C (Zahlen von 1-11, vgl. Abbildung 56) zu finden. In der letzten *Spalte* stehen die **Mittelwerte** der Expertenbeurteilungen A, B und C. Diese fielen mit 3,82, 3,08 und 4,16 geringer aus als erwartet. Deshalb wurde die **Einordnung** der Aufgaben in leichte, mittlere und schwere Aufgaben bei 2,5 und 5,5 vorgenommen[209]: Bereits ab einem **Mittelwert** pro Aufgabe von 5,5 wurde also eine Aufgabe als „schwer" eingestuft. Wenn der Mittelwert zwischen 2,5 und 5,5 lag, wurden die Aufgaben als „mittel" eingestuft. Lag der Mittelwert einer Aufgabe unter 2,5, wurde die Aufgabe als „leicht" bewertet. In der 6. Zeile der Tabelle ist die **Streuung** der Bewertungen der Experten zu finden. Vereinfacht formuliert besagt diese Zahl, wie stark die Bewertungen auseinander liegen. Hatten beispielsweise alle Experten mit der gleichen Schwierigkeit, zum Beispiel „4" bewertet, so ist die Streuung „0" (zum Beispiel Aufgabe Nr. 9). Alle Items mit einer Streuung in der Bewertung über

---

[209] Da die Einteilung in Schwierigkeitsstufen eine 11-Punkte-Skala vorsieht, läge die Einordnung für leichte Aufgaben bei etwa 0-3,6 (11:3), für mittlere Aufgaben bei etwa 3,7-7,3 und für schwere Aufgaben bei etwa 7,4-11.

1,5 wurden nicht akzeptiert und nach Absprache mit den Experten gelöscht, gegebenenfalls aber auch erweitert beziehungsweise gekürzt.

Die Aufgaben 26 bis 34, 36 und 37 wurden von den Experten als ungeeignet eingeschätzt (vgl. Tabelle 9). Diese Aufgaben wiesen meist auch eine zu hohe Streuung bei der Bewertung der Schwierigkeit auf. Die Aufgaben 2 bis 4, 10, 12, 14 bis 24 und 35 schienen den Experten in der vorgelegten Form entweder ungeeignet oder missverständlich. Sie wurden teilweise optimiert, um dann in verbesserter Form in den Test integriert zu werden.

Für Item 19 wurden beispielsweise folgende Angaben gemacht:

ITEM	Nr. 19
Experte A	6
Experte B	4,5
Experte C	7
Mittelwert	5,83
Einordnung	schwer
Streuung	1,26
zugelassen	ja

Tabelle 10. Ausschnitt aus dem Ergebnis der Expertenbefragung

Die Angaben der Experten A, B und C auf der 11-Punkte Skala lagen bei 6, 4,5 und 7. Der Mittelwert der Bewertung aller Experten hatte damit den Wert 5,83 und fällt in die Kategorie „schwere" Aufgabe. Es konnte eine Streuung der Bewertungen von 1,26 ermittelt werden. Da dieser Wert geringer als 1,5 ist, fiel das Item nicht aus dem Itempool.

Aufgrund der Tendenz der Experten A und B Aufgaben „leichter" einzustufen als Experte C könnten die Ergebnisse der Tabelle so angepasst werden, dass Unterschiede, die aus individuellen bewertungstypischen Eigenschaften resultieren, nicht mehr erscheinen. Praktisch hieße das, jeder Wert, der von einem Experten abgegeben wurde (1 bis 11), könnte um einen bestimmten Faktor korrigiert werden. Welche Konsequenzen das für die Bewertung der Experten A und B bedeuten würde, zeigt die folgende Abbildung. Experte A wird dabei um den Summand „+1" und Experte B um den Summand „+2" korrigiert. Für einige Aufgaben haben die Experten keine Bewertungen abgegeben. Sie liegen im folgenden Liniendiagramm bei 0:

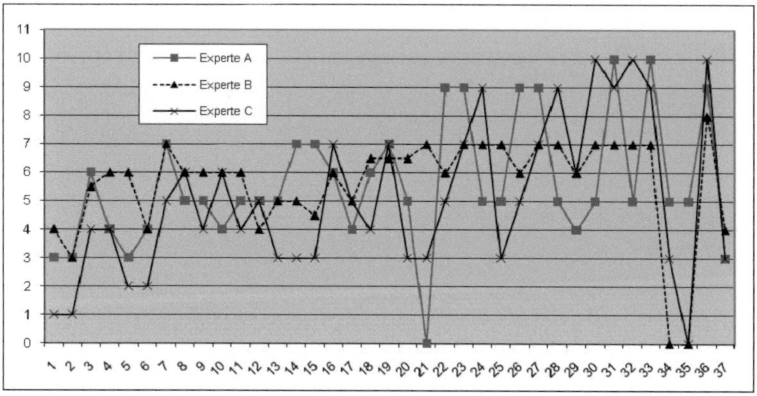

Abbildung 57. Ergebnis der Expertenbefragung mit Erhöhung des Faktors

In der Expertenrunde wurde diese veränderte Situation diskutiert. Es wurde beispielsweise deutlich, dass nach der „Korrektur" der Expertenbewertungen einige Aufgaben eine geringere oder auch höhere Streuung aufwiesen. Das Ergebnis der Diskussion war die weitere Anpassung und Optimierung der Aufgaben für den Haupttest.

Durch die Optimierung der Items in der Expertenbefragung fielen Aufgaben weg, die zur Messung der Kompetenz im Prozentrechnen laut dem erstellten Kompetenzmodell (vgl. Kapitel 3.2.1) unverzichtbar sind (zum Beispiel das Interpretieren von Kreisdiagrammen). In solchen Fällen wurden in Absprache mit dem Expertenteam Aufgaben hinzugezogen, welche die erforderlichen Ansprüche erfüllten.

3.2.3 Durchführung von Pretests und Ergebnisse

Zur weiteren inhaltlichen und formalen Optimierung des endgültigen Testfragebogens wurden Pretests durchgeführt.

3.2.3.1 Lösung des Response Problems

Innerhalb der Pretests wurden neben der Beantwortung eines Fragebogens auch Interviews mit einigen Teilnehmern geführt. Durch angemessenes Feedback und Rückfragen der Teilnehmer konnte der Test sukzessive auch hinsichtlich des formalen Aufbaus verbessert werden. Bei der persönlichen Befragung stand vor allem eine Frage im Vordergrund: „Werden die Aufgaben von den Teilnehmern richtig verstanden oder gibt es noch inhaltliche oder formale Verständnisprobleme?" Ergebnis dieser Interviews sind weitere Anpassungen der Items zum besseren inhaltlichen Verständnis. Bei den Interviews entstand der Eindruck, dass sich mehrere Teilnehmer bewusst der persönlichen Befragung zum Beispiel aus Angst vor Versagen entzogen. Mit Aussagen wie „das ist nichts für mich" oder „lieber nicht, fragen Sie lieber den Herrn xy" wurde die Teilnahme häufig abgelehnt. Möglicherweise schüchterte gerade der persönliche Kontakt die potentiellen Probanden ein. Diese Problematik der „non Response" ist aus anderen Studien bekannt. Zur Lösung des Response-Problems wurde deshalb eine schriftliche Befragung über das Internet entwickelt.

3.2.3.2 Layout der Aufgabenstellung

Der erste Pretest sollte im Hinblick auf die Gestaltung des Online-Fragebogens unter anderem feststellen, ob es Unterschiede hinsichtlich der Ergebnisse der Tests gibt, wenn das Layout der Aufgabenstellung ansprechender gestaltet ist. In der Expertenbefragung wurde die Vermutung geäußert, dass Probanden durch Testfragen mit illustrierten Bildern möglicherweise vom Beantworten der inhaltlichen Fragen abgelenkt werden und somit schlechter abschneiden. Es ist aber auch entgegengesetzt anzunehmen, dass die Darstellung von Bildern im Test möglicherweise Einfluss auf eine geringere Abbrecherquote haben könnte. Es könnte also bei den Versuchspersonen unbewusst die Motivation gesteigert werden, den Test zu Ende zu bringen.

Aufgrund dieser Vermutungen wurde derselbe Test zwei Mal, mit und ohne Grafiken, angelegt. Die folgende Beispielaufgabe zeigt den Unterschied:

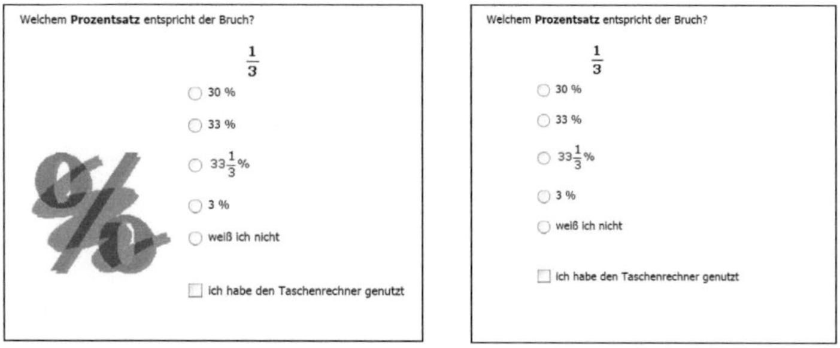

Abbildung 58. Test mit und ohne Grafiken

Bei einem ersten Testdurchlauf zur „Langen Nacht der Wissenschaft“ am 24. Oktober 2005 an der Universität Erlangen-Nürnberg konnten jedoch keine Unterschiede hinsichtlich der Kompetenz im Prozentrechnen oder bei der Testdauer der Versuchspersonen festgestellt werden. So bestätigte sich die Vermutung nicht, dass Grafiken die Versuchspersonen von den Aufgaben ablenken. Wie die Interviews beim Pretest ergaben, empfanden die Probanden den Test mit Bildern ansprechender als ohne Bilder. Aus diesem Grund wurde die Entscheidung getroffen, den Haupttest mit Grafiken zu versehen.

3.2.3.3 Lösungsquote der Items

Die Pretests sollten auch feststellen, ob die getesteten Pretest-Gruppen bei denselben Aufgaben Fehler machen. Nimmt man an, dass jeweils immer dieselben Aufgaben von allen Pretest-Gruppen falsch gelöst werden, wäre es sinnvoller, die Kompetenz im Prozentrechnen nur bei diesen bestimmten Aufgabentypen der Prozentrechnung zu testen, da bei den anderen Aufgaben offenbar keine Probleme bestünden.

- ***Prestest „PISA-Wettbewerb“***

Der erste Pretest fand bei der Veranstaltung zur „Langen Nacht der Wissenschaft“ statt. Der Einladungstext lautete:

Didaktik der Mathematik
„PISA"-Wettbewerb
Wer schneidet besser ab? Sie oder Schüler der 8. Klasse?
Nehmen Sie am Forschungsprojekt teil!
Die Ergebnisse eines etwa 10-minütigen Tests zur Prozentrechnung fließen außerdem anonym in die Untersuchung einer Doktorandin des Lehrstuhls ein.
Beginn: ab 18:00 Uhr durchgehend,
Dauer der Tests: 10 - 15 Minuten, Raum 2.047

Abbildung 59. Einladungstext zum Test der „Langen Nacht der Wissenschaft"

Der Aufmacher zur Einladung zum „PISA-Wettbewerb" sollte das Interesse der Besucher wecken, am Test teilzunehmen. Insgesamt beteiligten sich 85 Personen, darunter Schüler, Studierende und Erwachsene. Es konnte festgestellt werden, dass die Probanden bei diesem Pretest auffällig gut abgeschnitten haben. Das lag offensichtlich an den überwiegend mathematikaffinen Testpersonen. Der Mittelwert der Probanden am Pretest der „Langen Nacht der Wissenschaft" betrug 17,2 Punkte bei maximal zu erreichenden 19,5 Punkten. Parallel durchgeführte persönliche Befragungen ergaben wiederum, dass sich vor allem diejenigen nicht am Test beteiligten, die sich beim Bearbeiten von Mathematik-Aufgaben nicht „wohl fühlten".

Abbildung 60. Testpersonen bei der „Langen Nacht der Wissenschaft"

Die Testdurchführung litt zeitweise am extrem hohen Besucheraufkommen bei dieser Veranstaltung. Saß beispielsweise eine Schülerin am Rechner, um den Test durchzuführen, gaben dahinter stehende Personen, zum Teil Freunde und Eltern, Tipps oder diskutierten über Aufgaben. Das führte zu Verfälschungen der Testergebnisse.

Es konnte auch festgestellt werden, dass die Testdauer im Durchschnitt bei etwa 15 bis 20 Minuten lag, ohne dass die Probanden unter Zeitdruck standen.

- ***Pretest mit Studierenden***

Im Dezember 2005 wurden in einem zweiten Pretest 28 Studierende im Hauptschullehramt innerhalb der Veranstaltung „Grundlagen der Geometrie" an der Erziehungswissenschaftlichen Fakultät (EWF) der Universität Erlangen-Nürnberg demselben Test unterzogen. Im Medienraum der EWF absolvierten sie in zwei Gruppen nacheinander den Online-Fragebogen. Der Mittelwert der Probanden betrug jetzt 16,3 von 19,5 maximal zu erreichenden Punkten. Dieser Wert lag etwa einen Punkt unter dem Mittelwert der Probanden der „Langen Nacht der Wissenschaft".

- ***Pretest mit Verwaltungsangestellten und Schülern***

Ein weiterer Test fokussierte eine bestimmte Berufsgruppe. Verwaltungsangestellte der EWF wurden gebeten, am Test teilzunehmen. Insgesamt erklärten sich neun Personen zur Teilnahme bereit. Diese Pretest-Gruppe lag mit 17,6 Punkten im Mittelwert vor den beiden anderen.
Daraufhin kam die Vermutung auf, dass der Test möglicherweise zu leicht wäre. Aus diesem Grund wurden im nächsten Schritt Schüler gebeten, den Test zu absolvieren.
Eine 8. Klasse der Hauptschule aus Roßhaupten (in Bayern) wurde dem Test unterzogen. Die 13 Schüler erreichten lediglich einen Mittelwert von etwa 10 Punkten. Dies war gegenüber den anderen Pretest-Gruppen eine vergleichsweise geringe Lösungsquote.

- ***Fazit***

Als Ergebnis kann festgehalten werden, dass die getesteten Pretest-Gruppen bei jeweils unterschiedlichen Aufgaben Fehler machten. Dies bestätigt die Vermutung, dass womöglich signifikante Unterschiede bei den einzelnen Gruppen vorliegen.
Die Teilnehmer der „Langen Nacht der Wissenschaft", Verwaltungsangestellte und Studierende schneiden relativ gut ab, während beim Ergebnis der Schüler bei einzelnen Aufgaben auffallend hohe Fehlerquoten zu erkennen sind. Überlegungen des Expertenteams nach den ersten drei Pretests, den Test schwieriger zu gestalten, wurden deshalb nach dem Test der Schüler wieder verworfen.

Eine weitere Folge der Pretests war die Anpassung des Einweisungstextes, da beispielsweise Schülergruppen Verständnis-Probleme hatten. Außerdem wurden in Absprache mit dem Expertenteam einige Aufgaben des Tests angepasst, entfernt oder ersetzt.

Einige Test-Personen bemängelten bei den Pretests außerdem, dass ihrer Ansicht nach einige Aufgaben doppelt gewesen wären. Diese Annahme entstand dadurch, dass inhaltlich ähnliche Aufgaben zu nah nacheinander gestellt wurden.[210] Auch dieses Problem wurde im Haupttest behoben.

3.2.4 Darstellung des endgültigen Aufgabenkatalogs

Nach dem Expertenrating und der Durchführung der Pretests konnte der endgültige Aufgabenkatalog, basierend auf dem in Kapitel 3.2.1 definierten Kompetenzmodell erstellt werden:

Aufgabengruppe	Ziel der Aufgabe	Schwierigkeitsstufe
Allgemeine Anforderungen	Grundbegriffe zuordnen: Prozentwert, Grundwert, Prozentsatz	Leicht
	Umgangssprachlichen Umgang mit Prozentrechnung richtig interpretieren	Mittel*
	Gemeine Brüche zu Prozentsätzen zuordnen	Mittel
	Prozentrechnung auf „große“ Zahlen anwenden	Mittel
	Kreisdiagramm interpretieren	Schwer*
Prozentwert berechnen	Prozentwert mit einfachen Zahlen berechnen	Leicht
	Prozentwert mit anspruchsvollerer Aufgabenstellung berechnen	Mittel
	Prozentwert mit schwierigen Zahlen berechnen	Mittel
	Prozentwert berechnen und Grundwert schätzen	Schwer*

[210] Vgl. **Mummendey 1987**, S. 67

Grundwert berechnen	Grundwert mit einfachen Zahlen berechnen	Leicht*
	Erhöhten Grundwert berechnen	Mittel
	Grundwert mit schwierigen Zahlen berechnen	Schwer
	Vorgehen bei der Berechnung des erhöhten und verminderten Grundwertes	Schwer*
	Prozentwert und Grundwert berechnen	Schwer*

Prozentsatz berechnen	Richtigen Prozentsatz zu bestimmtem Bruch (1/3) auswählen	Leicht
	Prozentsatz mit einfachen Zahlen berechnen	Leicht*
	Prozentsatz berechnen	Leicht
	Prozentsatz mit schwierigen Zahlen berechnen	Mittel
	Prozentsätze zu Dezimalbruch 0,03 zuordnen	Mittel
	Prozentsatz bei erhöhtem Grundwert berechnen	Schwer

*diese Aufgaben haben infolge der beim Expertenrating vorgenommenen Einordnung eine andere Schwierigkeitsstufe als zuvor.

Tabelle 11. Aufgabenkatalog

Die Tabelle zeigt die im Kompetenzmodell definierte Kompetenzstruktur in den Spalten „Aufgabengruppe“ und „Ziel der Aufgabe“ (vgl. Kapitel 3.2.1.2) in Kombination mit dem Kompetenzniveau in der Spalte „Schwierigkeitsstufe (vgl. Kapitel 3.2.1.1). Die einzelnen Aufgaben werden in einem eigenen Kapitel zur Darstellung der Testkonstruktion (vgl. Kapitel 3.4) ausführlich erläutert.

3.2.5 Ansprache potentieller Probanden

In einem nächsten Schritt zur Vorbereitung der Durchführung der Untersuchung mussten die Zielgruppen für den Online-Test über das Internet angesprochen werden. Es stellte sich die Frage wie und über welche Kanäle das erfolgen sollte.

Um *Schüler* als Teilnehmer zur Untersuchung zu gewinnen, wurden einige Internetportale, die vorzugsweise von Schülern besucht werden, erfolgreich aufgefordert einen Link zum Test einzufügen. Im Folgenden ist die Formulierung mit der Bitte um Teilnahme der Schüler dargestellt:

Sehr geehrte Damen und Herren,

innerhalb meiner **Doktorarbeit** am Lehrstuhl Didaktik der Mathematik
an der Universität Erlangen-Nürnberg mache ich online eine Untersuchung
zur **Prozentrechnung** für Erwachsene und Schüler.

Unter folgender Adresse im Internet biete ich hierzu meinen Test an:
http://www.christina-voelkl.de/prozent/index.php

Es wäre für mich sehr hilfreich, wenn Sie diesen Link für einige Zeit auf Ihre Internet-Seite
stellen könnten, damit wir eine möglichst hohe **Schüler-Teilnehmerzahl** erreichen.
Vielleicht kann der ein oder andere Lehrer den Test auch mit seinen Schülern machen.

Bei Fragen stehe ich Ihnen natürlich jederzeit sehr gerne zur Verfügung!

Vielen Dank für Ihre Hilfe im Voraus!

Mit freundlichen Grüßen,

Christina Völkl

Abbildung 61. E-Mail zur Teilnahme-Aufforderung am Test

Die Gruppe der *Studierenden* wurde über die Website der Autorin und des Lehrstuhls Didaktik der Mathematik an der Universität Erlangen-Nürnberg http://www.didmath.ewf.uni-erlangen.de auf den Test aufmerksam gemacht.

Per E-Mail konnten vor allem spezielle *Berufsgruppen* erreicht werden. Ärzte wurden beispielsweise über die Webseiten von www.telefonbuch.de angeschrieben und um Teilnahme gebeten. Des Weiteren wurde in unterschiedlichen berufsspezifischen Foren zur Teilnahme aufgefordert. Dies betraf zum Beispiel Foren für Rechtsanwälte, Krankenschwestern und Ärzte.

3.2.6 Schätzung von Stichprobenumfang und Effektgröße

Da personale und finanzielle Mittel knapp waren, war es aus ökonomischen Gründen nicht möglich den Test zur Prozentrechnung mit einer probabilistischen Stichprobe im Sinne einer Zufallsstichprobe wie bei TIMSS oder PISA durchzuführen. Es handelte sich bei der Stichprobe der geplanten internetgestützten Untersuchung demnach auch nicht um eine „echte" Zufallsstichprobe. Da die Auswahlwahrscheinlichkeit der Teilnehmer nicht bekannt war, spricht man im vorliegenden Fall von einer so genannten Ad-hoc-

Stichprobe. Das bezeichnet man auch als eine nicht-probabilistische Stichprobenkonstruktion.[211]

Die Frage war nun, ab welcher Stichprobengröße man von einem „aussagekräftigen“ Ergebnis sprechen kann. Dazu musste der optimale Stichprobenumfang errechnet werden.

Da eine Fixierung der Bestimmungsgrößen zur Berechnung der optimalen Stichprobengröße im Vorfeld jedoch nicht möglich ist, kann durch Variation einer oder mehrerer dieser Größen (Mittelwertsunterschiede, Standardabweichung, etc.) ein kleinerer oder größerer Stichprobenumfang erforderlich werden. Die hier vorgenommene Schätzung sollte als Richtwert für die erforderliche Stichprobengröße fungieren.

Der optimale Stichprobenumfang wurde nun in Anlehnung an BORTZ aus drei Größen ermittelt: Die Alpha-Fehler-Wahrscheinlichkeit sollte 5 % und die Beta-Fehler-Wahrscheinlichkeit 20 % betragen. Dies ist eine Empfehlung von COHEN für sozialwissenschaftliche Tests, die an dieser Stelle übernommen wurde.[212] Zum zweiten ergab sich damit für die Teststärke ein Wert von 80 % (1-Beta oder „Power“). Ein weiterer Wert, der für die Schätzung notwendig ist, ist die Effektgröße.[213] Sie gibt die Größe oder Stärke eines Effektes an und beschreibt damit dessen praktische Bedeutsamkeit. Um die Effektgröße zu schätzen, kann man auf die Werte der Pretests zurückgreifen. Dort ergab sich für die Schüler der 8. Klasse ein Mittelwert von 10,2, während die anderen Pretest-Gruppen (Studierende, Teilnehmer der „Langen Nacht der Wissenschaft“, Verwaltungsangestellte) einen Mittelwert von ca. 16,3 bis 17,6 aufwiesen. Die Standardab-

---

[211] Vgl. **Bortz et al. 2002**, S. 405

[212] Vgl. **Bortz et al 2002**, S. 602ff.

[213] In statistischen Untersuchungen kann neben der Feststellung eines Effekts (Annehmen oder Ablehnen der Nullhypothese) die Größe eines Effekts bestimmt werden. Man kann Effektgrößen in gering, mittel und groß klassifizieren. Nach COHEN zeigt 0,2 einen kleinen Effekt, 0,5 einen mittleren Effekt und 0,8 einen großen Effekt an; Vgl. **Cohen 1988**,
S. 21ff.

weichung wurde mit durchschnittlich 3,3 berechnet. Mit Hilfe dieser Daten konnte eine Schätzung der Effektgröße vorgenommen werden:

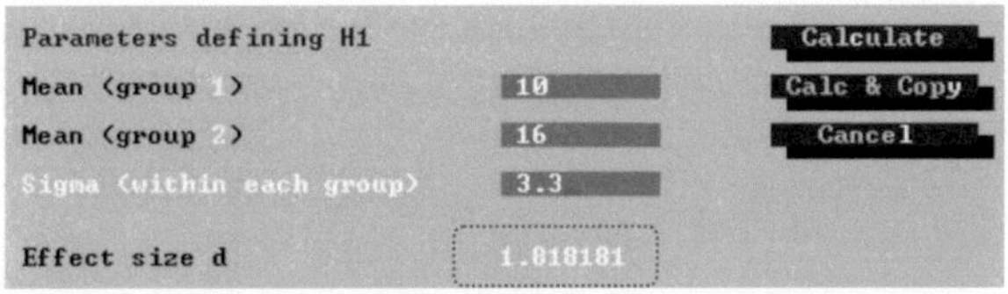

Abbildung 62. Effektgröße bei einem Mittelwertsunterschied von 6 Punkten (Quelle Gpower)

Durch den großen Mittelwertsunterschied beider Gruppen von 6 Punkten und der Standardabweichung von 3,3 ergab sich eine Effektstärke von etwa 1,8. Da bereits bei einem Wert von 0,8 die Effektgröße als groß bewertet werden kann, war hier eine sehr große Effektstärke festzustellen.

Nach der Empfehlung von COHEN mit einem Alphafehler von 5 % und einer Teststärke von 80 % zu rechnen, zeigte sich damit eine geschätzte Stichprobengröße von 12 Versuchspersonen:

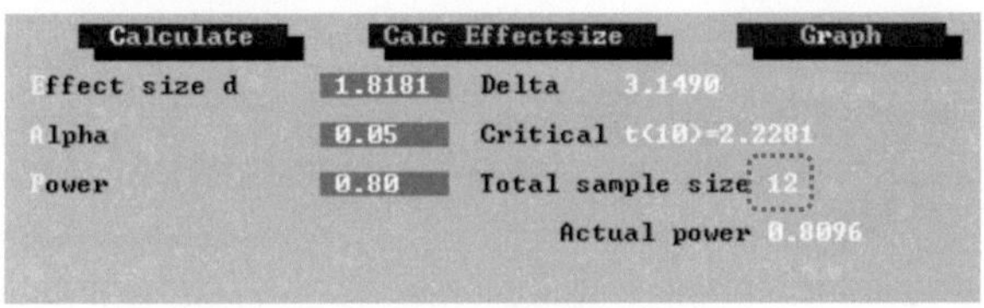

Abbildung 63. Stichprobenumfang bei einem Mittelwertsunterschied von 6 Punkten (Quelle Gpower)

Lag der Mittelwertsunterschied nur noch bei 3 Punkten (statt bei 6), bei einer gleichbleibenden Standardabweichung innerhalb der Gruppen, lag die Effektgröße bei einem immer noch als hoch einzustufenden Wert von 0,91:

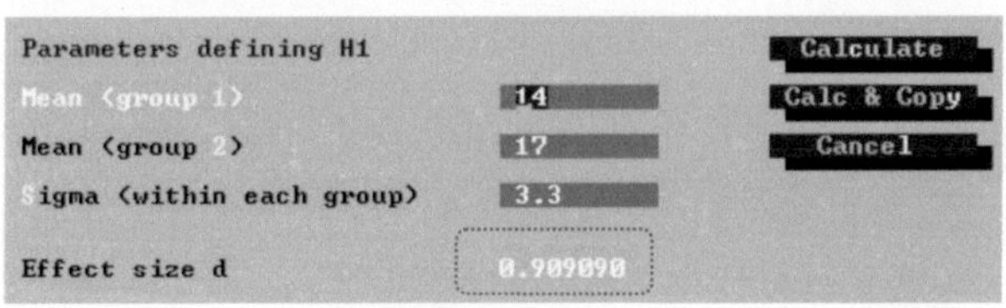

Abbildung 64. Effektgröße bei einem Mittelwertsunterschied von 3 Punkten (Quelle Gpower)

Die folgende Abbildung zeigt, dass bei einem Mittelwertsunterschied von 3 Punkten eine Stichprobengröße von über 42 Personen hinreichend groß ist:

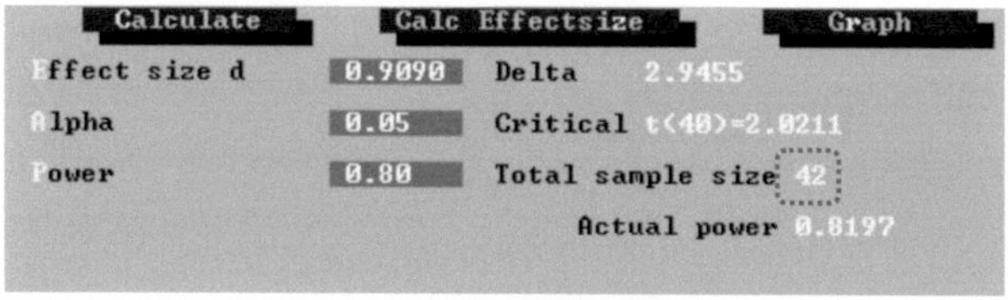

Abbildung 65. Stichprobengröße bei einem Mittelwertsunterschied von 3 Punkten (Quelle Gpower)

Für die einzelnen Teilnehmergruppen sollte aufgrund dieser Schätzungen deshalb eine Gruppengröße von mindestens 12 Probanden möglichst nicht unterschritten werden.

3.3 Formales zur Testkonstruktion

Die Auswahl der Zielgruppe der Erwachsenen und Berufstätigen erfordert, dass der Test durchschnittlich nicht mehr als etwa 15 Minuten in Anspruch nehmen darf, damit er von potentiellen Probanden angenommen wird. Bliebe der Zeitfaktor unberücksichtigt, bestünde die Gefahr, dass der Test von vornherein abgelehnt würde und letztendlich nicht durchführbar wäre.[214]

3.3.1 Technischer Aspekt

Es werden einige Umfrage-Tools, die am Markt erhältlich sind, hinsichtlich der Verwendbarkeit für die vorliegende Untersuchung überprüft. Die Recherche nach Software-Produkten zur Generierung von Umfragen und Tests, zeigt, dass die erhältlichen Produkte nicht leistungsfähig genug sind, um den vorliegenden Anforderungen zur Testerstellung zu entsprechen. Das soll anhand zweier Anwendungen kurz erläutert werden:

1. WinSurvey 2005 (Download der Testversion im Sept. 2005) und
2. ask4more Fragebogen-Software.

---

[214] Da für die vorliegende Arbeit eine zusätzliche qualitative Forschung (Interviews) den Rahmen sprengen würde, beschränkt sich der Haupttest, der von Dezember 2006 bis April 2007 durchgeführt wurde, auf quantitative Erhebungsmethoden.

WinSurvey 2005 erfüllt nicht die Kriterien, die zur Erstellung des vorliegenden Fragebogens nötig sind, da bei der Umfrage-Generierung nur je eine Frage- und Antwort-Option pro Webseite zulässig ist. Da aber bereits für die Angaben zur Person zu Beginn des Tests mehrere Typen von Fragen eingesetzt werden sollen, kann WinSurvey nicht verwendet werden.

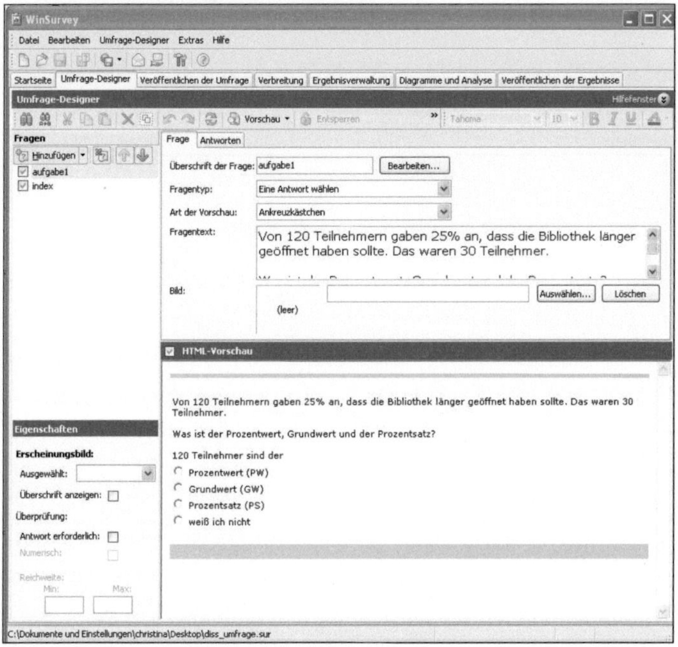

Abbildung 66. WinSurvey 2005

Dasselbe gilt für die Software ask4more. Auch hier reichen die verfügbaren Features der Software nicht aus, um die geplante Untersuchung optimal durchzuführen.

Aus diesem Grund wird die Entscheidung getroffen, Layout und Funktionalität des Tests zur Prozentrechnung selbst zu entwerfen und zu programmieren.

Mit der Programmiersprache HTML in Verbindung mit PHP-Elementen wird der Test in einem entsprechenden Software Programm erstellt. Im Hintergrund ist eine mySQL-Datenbank an den Test angebunden, die alle Eingaben der Nutzer speichert. Diese Daten können in verschiedene Software-Programme exportiert werden, um sie dort weiter zu bearbeiten. Für die vorliegende Arbeit wird dazu das Programm Microsoft Excel genutzt. Dort werden die Daten kodiert und gegebenenfalls geordnet. Einige dieser Daten werden dann in das Statistikprogramm SPSS transferiert, um statistische Auswertungen anzufertigen.

3.3.2 Formulierung des Einweisungstextes zum Test

Laut MUMMENDEY ist bei Persönlichkeitstests die Fragebogen-Instruktion sogar so entscheidend, dass bereits geringe Abänderungen zu deutlich verändertem Antwortverhalten führen.[215]

Der Instruktionstext im vorliegenden Test wird deshalb unter Beachtung bestimmter, im Folgenden genannter Vorgaben formuliert.

Bei der Formulierung und Gestaltung des Textes wird vor allem darauf geachtet, die Einweisung möglichst kurz zu fassen, da ein langer Einführungstext eher verwirrend auf die Probanden wirken kann[216]. Beginnend mit einer angemessenen Ansprache für alle Teilnehmer in männlicher und weiblicher Form, folgt der Dank für die Teilnahme. Wichtig hierbei ist die Formulierung „Untersuchung zu Forschungszwecken"[217]. Dies betont die Seriosität des Tests. Auch der Hinweis auf Anonymität scheint unerlässlich. Um nicht den Eindruck zu hinterlassen, dass einzelne Antworten herausgefiltert werden (und so der Vermutung eines Intelligenztests entgegenzuwirken), wird das alleinige Interesse an Gruppenwerten explizit hervorgehoben[218].

Im Test wird auch abgefragt, wie die Probanden bei einzelnen Aufgaben rechnen. Das ist dem letzten Absatz des Einweisungstextes in der Abbildung 67 zu entnehmen.

---

[215] Vgl. **Mummendey 1987**, S. 70-71

[216] Vgl. ebd.

[217] Vgl. a. a. O., S. 70

[218] Vgl. a. a. O., S. 69

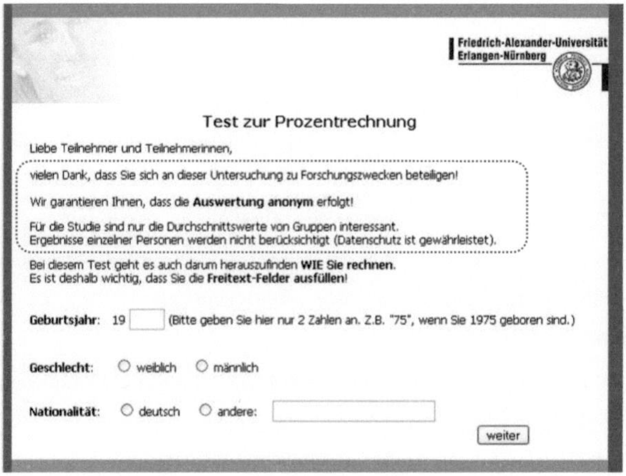

Abbildung 67. Instruktionstext im Test

Die Auswertung dieser Daten ist jedoch nicht Teil der vorliegenden Fragestellung. Die Daten könnten aber für eine weiterführende Untersuchung genutzt werden.

3.3.3 Formale Gestaltung der Items

Da im vorliegenden Fall die Zielpopulation der Untersuchung weit gefächert ist (vom Schüler bis zum Hochschulprofessor) muss der sprachlichen Gestaltung der Testaufgaben besondere Beachtung geschenkt werden.[219] Es wird darauf geachtet, möglichst kurz und prägnant den Sachverhalt darzustellen. Auf emotionale Umschreibungen und unnötige Komplexität der Sachverhalte wird verzichtet. Ausnahmen hiervon sind lediglich „schwierige“ Aufgaben, bei denen das Verständnis der Komplexität des Sachverhalts Bestandteil der Leistung ist. Außerdem wird versucht, die Fragen so eindeutig zu formulieren, dass sie nicht missverständlich interpretiert werden können. Die Fragestellung soll so klar wie möglich sein, ohne irrelevante Aspekte einzubringen, die für die Beantwortung der Aufgaben unnötig sind. Durch einfache Sprache ohne Verwendung von

---

[219] Vgl. **Mummendey 1987**, S. 62ff.

Fremdwörtern, die dem breit gefächerten Teilnehmerkreis möglicherweise nicht durchgängig bekannt sein könnten, soll die Teilnahme verschiedener Bevölkerungsschichten gewährleistet werden. Kurze, unverschachtelte Sätze mit jeweils nur einem Aspekt, sollen ebenfalls zur besseren Verständigung beitragen.[220]

Im Test werden grundsätzlich geschlossene Antwortformate gewählt. Die Items sind als Antwortvorgaben im Multiple-Choice-Format formuliert.[221] Es gibt zwei Varianten, wobei sich der Antworttypus an der Art der Fragestellung orientiert. Generell gilt, dass bei einem so genannten „Radio-Button“ (Kreis) nur eine Antwort möglich ist und bei „Checkboxes“ (Quadrate) beliebig viele Antworten ausgewählt werden können.

Beide Varianten sind dichotom, implizieren also grundsätzlich zwei Antwortkategorien: Zustimmung oder Ablehnung. Durch Anklicken des Feldes wird Zustimmung ausgedrückt:

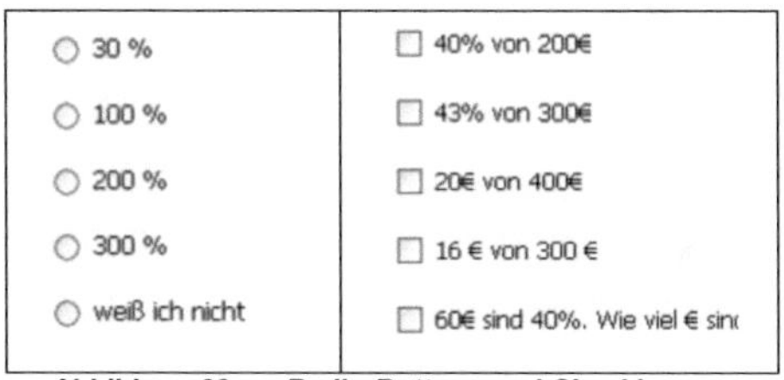

Abbildung 68. Radio-Buttons und Checkboxen

In der Literatur findet man noch weitere Möglichkeiten, Antwortkategorien zu gestalten. Für die zu erreichenden Ziele ist es jedoch ausreichend, zwei Optionen zur Verfügung zu stellen. Auch Forschungsresultate weisen darauf hin, dass durch mehrstufige Antwortskalen nicht notwendigerweise bessere Ergebnisse erzielt werden.[222] Des Weiteren ist die dichotome Antwortvorgabe aus

[220] Vgl. **Mummendey 1987**, S. 63-64

[221] Vgl. **Bortz et al. 1995**, S. 194

[222] Vgl. a. a. O., S. 54

ökonomischen Gründen auch deswegen vorzuziehen, weil der Test relativ lang ist[223]: Es ist notwendig eine bestimmte Anzahl an Items unbedingt zu integrieren, um die Kompetenz zum Prozentrechnen hinreichend abprüfen zu können. Gleichzeitig soll der Test aber auch so kurz wie möglich sein, um möglichst viele potentielle Probanden zur Teilnahme zu motivieren.

Bei Multiple-Choice-Tests ist es besonders wichtig, gute Antwort-Alternativen zu finden. Es werden deshalb solche Distraktoren integriert, die bei falscher aber nachvollziehbarer Rechnung auch ausgewählt werden könnten.[224]

Man geht bei Fragebogen davon aus, dass es ungünstig ist, ähnliche Fragen hintereinander zu positionieren.[225] Aus diesem Grund wird im Test darauf geachtet, die Aufgaben systematisch so anzuordnen, dass mehrheitlich leichte Aufgabentypen am Anfang und ähnliche Aufgaben nicht zu nah beieinander stehen.[226] Außerdem fällt die Entscheidung der ersten Aufgabe auf eine Aufgabenstellung, die im Alltag häufig vorkommt und damit als „Eisbrecher" fungieren soll, um so Teilnehmer zu motivieren, den Test zu absolvieren.

Für Fälle, in denen die Probanden entweder aus Versehen oder mit Absicht keine Antwort ankreuzen (etwa, um den Test „nur mal durchzusehen") und nur auf „weiter" klicken, wird eine Sicherheitsabfrage eingebaut. Sie fordert die Probanden auf, eines der Antwort-Felder auszuwählen, um zur nächsten Aufgabe zu gelangen.

---

[223] Vgl. **Mummendey 1987**, S. 68

[224] Vgl. **Bortz et al. 2002**, S. 214, 194ff.

[225] Vgl. **Mummendey 1987**, S. 54

[226] Vgl. a. a. O., S. 67

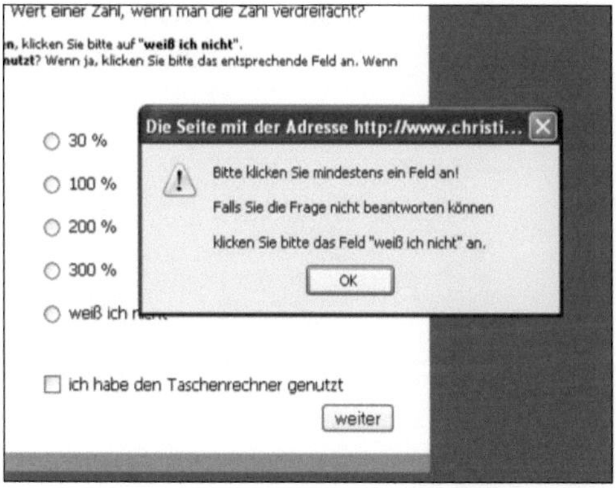

Abbildung 69. Abfrage bei fehlender Antwort

Damit wird erreicht, dass diejenigen, die nicht wirklich am Test interessiert sind, diesen entweder abbrechen oder auf „weiß ich nicht“ klicken. Außerdem sollten diejenigen, die vergessen haben ein Feld anzukreuzen, daran erinnert werden. Durch diese Vorgehensweise kann bei jedem abgeschlossenen Test davon ausgegangen werden, dass dieser „relativ gewissenhaft“ gelöst wurde.
Ohne Sicherheitsabfrage würden womöglich einige Besucher den Test „schnell mal durchklicken“, was zur Verfälschung der Ergebnisse führen würde.

3.4 Darstellung der Testkonstruktion

Der Test wird im Folgenden detailliert beschrieben. Zunächst erfolgt die Einweisung der Probanden und Fragen zur Person. Danach wird jedes Item abgebildet und erläutert. Alle 21 Aufgaben werden, thematisch sortiert, ausführlich beschrieben. Dabei werden jeweils Bezüge zwischen den Aufgaben und zu vorigen Kapiteln erläutert. Außerdem wird der Bezug zu den Schwierigkeitseinschätzungen jeder Aufgabe hergestellt.

3.4.1 Einweisung und personale Daten

Auf der Startseite des Tests erfolgen zunächst die Instruktion und die Bitte um persönliche Angaben:

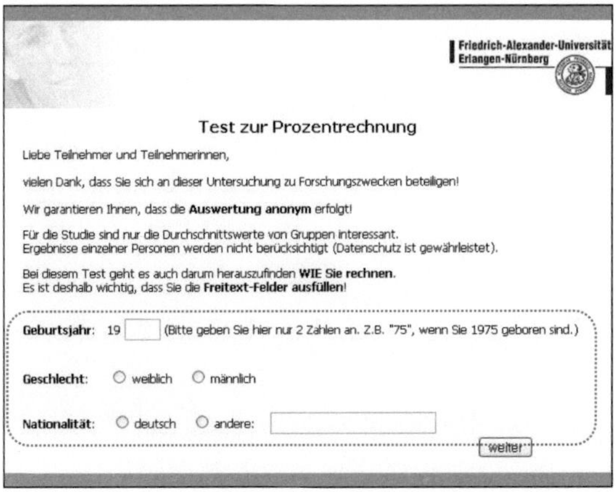

Abbildung 70. Einführung und Angaben zur Person im Test

Ein Ziel der empirischen Untersuchung ist die Kompetenz im Prozentrechnen bezüglich der Variablen Geburtsjahr, Geschlecht und Nationalität zu messen (vgl. Kapitel 3.1.3). Deshalb werden die Probanden an dieser Stelle gebeten, Angaben zu diesen Merkmalen zu machen.

3.4.2 Weitere Fragen zur Person

Mit Hilfe weiterer persönlicher Daten können die Teilnehmer nach der Durchführung des Tests in Gruppen zusammengefasst werden. Deshalb folgt auf der zweiten Seite des Tests die Frage nach dem Berufsstand und dem Schulabschluss (vgl. Abbildung 72). Die Angabe des Berufs ist für die spätere Einteilung in Berufskategorien von entscheidender Wichtigkeit. Die Frage „Welchen Beruf haben Sie?“ steht deshalb zuoberst.

Für die Einteilung wird zunächst nach einem geeigneten Anhaltspunkt bei der Auswahl bestimmter Berufsgruppen gesucht.[227] Die Einteilung der Berufsgruppen des statistischen Bundesamtes wirkt zur Einbindung in den Test zu theore-

[227] Da die Kompetenz im Prozentrechnen bei Erwachsenen abhängig von der Berufswahl sein könnte, ist es notwendig die Erwachsenen in unterschiedliche Berufsgruppen einzuteilen (vgl. Kapitel 3.1.4).

tisch. Hingegen scheint das Ergebnis einer wissenschaftlichen Studie des Allensbacher Instituts von 2005 geeigneter. Das Ergebnis präsentiert die angesehensten Berufsgruppen in Deutschland.[228] Sehr spezielle Berufsgruppen wie Atomphysiker, Botschafter und Fernsehmoderator sollen allerdings nicht beachtet werden, da sie zum einen schwer erreichbar und außerdem für die Messung der Kompetenz im Prozentrechnen nicht unbedingt von Interesse sind. Die gängigsten Berufsgruppen (in der folgenden Abbildung umrandet) werden aber für den Test übernommen. Die Teilnehmer sollen demnach diese Berufe auswählen können:

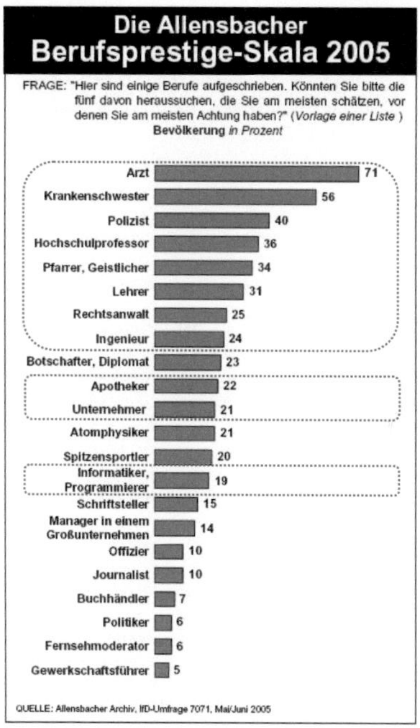

Abbildung 71. Allensbacher Berufsprestige-Skala 2005[229]

---

[228] Vgl. **o.V. 2005**

[229] Vgl. **o.V. 2005**

Gehört ein Erwachsener einer anderen als der aufgelisteten Berufsgruppe an, so sollte die Möglichkeit bestehen, in einem Freitextfeld im Test weitere Berufsgruppen (oder Spezifizierungen der genannten Berufsgruppen) angeben zu können. Durch dieses Vorgehen wird es möglich die teilnehmenden Erwachsenen einem bestimmten Beruf zuzuordnen.
Innerhalb der Allensbacher Berufe sind somit auch solche mit sozialem, technischem und kaufmännischem Hintergrund zu finden. Durch die inhaltliche Unterscheidung der Berufe lassen sich eventuell Rückschlüsse auf die unterschiedliche Betrachtung der Prozentrechnung in den Rahmenlehrplänen ziehen.

Anschließend geben die Teilnehmer den Schulabschluss an.
Schüler werden außerdem darum gebeten, Zusatzangaben zum Schultyp und zur Jahrgangsstufe zu machen. Studierende werden angehalten, Informationen zum Studiengang einzugeben. Einige gestalterische Details dienen der Motivationssteigerung der Probanden und der Benutzerfreundlichkeit. So wird auf den ersten beiden Seiten im Test aus Gründen der Benutzerfreundlichkeit ein Bild der Autorin links oben eingefügt. Usability-Tests haben ergeben, dass sich Internetnutzer bevorzugt auf Seiten aufhalten, die Menschen zeigen, als auf anderen Web-Sites (vgl. Abbildung 72).[230]

Um die Seriosität des Tests zu unterstreichen, wird auf jeder Seite das Logo der Universität eingeblendet (vgl. Abbildung 72 und 73).
Des Weiteren wird auf jeder Seite, die eine Aufgabe enthält, ein rechteckiger hellblauer Balken unterhalb des Uni-Logos eingefügt, der den Fortschritt der Testdurchführung anzeigt. Dieser ist je nach erreichter Seite in Abhängigkeit der gesamten Seitenanzahl dunkelblau eingefärbt (vgl. Abbildung 73).

---

[230] Dies ergaben Labortests mit Internetusern im Usability-Labor von Prof. Dr. Mario Fischer, Studiendekan der Fachhochschule Würzburg-Schweinfurt, Fakultät Wirtschaftsinformatik.

Abbildung 72. Weitere Angaben zur Person im Test

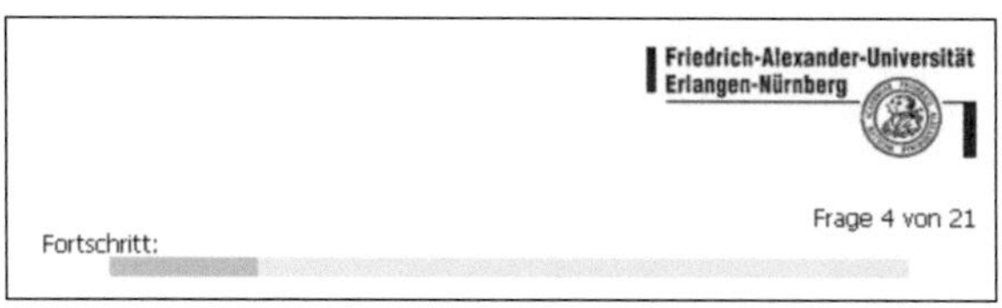

Abbildung 73. Fortschrittsbalken im Test

Mit Hilfe des Fortschrittsbalkens wird die Anzahl der Aufgaben transparent kommuniziert. Versuchspersonen sind so in der Lage, die Dauer des Tests abzuschätzen.

Da vermutet wird, dass Personen im Alltag häufig Berechnungen mit Hilfe des Taschenrechners lösen (vgl. Kapitel „2.7 Erkenntnisse der analytischen Betrachtung"), enthält jede Aufgabe im Test die Frage, ob ein Taschenrechner genutzt wurde.

3.4.3 Aufgaben im Test

Die Aufgaben werden im Folgenden nach inhaltlicher Zugehörigkeit erläutert.

3.4.3.1 Aufgaben zum Thema „Allgemeine Anforderungen"

Zuerst werden die im Aufgabenkatalog unter der Überschrift „Allgemeine Anforderungen" zusammengefassten Aufgaben (vgl. Tabelle 11) dargestellt:

Aufgaben-gruppe	Ziel der Aufgabe	Kürzel	Schwierig-keitsstufe
Allgemeine Anforderungen	Grundbegriffe zuordnen: Prozentwert, Prozentsatz, Grundwert (Aufgabe 16)	Grundbegriffe	Leicht
	Umgangssprachlichen Umgang mit Prozentrechnung richtig interpretieren (Aufgabe 1)	Verdreifachen	Mittel*
	Gemeine Brüche zu Prozentsätzen zuordnen (Aufgabe 2)	Brüche	Mittel
	Prozentrechnung auf „große" Zahlen anwenden (Aufgabe 13)	Große Zahlen	Mittel
	Kreisdiagramm interpretieren (Aufgabe 21)	Kreisdia-gramm	Schwer

Tabelle 12. Aufgaben zum Thema „Allgemeine Anforderungen"

Dazu gehören die Zuordnung der Grundbegriffe Prozentwert, Prozentsatz und Grundwert (Aufgabe 16), die richtige Interpretation des umgangssprachlichen Umgangs mit Prozentrechnung (Aufgabe 1), die Zuordnung gemeiner Brüche zu Prozentsätzen (Aufgabe 2), die Anwendung der Prozentrechnung auf „große Zahlen" (Aufgabe 13) und die Interpretation eines Kreisdiagramms (Aufgabe 21).

- ***Aufgabe 16 „Grundbegriffe"***

Prozentwert, Grundwert und Prozentsatz sind „didaktische" Begriffe, die vorrangig in der Schule angewendet werden. Das hat die Analyse des Themas Prozentrechnung im 2. Kapitel gezeigt. Es stellt sich die Frage, ob diese Begriffe im Alltag richtig verstanden, beziehungsweise angewendet werden.

Die vom Expertenteam als „Leicht“ eingestufte Aufgabe „Grundbegriffe“ wird deshalb eingefügt, um zu überprüfen, ob die Grundbegriffe richtig zugeordnet werden:

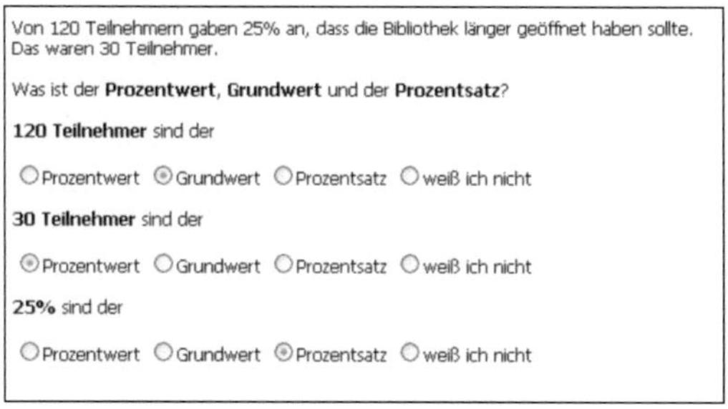
Von 120 Teilnehmern gaben 25% an, dass die Bibliothek länger geöffnet haben sollte. Das waren 30 Teilnehmer.

Was ist der **Prozentwert, Grundwert** und der **Prozentsatz**?

120 Teilnehmer sind der

○ Prozentwert ◉ Grundwert ○ Prozentsatz ○ weiß ich nicht

30 Teilnehmer sind der

◉ Prozentwert ○ Grundwert ○ Prozentsatz ○ weiß ich nicht

25% sind der

○ Prozentwert ○ Grundwert ◉ Prozentsatz ○ weiß ich nicht

Abbildung 74. Aufgabe 16 „Grundbegriffe“

- ***Aufgabe 1 „Verdreifachen“***

Die Aufgabe „Verdreifachen“ ist die erste Aufgabe im Test. Sie ist aus dem Jahrgangsstufentest 2003 übernommen. Dadurch kann ein Vergleich hergestellt werden, inwieweit die Probanden im vorliegenden Test im Gegensatz zu Schülern der 9. Jahrgangsstufe der Realschule abschneiden.[231] Diese Aufgabe wird aufgrund der Themenstellung in der Realschule in der mittleren Schwierigkeitsstufe eingeordnet:

---

[231] Vgl. Kapitel „4.2.1.2 Aufgabe 1 „Verdreifachen““ und vgl. **Jahrgangsstufentest Realschule 2003b**, S. 11

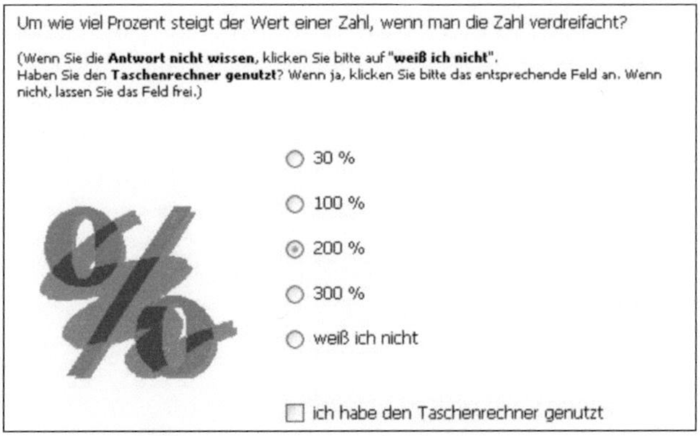

Abbildung 75. Aufgabe 1 „Verdreifachen"

- ***Aufgabe 2 „Brüche"***

Da die Einführung der Prozentrechnung in der Schule häufig über die Bruchrechnung stattfindet, steht bei der Aufgabe „Brüche" die Zuordnung von gemeinen Brüchen zu Prozentsätzen im Vordergrund.[232]

Folgende Brüche werden ausgewählt:

- Der Bruch $\frac{2}{5}$ wird in den Schulbüchern als ein Bruch bezeichnet, den man „auswendig wissen sollte".[233]
- Die richtige Zuordnung von 70 % zum Bruch $\frac{70}{100}$ und nicht zu $\frac{7}{100}$, wie im Lösungsvorschlag angegeben, lässt darauf schließen, dass die Probanden erkennen, dass es sich bei Prozentangaben um Brüche mit dem Nenner 100 handelt.
- Der Bruch $\frac{1}{20}$ erfordert die Umrechnung in Hundertstel, soweit die Probanden den Prozentsatz nicht auswendig wissen.

---

[232] Vgl. **Zech 1995**, S. 224-246 und **Zech 1996**

[233] Vgl. **Faktor 7 2000**

- Die Zuordnung von 50 % sollte zeigen, ob die Teilnehmer eine einfache und häufig vorkommende Prozentzahl im Alltag dem richtigen Bruch zuordnen können.

Da die Bruchrechnung unter anderem im Alltag eine geringe Rolle spielt, wird diese Aufgabe der mittleren Schwierigkeitsstufe zugeordnet:

Bitte beantworten Sie alle 4 Teilaufgaben!

Klicken Sie bitte die zutreffende Antwort (**"richtig" oder "falsch"**) an.

	richtig	falsch	weiß ich nicht	ich habe den Taschenrechner genutzt
$40\% = \frac{2}{5}$	◉	○	○	☐
$\frac{7}{100} = 70\%$	○	◉	○	☐
$\frac{1}{20} = 5\%$	◉	○	○	☐
$50\% = \frac{1}{50}$	○	◉	○	☐

Abbildung 76. Aufgabe 2 „Brüche"

- ***Aufgabe 13 „große Zahlen"***

Auch die Aufgabe „große Zahlen" fällt in die Kategorie „Allgemeine Anforderungen". Ebenso wie die Aufgaben „Verdreifachen" und „Brüche", wird diese Aufgabe der Schwierigkeitsstufe „Mittel" zugeordnet. Die Probanden können so zeigen, inwieweit sie in der Lage sind, die Prozentrechnung auf große Zahlen anzuwenden:

Wie viel ist **1% von 320 000 €**?

○ 32 000 €

◉ 3 200 €

○ 320 €

○ 32 €

○ weiß ich nicht

☐ ich habe den Taschenrechner genutzt

Abbildung 77. Aufgabe 13 „große Zahlen"

- ***Aufgabe 21 „Kreisdiagramm"***

Bei der Aufgabe „Kreisdiagramm" handelt es sich aufgrund der als hoch eingestuften Schwierigkeit um die letzte Aufgabe im Test. Sie ermittelt, ob die Teilnehmer ein Kreisdiagramm interpretieren können. Es handelt sich dabei um eine leicht abgeänderte Aufgabe aus dem Jahrgangsstufentest am Gymnasium 2005 für die 10. Jahrgangsstufe.[234] Auch aufgrund dieser Herkunft wird die Aufgabe der Schwierigkeitsstufe „Schwer" zugeordnet.

Es soll untersucht werden, ob im geplanten Test ebenso gute Ergebnisse bei der Interpretation des Kreisdiagramms erzielt werden, wie im Jahrgangsstufentest (81 % Erfolgsquote bei den Gymnasiasten):

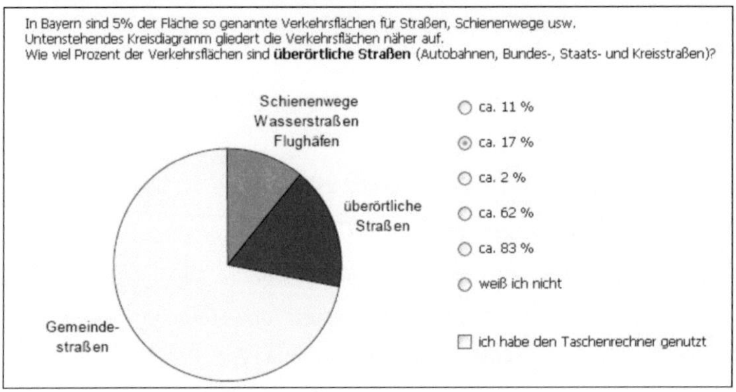

Abbildung 78. Aufgabe 21 „Kreisdiagramm"

3.4.3.2 Aufgaben zum Thema „Prozentwert berechnen"

Einen weiteren wesentlichen Teil der empirischen Untersuchung stellen vier Aufgaben zum Thema „Prozentwert berechnen":

---

[234] Vgl. **BMT10 2005**, S. 1

Aufgaben-gruppe	Ziel der Aufgabe	Kürzel	Schwierig-keitsstufe
Prozentwert berechnen	Prozentwert mit einfachen Zahlen berechnen (Aufgabe 4)	Prozentwert	Leicht
	Prozentwert mit anspruchsvollerer Aufgabenstellung berechnen (Aufgabe 6)	Digitalkamera	Mittel
	Prozentwert mit schwierigen Zahlen berechnen (Aufgabe 12)	Schwieriger Prozentwert	Mittel
	Prozentwert berechnen und Grundwert schätzen (Aufgabe 14)	Neufeld	Schwer

Tabelle 13. Aufgaben zum Thema „Prozentwert berechnen"

- ***Aufgabe 4 „Prozentwert"***

Inwieweit die Probanden einen Prozentwert mit einfachen Zahlen berechnen können, ermittelt die Aufgabe „Prozentwert".

Sie wird der leichten Schwierigkeitsstufe zugeordnet, da die Berechnung des Prozentwertes als „einfachste" Aufgabenstellung innerhalb der Grundaufgaben der Prozentrechnung gilt und sie einfache Zahlen zur Berechnung enthält:

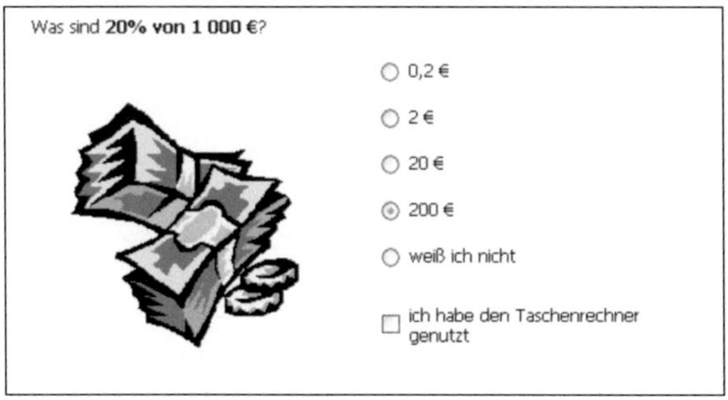

Abbildung 79. Aufgabe 4 „Prozentwert"

- ***Aufgabe 6 „Digitalkamera"***

Auch die Aufgabe „Digitalkamera" ermittelt, ob die Teilnehmer einen Prozentwert berechnen können.

Im Gegensatz zur Aufgabe 4, die nach dem Prozentwert mit einfachen Zahlen fragt („Was sind 20 % von 1000 €?"), soll in dieser Aufgabe der Prozentwert durch eine anspruchsvollere Aufgabenstellung ermittelt werden. Aufgrund dessen wird die Aufgabe in die Schwierigkeitsstufe „Mittel" eingestuft:

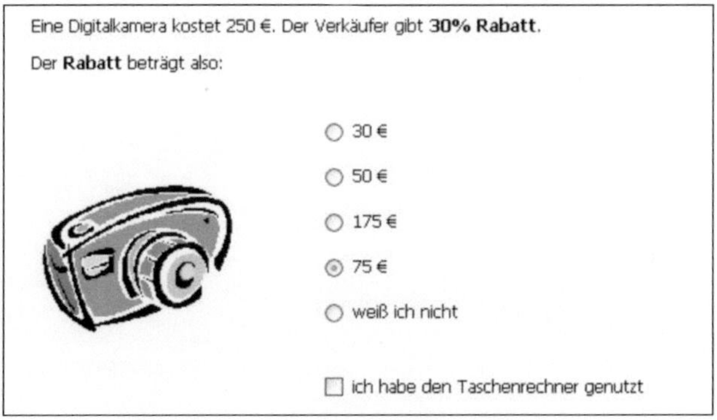

Abbildung 80. Aufgabe 6 „Digitalkamera“

- ***Aufgabe 12 „schwieriger Prozentwert“***

Zur Messung der Kompetenz im Prozentrechnen sollen die Teilnehmer auch zeigen, dass sie den Prozentwert mit schwierigen Zahlen berechnen können. Ähnlich wie die Aufgabe 6 „Digitalkamera“, entspricht die vorliegende Aufgabe nach Einschätzung der Experten der Schwierigkeitsstufe „Mittel“:

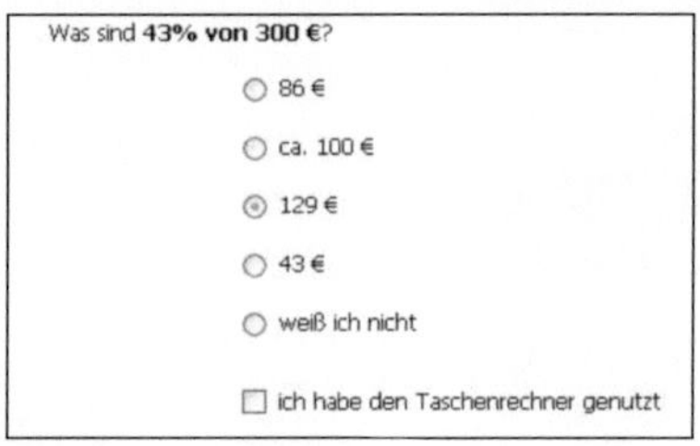

Abbildung 81. Aufgabe 12 „schwieriger Prozentwert“

- ***Aufgabe 14 „Neufeld“***

Die Aufgabe „Neufeld“ entspricht der Aufgabe K6 aus der TIMS-Studie[235]. Der inhaltliche Zusammenhang mit TIMSS lässt den Vergleich der Ergebnisse zu (vgl. Kapitel „4.2.2.4 Aufgabe 14 „Neufeld““). Im Gegensatz zu den bisher gestellten Aufgaben zum Themengebiet der Berechnung des Prozentwertes „Pro-

---

[235] Vgl. **Baumert et al. o.J.**, S. 82

zentwert", „Digitalkamera" und „Schwieriger Prozentwert", verlangt die Aufgabe „Neufeld" zwei Rechenschritte: Die Berechnung des Prozentwertes und daraufhin die Schätzung des neuen Grundwertes. Aufgrund dieser Mehrschrittigkeit wird sie der Schwierigkeitsstufe „Schwer" zugeordnet.[236]

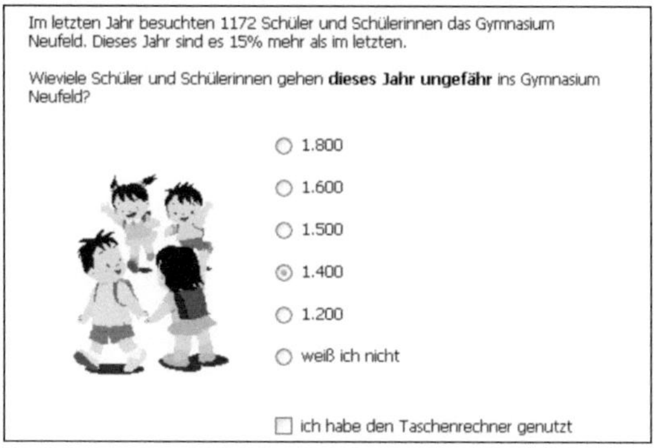

Abbildung 82. Aufgabe 14 „Neufeld"

3.4.3.3 Aufgaben zum Thema „Grundwert berechnen"

Zum Thema „Grundwert berechnen" werden insgesamt 5 Aufgaben integriert:

Aufgaben-gruppe	Ziel der Aufgabe	Kürzel	Schwierig-keitsstufe
Grundwert berechnen	Grundwert mit einfachen Zahlen berechnen (Aufgabe 19)	Lieferung	Leicht
	Erhöhten Grundwert berechnen (Aufgabe 5)	MP3-Player	Mittel
	Grundwert mit schwierigen Zahlen berechnen (Aufgabe 15)	Pakete	Schwer
	Vorgehen bei der Berechnung erhöhter und verminderter Grundwert (Aufgabe 17)	Skonto	Schwer
	Prozentwert und Grundwert berechnen (Aufgabe 20)	Wassertonne	Schwer

Tabelle 14. Aufgaben zum Thema „Grundwert berechnen"

236 Obwohl im TIMSS-Bericht die „Deutsche Lösungswahrscheinlichkeit" bei etwa 50% liegt, wird diese Aufgabe vom Expertenteam als „Schwer" eingestuft.

- ***Aufgabe 19 „Lieferung“***

Die Aufgabe „Lieferung“ ermittelt, ob Probanden einen Grundwert bei einfachen Zahlen berechnen können. Aufgrund der *einfachen* Zahlen, wird diese Aufgabe der Schwierigkeitsstufe „Leicht“ zugeordnet:

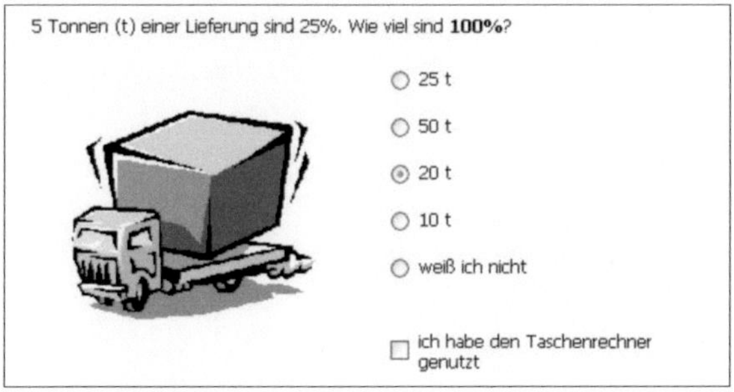

Abbildung 83. Aufgabe 19 „Lieferung“

- ***Aufgabe 5 „MP3-Player“***

In der Aufgabe „MP3-Player“ soll der erhöhte Grundwert berechnet werden. Im Unterschied zur vorigen Aufgabe „Lieferung“ sind bei dieser Aufgabe zwei Rechenschritte erforderlich: erstens die Berechnung des Prozentwertes und zweitens die Berechnung der Summe von Grundwert und Prozentwert. Aufgrund dessen wird die Aufgabe in die mittlere Schwierigkeitsstufe eingeordnet:

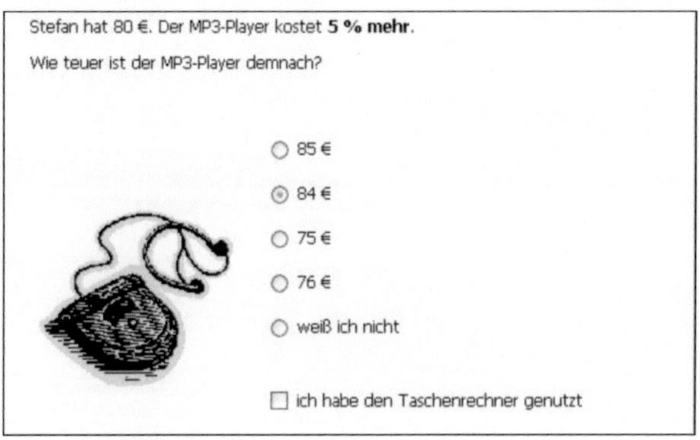

Abbildung 84. Aufgabe 5 „MP3-Player

- ***Aufgabe 15 „Pakete“***

Die Aufgabe „Pakete“ dient der Berechnung des Grundwertes mit schwierigen Zahlen. Sie ist aufgrund ihrer hohen Anforderung der Schwierigkeitsstufe „Schwer“ zugeordnet:

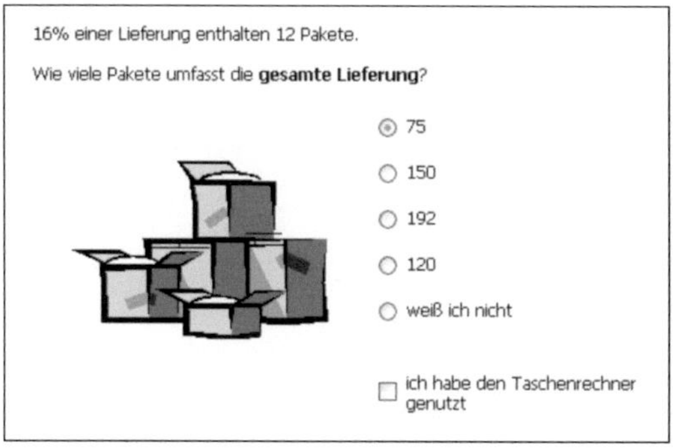

Abbildung 85. Aufgabe 15 „Pakete“

- ***Aufgabe 17 „Skonto“***

Die Aufgabe „Skonto“ fragt nach der richtigen Vorgehensweise für die Berechnung von erhöhtem und vermindertem Grundwert. Sie wird der Schwierigkeitsstufe „Schwer“ zugeordnet.

Die Distraktoren dieser Aufgabe geben Aufschluss über fehlerhafte Vorgehensweisen der Probanden:

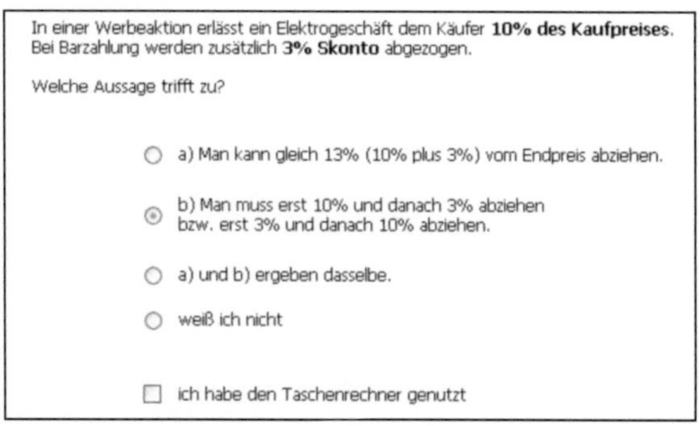

Abbildung 86. Aufgabe 17 „Skonto“

- ***Aufgabe 20 „Wassertonne“***

Bei der Aufgabe „Wassertonne“ handelt es sich ebenfalls um eine Aufgabe zur Berechnung des Grundwertes: Zunächst musste allerdings der Prozentwert und anschließend der Grundwert berechnet werden. Da hier mehrere Rechenschritte notwendig sind, um zum Ergebnis zu gelangen, wird diese Aufgabe ebenfalls der Schwierigkeitsstufe „Schwer“ zugeordnet:

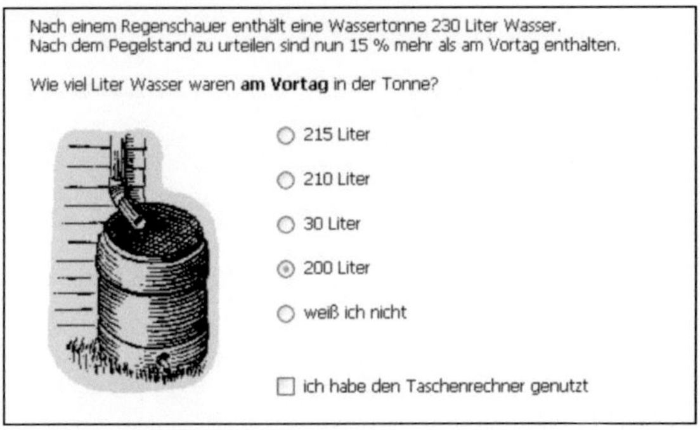

Abbildung 87. Aufgabe 20 „Wassertonne“

3.4.3.4 Aufgaben zum Thema „Prozentsatz berechnen“

Ein weiterer Aufgabenbereich im Test galt dem Thema „Prozentsatz berechnen“:

Aufgaben-gruppe	Ziel der Aufgabe	Kürzel	Schwierig-keitsstufe
	Richtigen Prozentsatz zu bestimmtem Bruch (1/3) auswählen (Aufgabe 3)	Ein Drittel	Leicht
	Prozentsatz mit einfachen Zahlen berechnen (Aufgabe 7)	Prozentsatz	Leicht
	Prozentsatz berechnen (Aufgabe 9)	Taschengeld	Leicht
Prozentsatz berechnen	Prozentsatz mit schwierigen Zahlen berechnen (Aufgabe 18)	Schwieriger Prozentsatz	Mittel
	Prozentsätze zu Dezimalbruch 0,03 zuordnen (Aufgabe 11)	Dezimalbruch	Mittel
	Prozentsatz bei erhöhtem Grundwert berechnen (Aufgabe 10)	Bohnen	Schwer

Tabelle 15. Aufgaben zum Thema „Prozentsatz berechnen“

- ***Aufgabe 3 „Ein Drittel“***

Die Aufgabe „Ein Drittel“ ist dabei in der Reihenfolge im Test die dritte Aufgabe. Sie ermittelt, ob die Probanden in der Lage sind, den richtigen Prozentsatz zu einem bestimmtem Bruch (1/3) auszuwählen.

Diese Aufgabe wird nach der Diskussion im Expertenteam der Schwierigkeitsstufe „Leicht“ zugeteilt:

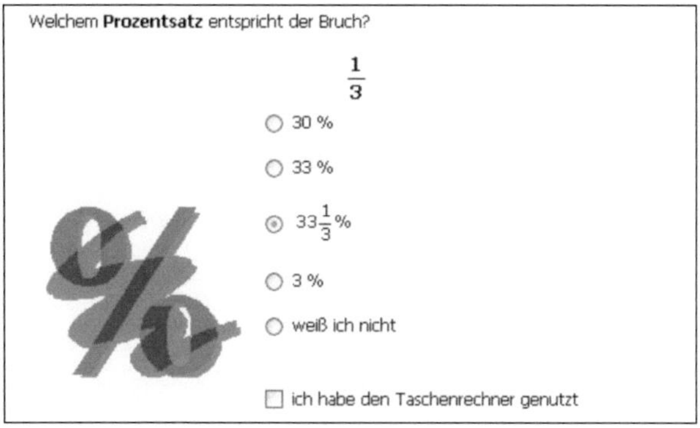

Abbildung 88. Aufgabe 3 „Ein Drittel“

- ***Aufgabe 7 „Prozentsatz“***

Die Aufgabe „Prozentsatz“ zeigt, ob die Probanden in der Lage sind, einen Prozentsatz mit einfachen Zahlen zu berechnen. Analog zur Aufgabe 4 „Prozentwert“, welche die Berechnung des *Prozentwertes* mit einfachen Zahlen verlangte, wird auch diese Aufgabe der Schwierigkeitsstufe „Leicht“ zugeordnet:

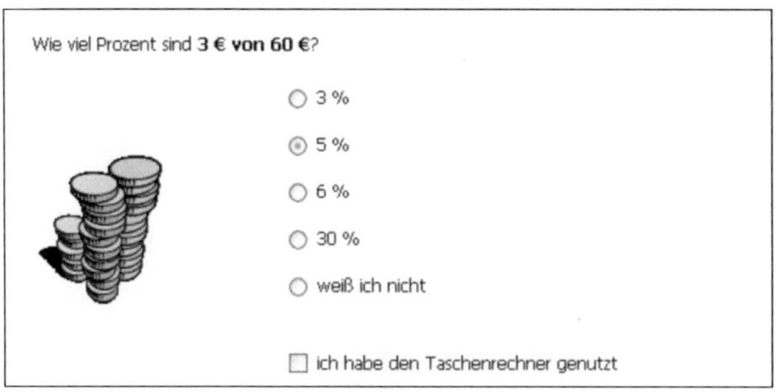

Abbildung 89. Aufgabe 7 „Prozentsatz“

- ***Aufgabe 9 „Taschengeld"***

In der Aufgabe „Taschengeld" sollen die Probanden den richtigen Prozentsatz zu einem bestimmtem Bruch (1/3) auswählen. Diese Aufgabe dient dazu, zu prüfen, ob die Probanden einen Prozentsatz bei gegebenem Grundwert berechnen können. Sie wird aufgrund der einfachen Aufgabenstellung, ebenso wie die beiden eben genannten Aufgaben, in der Schwierigkeitsstufe „Leicht" eingeordnet:

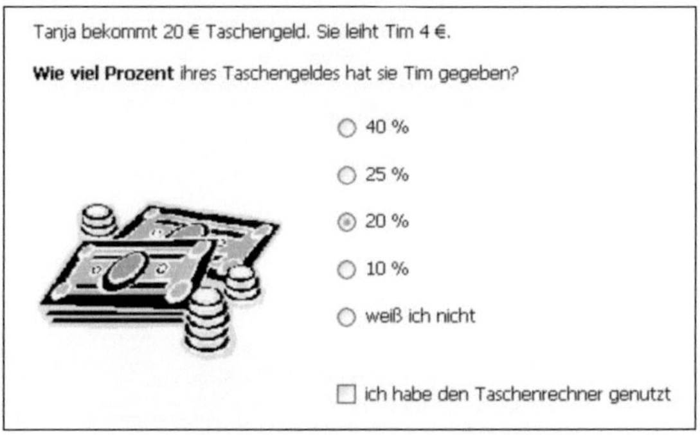

Abbildung 90. Aufgabe 9 „Taschengeld"

- ***Aufgabe 18 „schwieriger Prozentsatz"***

Die Aufgabe 18 ist die letzte Aufgabe zur Berechnung des Prozentsatzes im Test. Bei dieser Aufgabe soll der Prozentsatz mit schwierigen Zahlen berechnet werden. Durch dieses Anforderungsniveau ergibt sich für die Aufgabe die Schwierigkeitsstufe „Mittel":

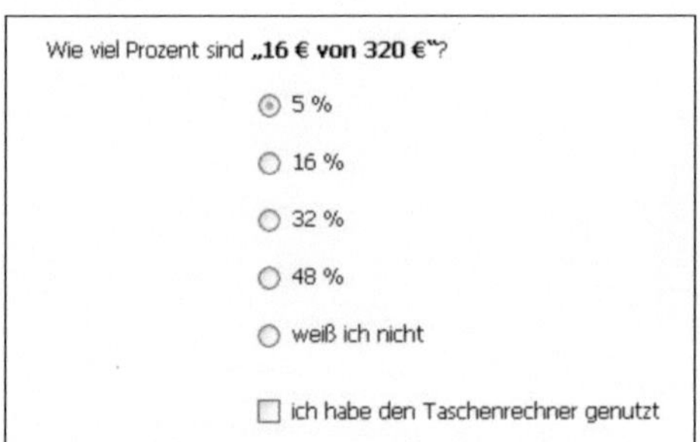

Abbildung 91. Aufgabe 18 „schwieriger Prozentsatz"

- ***Aufgabe 11 „Dezimalbruch"***

Bei dieser Aufgabe wird geprüft, ob die Teilnehmer Prozentsätze zu einem bestimmten Dezimalbruch zuordnen können. Aufgabe 3, 7 und 9 zur Berechnung des Prozentsatzes werden als „leichte" Aufgaben betrachtet. Die Aufgabe 18 und die vorliegende Aufgabe „Dezimalbruch" entsprechen nach Einschätzung des Expertenteams aufgrund der höheren Anforderung der Aufgabenstellung der Schwierigkeitsstufe „Mittel":

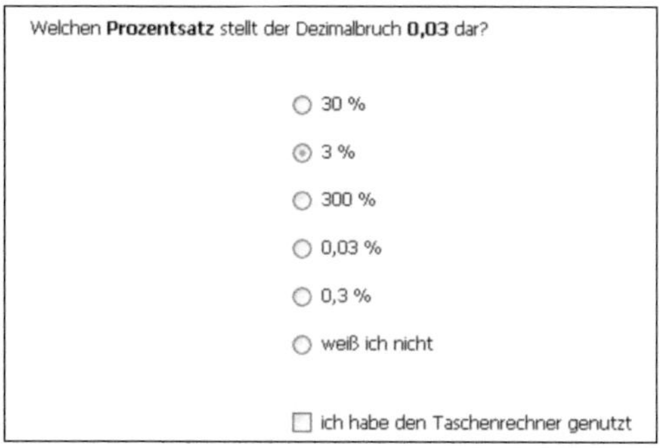

Abbildung 92. Aufgabe 11 „Dezimalbruch"

- ***Aufgabe 10 „Bohnen"***

Nach den drei „leichten" und zwei „mittleren" Aufgaben zur Berechnung des Prozentsatzes, wird die nächste Aufgabe aufgrund der hohen Anforderung – nämlich die Berechnung des Prozentsatzes bei erhöhtem Grundwert – der Schwierigkeitsstufe „Schwer" zugeordnet.

An dieser Stelle bietet es sich an, die Aufgabe „Bohnen" aus dem TIMS-Test zu übernehmen.[237] Die Angabe der „deutschen Lösungswahrscheinlichkeit" im TIMSS-Bericht rechtfertigt mit 32 %, die Zuordnung zur höchsten Schwierigkeitsstufe im vorliegenden Test.

Mit Hilfe dieser Aufgabenstellung wird es wiederum möglich, Vergleiche anzustellen, inwiefern sich im vorliegenden Test Unterschiede zu den Ergebnissen bei TIMSS ergeben (vgl. Kapitel „4.2.4.6 Aufgabe 10 „Bohnen""):

---

[237] Vgl. **Baumert et al. o.J.**, S. 90, Aufgabe 02

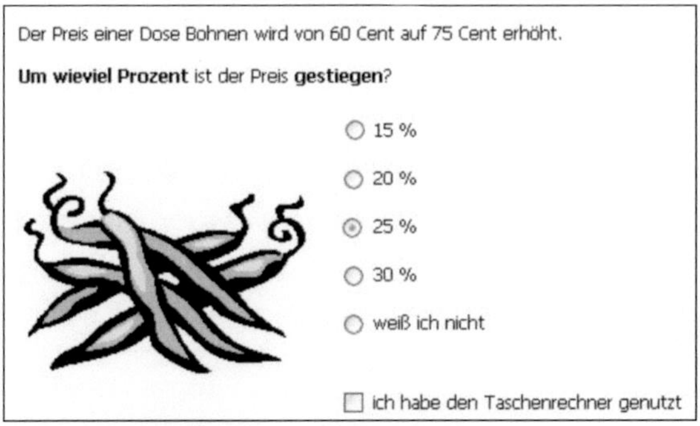

Abbildung 93. Aufgabe 10 „Bohnen“

3.4.3.5 Aufgaben zum Thema „Taschenrechner“

Es wird angenommen, dass der Taschenrechner bei der Prozentrechnung eine große Rolle spielt: Einerseits wird dessen Verwendung bereits in der Schule eingeführt (häufig zeitgleich mit der Einführung der Prozentrechnung), andererseits ist anzunehmen, dass im Alltag häufig per Taschenrechner gerechnet wird. Es wird deshalb eine Aufgabe eingefügt, die ermittelt, bei welchem Aufgabentyp der Taschenrechner genutzt wird.

- ***Aufgabe 8 „Taschenrechner“***

In dieser Aufgabe wird danach gefragt, bei welchen Aufgaben man zum Taschenrechner greifen würde. Es werden alle drei Grundaufgaben der Prozentrechnung mit der Aufteilung in einfache und schwierige Zahlen aufgelistet. Es werden infolgedessen sechs Aufgabentypen zur Auswahl angeboten (vgl. Abbildung 94).

Für Probanden, die nicht mit dem Taschenrechner rechnen würden, steht die letzte Option „bei keiner“ zur Verfügung. Mit dieser Aufgabe kann auch überprüft werden, ob die Taschenrechner-Nutzung mit den Angaben bei den einzelnen Aufgaben übereinstimmt. Ergebnisse hierzu sind im Kapitel „4.2.6 Nutzung des Taschenrechners“ nachzulesen.

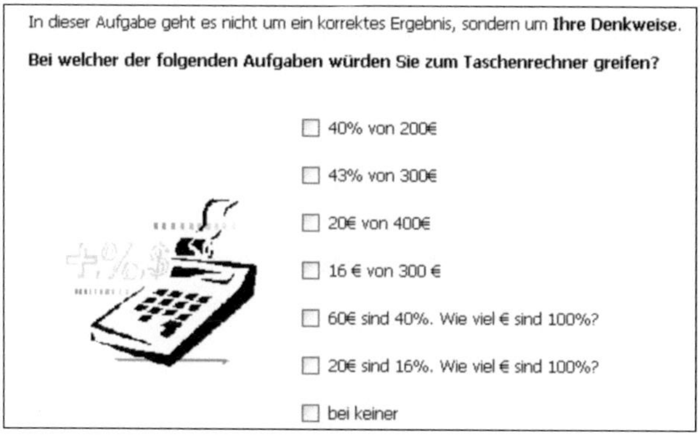

Abbildung 94. Aufgabe 8 „Taschenrechner"

Aufgrund der Aufgabenstellung ist bei dieser Aufgabe keine Einordnung in eine bestimmte Schwierigkeitsstufe erforderlich.

3.4.4 Abschlussfrage

Mit der abschließenden Frage, was die Teilnehmer von dem Test halten, werden etwaige Probleme der Probanden mit dem Test oder den Fragestellungen abgefragt. So ist es möglich, zeitnah auf Anfragen und Anregungen der Probanden zu reagieren. Zum anderen haben die Probanden hier auch die Möglichkeit sich frei zum Test zu äußern. Die Integration dieser Kommentarmöglichkeit drosselt die E-Mail-Flut bezüglich Fragen und Kommentaren von Probanden zum Test enorm.

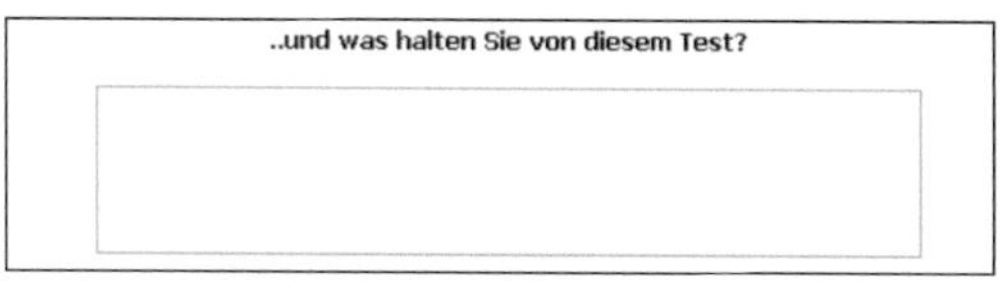

Abbildung 95. Abschlussfrage

Da bereits im Pretest festgestellt werden konnte, dass die Teilnehmer am Ergebnis interessiert sind, enthält der Test eine Auswertung, die sofort nach der Abschlussfrage erfolgt. Neben der Information, wie viele Punkte man erreicht hat, kann man auch sehen, wie viele Personen bereits teilgenommen haben, welchen Platz man dabei im Vergleich zu den anderen Teilnehmern erreicht hat und wie viele Teilnehmer noch mit derselben Punktzahl abgeschnitten haben.

Die Teilnehmer haben außerdem die Möglichkeit sich nochmals alle richtig und falsch gelösten Aufgaben anzeigen zu lassen:

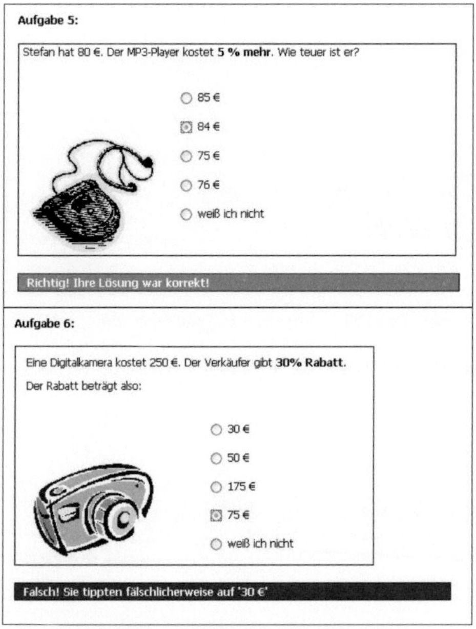

Abbildung 96. Auswertung der Aufgaben

Bei falsch gelösten Aufgaben ist auch ersichtlich, welche Antwort-Alternative richtig gewesen wäre.

3.5 Probleme bei der Durchführung der computergestützten Befragung

Da es sich bei der internetgestützten Befragung um eine – im Verhältnis zu anderen Befragungsmethoden – neue Möglichkeit der Befragung handelt, sollen die mit ihr verbundenen Probleme erläutert werden.

3.5.1 Problem 1: Freiwillige Teilnahme

Ein Argument gegen die Online-Befragung ist die Vermutung, dass nur solche Personen am Online-Test teilnehmen, die, salopp formuliert, „zu viel Zeit haben". Es handelt sich dabei um das Problem der freiwilligen Teilnahme. Dies ist

jedoch auch bei Befragungen, die nicht über den Computer oder das Internet durchgeführt werden, gegeben. Es ist davon auszugehen, dass nur mit monetären Anreizen für die Teilnehmer auch diejenigen Teilnehmergruppen erreicht werden können, die laut EHMKE zur „Risikogruppe“[238] gehören und sich höchstwahrscheinlich nicht freiwillig einem Test unterziehen.
Eine Studie hat ergeben, dass freiwillige Untersuchungsteilnehmer gegenüber Verweigerern bestimmte Merkmale aufweisen. Diese sind zum Beispiel bessere schulische Ausbildung in Form von besseren Notendurchschnitten und höhere Intelligenz.[239] Das könnte auch in der vorliegenden Online-Untersuchung zu überdurchschnittlich guten Ergebnissen führen. Bei der Auswertung der Ergebnisse sollte also bedacht werden, dass sich freiwillige Probanden systematisch von der Durchschnittsbevölkerung unterscheiden.[240]

3.5.2 Problem 2: Ansprache über das Internet

Man könnte nun vermuten, dass die Response-Rate bei direkter Ansprache der Probanden höher ist, als bei einer anonymen Ansprache über das Internet. Deshalb wird ein weiterer Pretest bei unterschiedlichen Berufsgruppen vor Ort durchgeführt. Der Ablauf und die wichtigsten Ergebnisse werden kurz skizziert:
Unter anderem wurde die Berufsgruppe der Polizisten befragt. In der Polizei-Dienststelle durfte die Versuchsleiterin zunächst nur den Empfangsraum betreten. Auf die Bitte hin, die Teilnehmer direkt sprechen zu dürfen, entgegnete man, dass dies nicht möglich sei. Man könne die Test-Fragebögen zurücklassen und zu einem späteren Zeitpunkt, beispielsweise nach Ablauf einiger Tage wieder abholen. Diese Aussage wiederholte sich auch bei anderen Berufsgruppen (zum Beispiel bei Rechtsanwälten und Ärzten). Grundsätzlich war es nicht möglich, zu den entsprechenden Berufsgruppen direkt durchzudringen und so zum Beispiel festzustellen, wie lange diese für den Test brauchen. Viele poten-

---

[238] Vgl. **Ehmke 2004**, S. 147

[239] Vgl. **Bortz et al. 2002**, S. 75

[240] **Bortz et al. 2002**, S. 75ff. und 405

tielle Teilnehmer, die direkt angesprochen werden, geben an, keine Zeit zu haben oder den Test zu erledigen, sobald sie dafür Zeit finden. Deshalb war es auch hier meist nicht möglich, den Testverlauf zu beobachten.
Bei den manuell durchgeführten Tests kam außerdem kein „Abbrecher-Fragebogen“ zurück. Es kann deshalb die Vermutung aufgestellt werden, dass auch bei der manuellen Durchführung nur solche Personen am Test teilnehmen oder den Test abgeben, die sich sicher in mathematischen Berechnungen fühlen. Aus diesem Grund kann in der Online-Befragung auch ein Vorteil gesehen werden: Es ist möglich, die Abbrecherquote innerhalb der Zielgruppe zu erkennen.
Um festzustellen, ob die Aufforderung zur Online-Befragung über Online-Medien (zum Beispiel über Foren und per E-Mail) zu anderen Ergebnissen führt (prozentual unterschiedliche Anzahl der Teilnehmergruppen, bessere Ergebnisse), werden einige Personen direkt angesprochen und gebeten den Fragebogen online zu absolvieren. Die so angesprochenen Teilnehmer können insofern aus den Ergebnissen ermittelt werden, da sie einen speziellen Code erhalten, den sie bei der Durchführung des Online-Tests angeben.
Das Ergebnis dieses Pretests mit direkter Ansprache der Probanden zeigt jedoch keinen Unterschied zu den online geworbenen Teilnehmern.
Insbesondere die persönlich angesprochenen Probanden der Kontrollgruppen scheinen sehr zögerlich und verweigern meist die Teilnahme. Interessant ist auch, dass die Mittelwerte der Kontrollgruppen „offline“ grundsätzlich über den Mittelwerten der in der Online-Untersuchung befragten Teilnehmer liegen. Die direkte Ansprache der Probanden führt offenbar dazu, dass sich Personen der „Risikogruppe“ noch stärker zurück nehmen. Dies bestärkt die Vermutung, dass gerade die anonyme Durchführung der Befragung über das Internet eine sinnvolle Alternative zur Befragung durch persönliche Ansprache darstellt.

3.5.3 Problem 3: Mehrfache Teilnahme einer Person

Ein weiteres Argument gegen Online-Umfragen ist, dass Mehrfachabstimmungen nur schwierig zu unterbinden sind. Möglicherweise nutzen einige Teilnehmer den Test zum „Üben“.

Persönliche Befragungen der Probanden, die den Test online durchgeführt haben, zeigen jedoch, dass diese offensichtlich keine Ambitionen haben, den Test ein weiteres Mal durchzuführen. Es stellt sich ganz im Gegenteil heraus, dass viele Teilnehmer „froh“ sind, den Test abgeschlossen zu haben. Einige geben an, dass der Test zu lange ist. Die Hälfte der Testaufgaben wäre ihnen lieber gewesen. Vermutlich wäre aber bei einem geringeren Umfang der Testaufgaben das Problem der Mehrfachabstimmung wiederum höher.[241] Es wird angenommen, dass durch den Umfang der Aufgaben und die damit verbundene längere Testdauer dazu führt, dass der Test nicht mehrfach durchgeführt wird. Demzufolge könnte bei kürzeren Online-Tests eine höhere Wahrscheinlichkeit zur Mehrfachabstimmung vermutet werden.

3.5.4 Problem 4: Teilnahme von Mathematikinteressierten

Ein weiterer Kritikpunkt an Online-Umfragen könnte sein: Nur wer Interesse an Mathematik oder an der Berechnung von Aufgaben zur Prozentrechnung hat, wird am vorliegenden Test teilnehmen. Dies gilt jedoch auch für schriftliche Befragungen, die nicht über das Internet durchgeführt werden. Es wird deshalb angenommen, dass sowohl in der schriftlichen Befragung „offline“ als auch in der Online-Befragung hauptsächlich Probanden mit Mathematik-Affinität den Test absolvieren. Auch das könnte womöglich zu einem erhöhten Durchschnittswert der erreichten Punktzahl führen.

Es handelt sich hierbei um ein Problem, das derzeit nicht lösbar scheint, denn es besteht keine Möglichkeit, Erwachsene zu einer Teilnahme zu verpflichten. Hier wären wiederum monetäre Anreize hilfreich, die aber aufgrund mangelnder finanzieller Mittel nicht zur Verfügung gestellt werden können.

---

[241] Die Rücklaufquote wird anhand der Teilnehmer gemessen, welche den Test bis zum Ende durchführen.

3.5.5 Problem 5: Falsche Angaben bei Online-Umfragen?

Das Argument, dass bei Umfragen im Internet häufiger falsche Angaben gemacht werden als in herkömmlichen Befragungen, kann sich nicht halten. BORTZ schreibt „Mutmaßungen darüber, dass Personen bei Online-Umfragen besonders häufig Falschangaben machen, haben sich in Vergleichsstudien nicht bestätigt.“[242]

Nach kritischer Abwägung scheint die internetgestützte Befragung mit anonymer Ansprache der Probanden ein sinnvolles Instrument für die geplante Untersuchung zu sein. Bei der Interpretation der Ergebnisse sollten allerdings die obigen Kritikpunkte beachtet werden.

3.6 Bereinigung der Datensätze

Im Vorfeld der Auswertung der Datensätze wird festgelegt, welche in das Ergebnis einfließen dürfen und welche nicht beachtet werden.

Bei der Anzahl der Versuchsteilnehmer müssen diejenigen, die den Test abbrechen und somit nicht beenden, heraus gefiltert werden. Pretests ergeben, dass die Abbrecher in zwei Gruppen kategorisiert werden können: „Interessierte“ und „echte Abbrecher“. „Interessierte“ sehen sich entweder nur die ersten Seiten an (Einstiegsseite und Fragen zur Person) oder wollen den Test interessehalber „durchklicken“, markieren dabei aber stets „weiß ich nicht“.[243] Sie beenden vermutlich aufgrund von Problemen bei der Berechnung oder Zeitmangel den Test nicht.

---

[242] Vgl. **Bortz et al. 2002**, S. 261

[243] Das Problem bei dieser Betrachtungsweise ist, dass im vorliegenden Fall nicht angenommen wird, dass ein Proband bei allen Fragen auf „weiß ich nicht“ klickt. Dieser Fall soll aber zugunsten der Testergebnisse angenommen werden.

„Echte Abbrecher“ hingegen absolvieren einige Testaufgaben, brechen aber dann dennoch den Test ab. Man kann vermuten, dass diesen Personen der Test „zu schwer“ ist.
Um das Testergebnis nicht zu verfälschen, werden die statistischen Tests zur Signifikanz im Anschluss ohne „Interessierte“ und „echte Abbrecher“ durchgeführt.

Die Teilnehmer am Test können durch deren Angaben zur Person bestimmten Gruppen zugeordnet werden. Ausnahmen sollen bei solchen Teilnehmern gemacht werden, die beispielsweise bei der Frage nach dem Beruf nicht den vorgegebenen Beruf, zum Beispiel „Rechtsanwalt“ ankreuzen, aber im Freitextfeld zum Beispiel „Anwalt für Mietrecht“ eintragen. Diese Probanden werden dann thematisch dennoch der Gruppe der Rechtsanwälte zugeordnet. Diese Vorgehensweise gilt auch für andere Gruppen im Test.
In die Gruppe der Schüler werden Teilnehmer aufgenommen, welche ausschließlich die Auswahl „ich bin Schülerin/Schüler“ anklicken.

4 Ergebnis der empirischen Untersuchung

An dem im Kapitel 3 vorgestellten Online-Test zur Prozentrechnung haben in der Zeit vom 15.11.2006 bis 26.04.2007 insgesamt 1763 Personen teilgenommen. Für die Auswertung der Daten und das Ergebnis sind nur solche Teilnehmer von Interesse, die den Test tatsächlich beendet haben. Deshalb fallen insgesamt 578 Datensätze (beziehungsweise Teilnehmer) zugunsten der Testergebnisse weg. Daraus ergibt sich für die etwa 5-monatige Testdauer eine Teilnehmerzahl von 1185.[244]
Es werden nun die Ergebnisse der Fragestellungen aus Kapitel 3.1 erläutert. Danach erfolgt die Prüfung der Testgütekriterien.

4.1 Prüfung der Repräsentativität

Es soll überprüft werden, ob die Ergebnisdaten hinreichend repräsentativ sind. Das ermöglicht eine Aussage darüber, ob das hier entworfene Messinstrument überhaupt zum Einsatz bei einer empirischen Untersuchung taugt. Offenbar ist die fehlende Repräsentativität eine Schwäche bei Online-Befragung (vgl. Abbildung 97).

Die Repräsentativität stellt zwar bei einer Grundlagenstudie, wie sie hier vorliegt und in der explorativ vorgegangen wird, kein unbedingtes Gütekriterium dar, wird aber dennoch häufig als solches angesetzt. Deshalb soll die Repräsentativität hier diskutiert werden.[245]

---

[244] Die Abbrecher setzen sich aus 377 „Interessierten“, und 201 „echten Abbrechern“ zusammen. Die Zusammensetzung dieser Gruppen wird im Kapitel „3.6 Bereinigung der Datensätze“ erläutert.

[245] Vgl. **Lütters 2004**, S. 128

Abbildung 3-16: Stärken und Schwächen verschiedener Kommunikationsformen bei Befragungen

	Persönliche / mündliche Befragung	Schriftliche Befragung	Telefonische Befragung	Online-Befragung
Repräsentanz	+	-	+	-
Qualität der Daten	+	o	o	+
Aufwand	-	+	o	+
Untersuchungsdauer	-	-	+	+

Abbildung 97. Stärken und Schwächen verschiedener Befragungsformen[246]

4.1.1 Erreichbarkeit der Bevölkerung

Es ist anzunehmen, dass die vorliegende Online-Befragung, wie auch andere Befragungen über das Internet, nicht repräsentativ für die deutsche Gesamtbevölkerung ist, da die Voraussetzungen hierfür noch nicht gegeben sind: das Internet ist nicht für jeden Bürger gleichermaßen verfügbar.[247] So lag die Erreichbarkeit der Bevölkerung bei Internetumfragen beispielsweise im Jahr 2006 nur bei etwa 67 %. Nicht jeder Bürger hat Zugang zum Web und kommt damit als Teilnehmer in Frage. „Insbesondere ältere potenzielle Auskunftspersonen und Angehörige niedriger sozialer Schichten sind mit Online-Befragungen schlecht erreichbar und wären deswegen eher unterrepräsentiert.“[248]

Ob dies auch vorliegend der Fall ist, soll die Verteilung soziodemografischer Merkmale im folgenden Kapitel zeigen.

[246] Vgl. **Kuß 2007**, S. 119

[247] Vgl. **Kuß 2007**, S. 117

[248] **Kuß 2007**, S. 117

4.1.2 Repräsentativität im Hinblick auf die Verteilung soziodemografischer Merkmale

Unter Repräsentativität versteht man die weitgehend prozentuale Übereinstimmung der soziodemografischen Merkmale der Teilnehmer mit denen der Gesamtbevölkerung.[249] Obwohl dies bei Online-Befragungen aufgrund der Erreichbarkeit derzeit nicht erlangt werden kann, soll geprüft werden, ob die Verteilung der Merkmale möglicherweise „zufällig" erreicht wurde.

Dazu wird die Verteilung unterschiedlicher Parameter wie Alter, Geschlecht, Nationalität und Schulbildung im Test mit Daten des statistischen Bundesamtes verglichen.

Bei der Betrachtung der **Altersgruppen** zeigt sich, dass die Verteilung hier unterschiedlich ist. Im Internet sind vermehrt junge und weniger ältere Personengruppen vertreten:

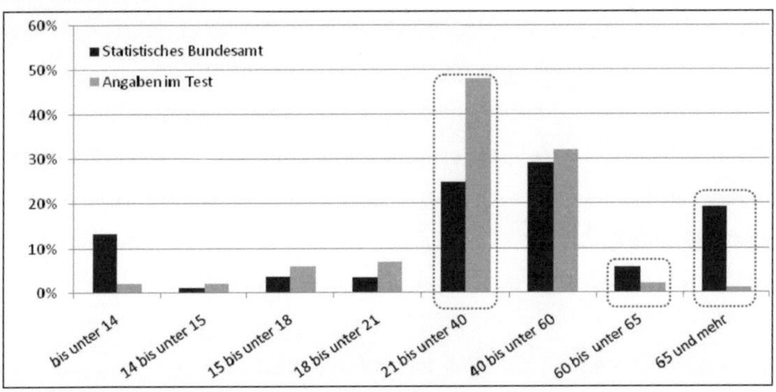

Abbildung 98. Verteilung der Probanden nach Alter[250]

Aus der Abbildung geht hervor, dass fast doppelt so viele junge Erwachsene am Test teilgenommen haben. Dagegen gaben nur etwa 3 % der Probanden

---

[249] Vgl. **Brosius et al. 2005**, S. 127

[250] Vgl. **Statistisches Bundesamt 2007**, S. 42

an, älter als 60 Jahre zu sein, obwohl diese ein Viertel der Bevölkerung ausmachen.

Untersucht man die Verteilung bezüglich des **Geschlechts** in der vorliegenden Untersuchung, so stellt man fest, dass etwa 63 % der Probanden männlich und nur etwa 27 % weiblich sind. Das statistische Bundesamt verzeichnet dagegen im Jahr 2007 in der deutschen Bevölkerung etwa 49 % männliche und 51 % weibliche Personen[251]:

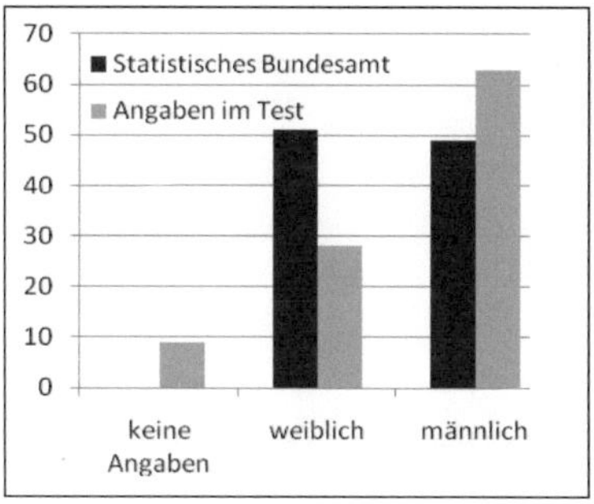

Abbildung 99. **Verteilung der Probanden nach Geschlecht**[252]

Eine Erklärung hierfür könnte sein, dass aufgrund der berufsspezifischen Befragung im vorliegenden Fall mehr Männer als Frauen am Test teilgenommen haben.

Außerdem gaben etwa 6 % der Probanden beim Test an, eine „andere" als die deutsche **Nationalität** zu haben. Die ausländische Bevölkerung beträgt laut statistischem Bundesamt in Deutschland 8,8 %.[253] Die Zahlen im vorliegenden Test und die vom statistischen Bundesamt stimmen in diesem Fall somit in etwa überein.

---

[251] Vgl. **Statistisches Bundesamt 2008a**

[252] Im Diagramm werden folgende Abkürzungen verwendet: k.A.: keine Angabe; w: weiblich; m: männlich;

[253] Vgl. **Statistisches Bundesamt 2008b**

Die Verteilung der Probanden hinsichtlich des **Schulabschlusses** fällt sehr unterschiedlich aus. Die folgende Tabelle und die zugehörige Abbildung zeigen die (prozentualen) Angaben des statistischen Bundesamtes von 2006 hinsichtlich des Bildungsstandes der Bevölkerung Deutschlands und die Häufigkeit der Merkmalsverteilung bezüglich der Bildung der Probanden im vorliegenden Test:

	k. A.	**Hauptschule**	**Mittlere Reife**	**Abitur**	**FOS**	**FH**	**Uni**	**Ohne Abschluss**
Statistisches Bundesamt 2006	1 %	41 %	21 %	23 %	6 %	4 %	7%	31 %
Angaben im Test	20 %	5%	15 %	19 %	6 %	11 %	20 %	2 %

Tabelle 16. Daten zum Bildungsstand vom statistischen Bundesamt im Vergleich zu Daten im Test[254]

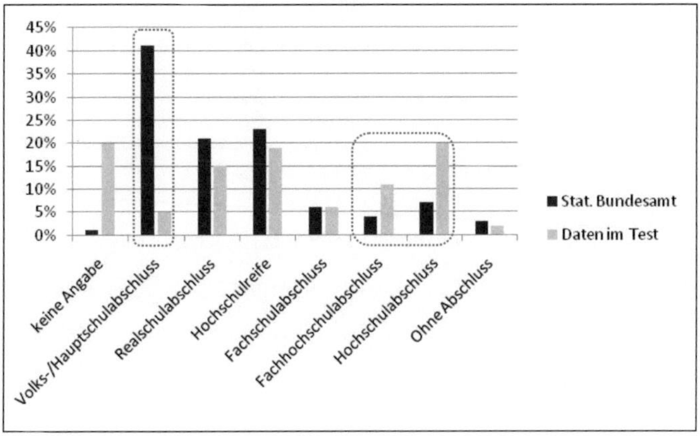

Abbildung 100. Daten zum Bildungsstand vom statistischen Bundesamt im Vergleich zu Daten im Test

Man kann feststellen, dass im Test auffallend wenig Probanden mit Hauptschulabschluss teilgenommen haben. Dagegen sind Testpersonen mit Fachhochschulabschluss und Hochschulabschluss sehr stark vertreten. Damit bestätigt sich auch die Vermutung, dass über die Online-Befragung vermehrt Personen aus höheren sozialen Schichten teilnehmen (vgl. Kapitel „4.1.1 Erreichbarkeit der Bevölkerung“).

---

[254] Vgl. **Statistisches Bundesamt 2008c**

Es kann also festgehalten werden, dass auch „zufällig" keine ähnliche Verteilung soziodemografischer Merkmale im Test und in der Gesamtbevölkerung erreicht wurde.
Repräsentativität als Verständnis einer weitgehend prozentualen Übereinstimmung der soziodemografischen Merkmale der Teilnehmer mit denen der Gesamtbevölkerung ist deshalb nicht gegeben.

4.1.3 Repräsentativität im Hinblick auf die Verteilung der Berufsgruppen

„Repräsentativität kann bei Online-Befragungen in der Regel nur hinsichtlich der Internetnutzer insgesamt oder spezieller Gruppen von Internetnutzern beziehungsweise der Nutzer bestimmter Websites als Zielgruppe der Untersuchung erreicht werden."[255] Die Ergebnisse der vorliegenden Arbeit könnten somit dennoch repräsentativ im Sinne der Zielgruppe sein.
Eine Möglichkeit die Repräsentativität für die Zielgruppen zu überprüfen, wird darin gesehen, die erfassten Erwachsenen in ihren Berufsgruppen mit dem prozentualen Anteil dieser Gruppen in der Gesamtbevölkerung Deutschlands laut statistischem Bundesamt abzugleichen. Ist die Verteilung der Berufe im Test ähnlich der Verteilung in der Bevölkerung, spräche dies für die Repräsentativität des Tests im Hinblick auf die Verteilung der Berufsgruppen. Eine völlig unterschiedliche Verteilung spräche dagegen.

4.1.3.1 Verteilung der Berufsgruppen

Bei der Überprüfung der Verteilung der Berufsgruppen im Test kann man feststellen, dass die Angaben vom statistischen Bundesamt aus dem Jahr 2006 und die im Test ermittelten Angaben eine Übereinstimmung erkennen lassen:

---

[255] **o.V. 2001**, S. 2

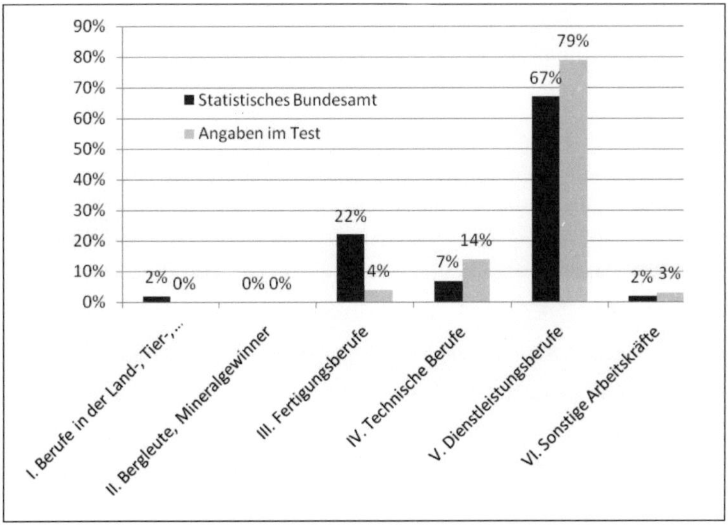

Abbildung 101. Verteilung der Berufe im Vergleich zur Gesamtbevölkerung

Angehörige der Berufskategorien I., II. und VI. sind sowohl im Test als auch beim Statistischen Bundesamt selten. Die Berufskategorien III., IV. und V. werden dagegen häufiger erfasst.

Bei näherer Betrachtung ist zu erkennen, dass vor allem der Anteil der Probanden mit Fertigungsberufen im vorliegenden Fall geringer ist als in der Bevölkerung Deutschlands. Technische Berufe und Dienstleistungsberufe sind in der Untersuchung etwas stärker vertreten als in der gesamtdeutschen Betrachtung. Es ist anzunehmen, dass die unterschiedliche Verteilung bei den Berufsgruppen III., IV. und V. womöglich aus den expliziten Befragungen bestimmter Berufsgruppen aus diesen Bereichen resultiert (Anlehnung an die Studie der Allensbacher Prestige-Skala, vgl. Kapitel „3.2.1 Kompetenzmodell für die vorliegende Arbeit"). So werden zum Beispiel aus Fertigungsberufen kaum Personen per E-Mail angeschrieben oder in Foren aufgefordert am Test teilzunehmen. Ärzteforen, Rechtsanwaltsforen und Polizeiforen (Berufe aus dem Dienstleistungssektor) haben dagegen sowohl häufig auf den Test verlinkt als auch vermehrt an der Umfrage teilgenommen. Eine verstärkte Nachfrage in Berufsgruppen der Fertigungsbranche hätte womöglich auch dort zu einer erhöhten Teilnahme geführt.

Das Ergebnis der Verteilung der Berufe unterstreicht damit das Argument, dass Internetumfragen zwar im Allgemeinen nicht repräsentativ für die Gesamtbevölkerung sind, es aber dennoch möglich ist, durch gezielte Befragung der Zielgruppe eine realistische Aussage für eben diese Zielgruppe zu treffen.[256]

4.1.3.2 Rücklaufquote

Die Höhe der Rücklaufquote ist ein wichtiges Kriterium zur Überprüfung der Repräsentativität.[257] Sie kann bei der vorliegenden internetgestützten Untersuchung jedoch nicht ermittelt werden, da die potentiellen Probanden nicht direkt angesprochen werden. Da der Test online ohne Zugangsbeschränkung zur Verfügung steht, kann prinzipiell jeder, der Zugang zum Internet hat, daran teilnehmen. Es soll dennoch gezeigt werden, wie sich die Abbrecher- und Bearbeitungsquote verhält.

Über die Suchmaschine Google ist der Test mit den Suchbegriffen „test prozentrechnung“ von etwa 80.000 Suchergebnissen an erster Stelle zu finden[258]:

---

[256] Die gezielte Befragung ist wie im vorliegenden Fall zum Beispiel durch die Aufforderung bestimmter Personengruppen oder Betreiber zielgruppenorientierter Websites per E-Mail oder den Eintrag in berufsspezifischen Foren möglich.

[257] Vgl. **Brosius et al. 2005**, S. 115

[258] Google hat derzeit in Deutschland einen geschätzten Marktanteil von über 90%. Ergebnisse anderer Suchmaschinen werden deshalb vernachlässigt. Vgl. **Behme 2006**; Die Suchbegriffe „prozent“ oder „prozentrechnung“ sind jeweils zu allgemein um als Ein-Wort-Suchabfrage eine Position unter den ersten 10 Suchtreffern der Suchmaschine Google zu erreichen. Dies zeigt die Trefferzahl von ca. 215.000 bei dem Suchwort „prozentrechnung“ und über 650 Millionen bei dem Wort „test“. Deshalb werden die Begriffe für die Suchabfrage kombiniert.

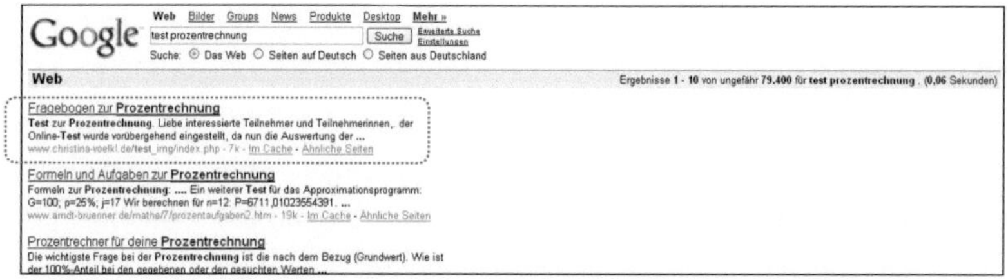

Abbildung 102. Suche auf Google nach den Suchbegriffen „test prozentrechnung“

Ein großer Teil der Probanden gelangte über Suchmaschinen auf den Test. Außerdem wurde ein Software-Programm eingesetzt, das ermittelte, von welchen weiteren Websites die Besucher zum Test fanden.[259] Über 600 Probanden kamen demzufolge von der Seite unterrichtsmaterial-schule.de:

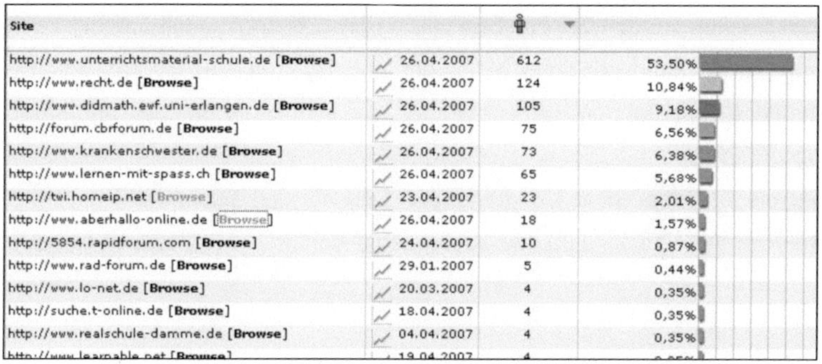

Site			
http://www.unterrichtsmaterial-schule.de [Browse]	26.04.2007	612	53,50%
http://www.recht.de [Browse]	26.04.2007	124	10,84%
http://www.didmath.ewf.uni-erlangen.de [Browse]	26.04.2007	105	9,18%
http://forum.cbrforum.de [Browse]	26.04.2007	75	6,56%
http://www.krankenschwester.de [Browse]	26.04.2007	73	6,38%
http://www.lernen-mit-spass.ch [Browse]	26.04.2007	65	5,68%
http://twi.homeip.net [Browse]	23.04.2007	23	2,01%
http://www.aberhallo-online.de [Browse]	26.04.2007	18	1,57%
http://5854.rapidforum.com [Browse]	24.04.2007	10	0,87%
http://www.rad-forum.de [Browse]	29.01.2007	5	0,44%
http://www.lo-net.de [Browse]	20.03.2007	4	0,35%
http://suche.t-online.de [Browse]	18.04.2007	4	0,35%
http://www.realschule-damme.de [Browse]	04.04.2007	4	0,35%

Abbildung 103. Online-Herkunft der Probanden (Quelle: etracker)

Die zweite Spalte der Abbildung zeigt jeweils das Datum des letzten Zugriffs von der Website aus der ersten Spalte. In der dritten Spalte sieht man die Anzahl der Besucher bis zum letzten Tag der Testdurchführung. Von der Website unterrichtmaterial-schule.de sind im Testzeitraum zum Beispiel 612 Teilnehmer verzeichnet. Weitere Teilnehmer am Test kamen von der Website recht.de, der Webseite des Lehrstuhls Didaktik der Mathematik, www.krankenschwester.de und weiteren. Die oben aufgelisteten Websites haben nach Aufforderung und

[259] Mit Hilfe der Software „etracker“ kann für die meisten User die Online-Herkunft ermittelt werden.

Bitte der Autorin jeweils einen Link auf den Test zur Prozentrechnung in ihre Webseite integriert. Von „unterrichtsmaterial-schule.de“ gelangte man beispielsweise über den Link „Test zur Prozentrechnung“ auf den Test-Fragebogen. Die Formulierung dieses Linkhinweises wurde den Betreibern der Webseiten per E-Mail vorgeschlagen und von diesen übernommen. Der Kommentar „Sehr gute Testfragen“ ist von den Seitenbetreibern frei verfasst:

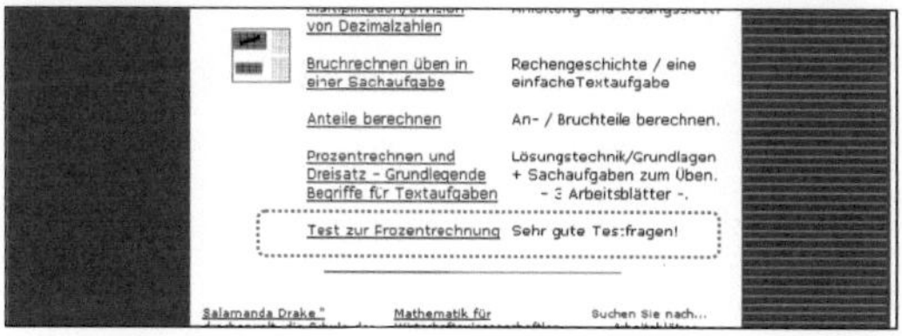

Abbildung 104. Link auf den Test von der Seite unterrichtsmaterial-schule.de

Nach den Ergebnissen aus der Datenbank zu urteilen, welche die Teilnehmer erfasst, kann von einer etwa 30-prozentigen Abbrecherquote beziehungsweise einer knapp 70-prozentigen Bearbeitungsquote ausgegangen werden.[260]

4.2 Ergebnisse der Aufgaben im Einzelnen

Im Folgenden wird die Lösungsquote der Aufgaben aus dem empirischen Test dargestellt. Dabei wird nochmals Ziel und Schwierigkeitsgrad jeder Aufgabenstellung kurz erläutert. Da einige Aufgaben anderen Tests entnommen wurden (TIMSS, Jahrgangsstufentests), an denen ausschließlich Schüler beteiligt waren, soll bei solchen Aufgaben ein Vergleich der Ergebnisse angestellt werden. Soweit Auffälligkeiten in den Lösungsquoten zwischen Schülern und Erwachsenen bei einer Aufgabe ersichtlich sind, sollen auch diese herausgestellt werden. Die folgende Grafik gibt zunächst einen Überblick über die Lösungsquoten aller Aufgaben. Auf der Abszisse sind die Kürzel der einzelnen Aufgaben abgetra-

[260]Die ursprüngliche Teilnehmerzahl betrug 1763. Durch Bereinigungen der Datensätze ergab sich eine neue Teilnehmerzahl von 1185. Das ergibt eine Bearbeitungsquote von etwa 67,21%.

gen. Die beiden Aufgaben mit mehreren Teilaufgaben werden jeweils farbig abgesetzt:

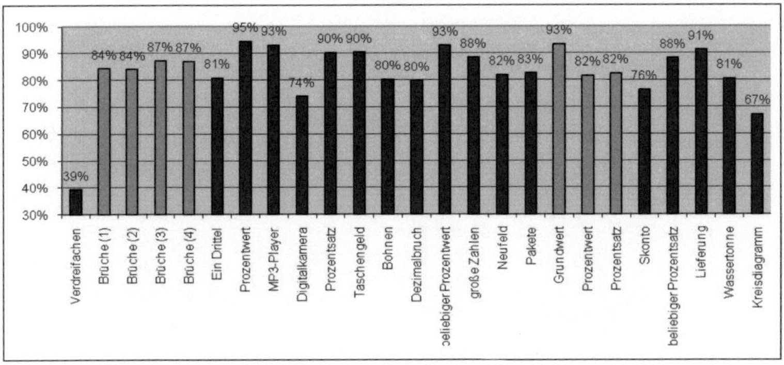

Abbildung 105. Lösungsquoten der Aufgaben

Die Abbildung zeigt, dass insgesamt recht gute Lösungsquoten erreicht wurden. Dies bestätigt die anfängliche Vermutung, dass vermehrt Personen mit Mathematik-Affinität am Test teilgenommen haben (vgl. Kapitel „1.1 Motivation und Zielsetzung“).

Es ist außerdem ersichtlich, dass vor allem Aufgabe 1 „Verdreifachen“ und die letzte Aufgabe „Kreisdiagramm“ auffallend schlecht beantwortet wurden.

Die Ergebnisse werden nun für jede einzelne Aufgabe in thematischer Reihenfolge analysiert. Dabei wird pro Aufgabe jeweils eine Grafik dargestellt, die einen grünen, einen roten und einen gelben Balken zeigt. Der grüne Balken steht jeweils für die prozentual richtigen Antworten (immer links in einer Grafik), der rote Balken (immer zwischen zwei Balken) für die prozentual falschen Antworten und der gelbe Balken (immer rechts in einer Grafik) für Antworten, bei denen weder richtig noch falsch geantwortet wurde (Vgl. Abbildung 107). Eine weder richtig noch falsche Antwort ist zum Beispiel die Auswahl „ich weiß nicht“ oder wenn sich ein Teilnehmer entscheidet nicht zu antworten.[261]

[261] Das ist möglich, wenn nur die Angabe zur Nutzung des Taschenrechners angeklickt wird.

4.2.1 Aufgaben zum Thema „Allgemeine Anforderungen“

4.2.1.1 Aufgabe 16 „Grundbegriffe“

Die richtige Zuordnung der Grundbegriffe der Prozentrechnung wird innerhalb der drei Schwierigkeitskategorien als „Leicht“ eingestuft. Während etwa 93 % der Probanden wissen, was unter einem Grundwert zu verstehen ist, scheint die Einordnung der Grundbegriffe Prozentwert und Prozentsatz den Probanden nicht ganz so leicht zu fallen.

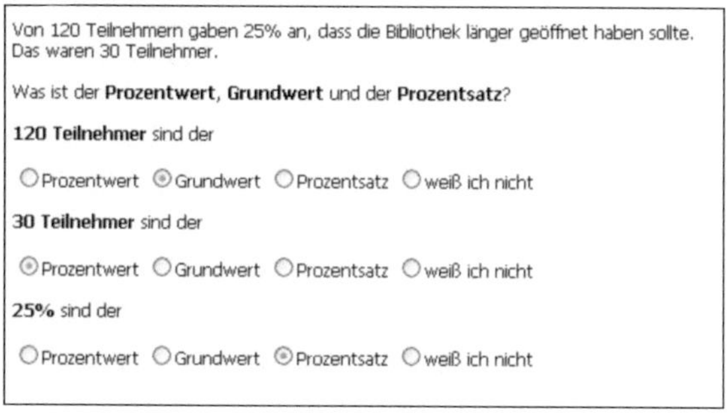

Von 120 Teilnehmern gaben 25% an, dass die Bibliothek länger geöffnet haben sollte. Das waren 30 Teilnehmer.

Was ist der **Prozentwert**, **Grundwert** und der **Prozentsatz**?

120 Teilnehmer sind der

○ Prozentwert ◉ Grundwert ○ Prozentsatz ○ weiß ich nicht

30 Teilnehmer sind der

◉ Prozentwert ○ Grundwert ○ Prozentsatz ○ weiß ich nicht

25% sind der

○ Prozentwert ○ Grundwert ◉ Prozentsatz ○ weiß ich nicht

Abbildung 106. Aufgabe „Grundbegriffe“

Die nachfolgenden Abbildungen zeigen die Lösungsquoten für die Teilaufgaben in der Reihenfolge der Aufgabenstellung an:

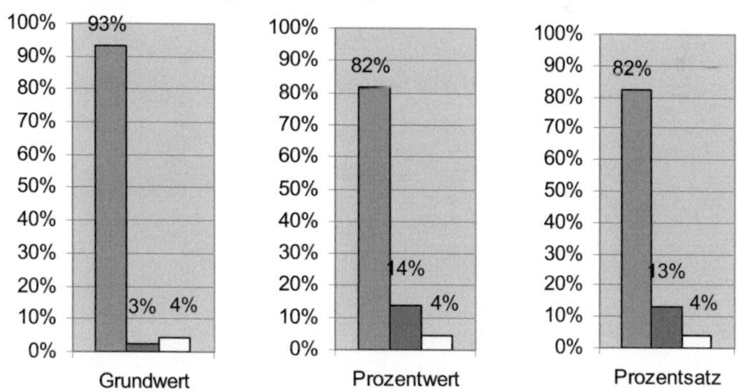

Abbildung 107. Lösungshäufigkeit der Teilaufgaben der Aufgabe „Grundbegriffe“

Die nähere Betrachtung einzelner Datensätze zeigt, dass die Begriffe Prozentwert und Prozentsatz bei den Teilnehmern, welche die Aufgabe falsch lösen, in den meisten Fällen vertauscht werden. Das zeigen auch die Lösungsverteilungen für Schüler (blau, jeweils linker Balken) und Erwachsene (grün, jeweils rechter Balken) der folgenden Abbildungen:

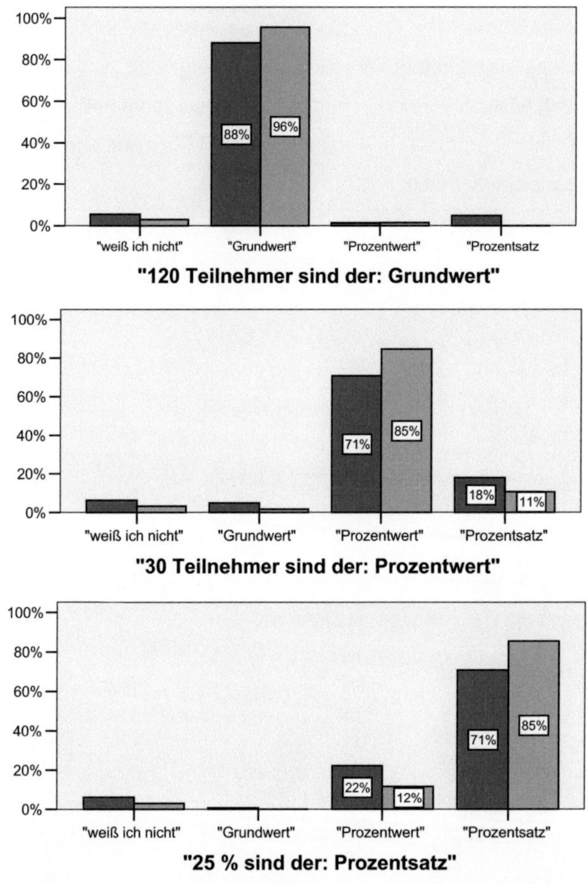

Abbildung 108. Ergebnis von Schülern und Erwachsenen bei der Aufgabe „Grundbegriffe“

Während der Grundwert von 96 % der Erwachsenen und 88 % der Schüler richtig zugeordnet wird, liegen die Werte bei der Zuordnung von Prozentwert und Prozentsatz vor allem bei Schülern deutlich niedriger (71 %). Man könnte das Ergebnis so interpretieren, dass die Probanden die Begriffe Prozentwert und Prozentsatz verwechseln. Zwischen der Lösung dieser Aufgabe und dem Gesamtergebnis besteht möglicherweise ein Zusammenhang:

	Grundwert interpretiert als...	Gesamt-punkte	Prozentwert interpretiert als...	Gesamt-punkte	Prozentsatz interpretiert als...	Gesamt-punkte
Prozentsatz	1 %	6,1	12 %	15,1	82 %	18,5
Prozentwert	2 %	13,1	82 %	18,6	13 %	15,1
Grundwert	93 %	18,2	2 %	12,5	0 %	9,7

Tabelle 17. Interpretation der Grundbegriffe und Gesamtpunkte

Nur sehr wenig Probanden interpretieren den Grundwert falsch (nur 1 % bis 2 %). Er wird also relativ eindeutig erkannt. Diejenigen die den Grundwert richtig interpretieren haben durchschnittlich 18,2 Punkte erreicht. Etwa 12 % bis 13 % der Teilnehmer verwechseln den Prozentwert und den Prozentsatz. Im Gegensatz zu den Teilnehmern, welche die Grundbegriffe richtig interpretieren, schneiden diese Teilnehmer im Durchschnitt der Gesamtpunkte etwa drei Punkte schlechter ab.

Obwohl es sich bei den Grundbegriffen der Prozentrechnung um didaktische Begriffe handelt, die vor allem in der Schule angewendet werden, schneiden Erwachsene erstaunlicherweise besser ab.

4.2.1.2 Aufgabe 1 „Verdreifachen“

Diese erste Aufgabe im Test ermittelt, wie die Versuchspersonen die Prozentrechnung in der Umgangssprache interpretieren. Sie stammt aus dem Jahrgangsstufentest der 9. Jahrgangsstufe 2003 an Realschulen in Bayern und wird im Test als „mittlere“ Aufgabe eingestuft. Sie wird von knapp 60 % der Probanden falsch beantwortet:

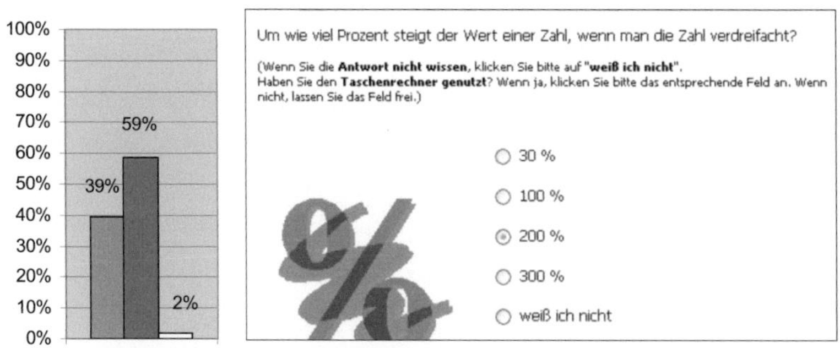

Abbildung 109. Aufgabe „Verdreifachen“ mit Lösungshäufigkeit

Um einen Vergleich zum Ergebnis des Jahrgangsstufentests zu ziehen, soll überprüft werden, wie Schüler diese Aufgabe im vorliegenden Test lösen. Die folgende Grafik zeigt die prozentuale Anzahl der Schüler und der Erwachsenen pro Alternativantwort:

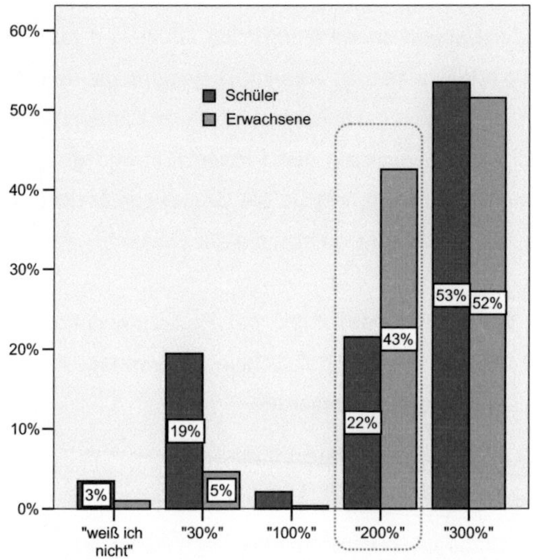

Abbildung 110. Ergebnis von Schülern und Erwachsenen bei Aufgabe „Verdreifachen" [262]

Nur etwa 22 % der Schüler und 43 % der Erwachsenen können diese Frage korrekt lösen.

Es zeigt sich, dass die größte Anzahl der Falschantworten auf den 4. Distraktor mit der Angabe „300 %" entfallen. Über die Hälfte der Teilnehmer setzt die Verdreifachung einer Zahl auch mit der Verdreifachung des Prozentsatzes gleich. Möglicherweise fällt den Probanden die Angabe von Prozentsätzen über 100 % schwer und / oder sie haben ein sprachliches Problem mit der Formulierung der Aufgabenstellung.

---

[262] In allen folgenden Abbildungen, welche die Verteilung der Antworten auf unterschiedliche Antwort-Alternativen zeigen, wird jeweils die richtige Lösung gestrichelt umrandet.

Aus dem Bericht zur Lösung des Bayerischen Mathematiktests an Realschulen, ist ersichtlich, dass ebenfalls nur etwa 17 % der Schüler der Realschule in der Lage sind, diese Aufgabe korrekt zu beantworten.

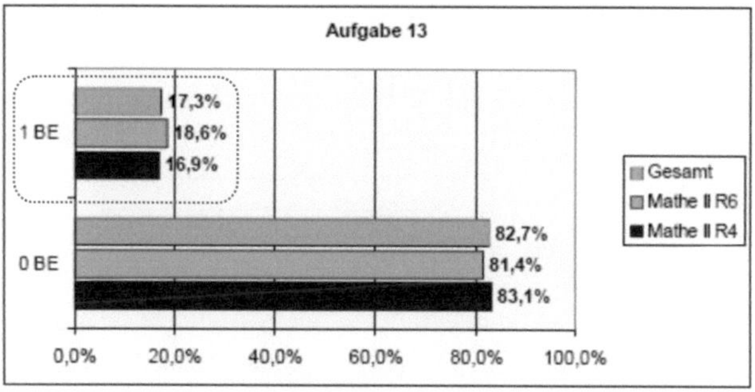

Abbildung 111. Aufgabenstellung und Ergebnis der Aufgabe „Verdreifachen" im Jahrgangsstufentest[263]

Das Antwortverhalten der Schüler in der vorliegenden Untersuchung mit ca. 22 % Lösungsquote verhält sich demnach bei dieser Aufgabe ähnlich wie im Jahrgangsstufentest.

4.2.1.3 Aufgabe 2 „Brüche"

In der zweiten Aufgabe „Brüche" sollen die Probanden erkennen, welche Zuordnungen von Brüchen zu entsprechenden Prozentsätzen korrekt sind.
Diese Aufgabe wird in die Schwierigkeitskategorie „Mittel" eingestuft:

---

[263] Vgl. **Jahrgangsstufentest Realschule 2003b**, S. 11

Bitte beantworten Sie alle 4 Teilaufgaben!

Klicken Sie bitte die zutreffende Antwort (**"richtig" oder "falsch"**) an.

	richtig	falsch	weiß ich nicht	ich habe den Taschenrechner genutzt
$40\% = \frac{2}{5}$	◉	○	○	☐
$\frac{7}{100} = 70\%$	○	◉	○	☐
$\frac{1}{20} = 5\%$	◉	○	○	☐
$50\% = \frac{1}{50}$	○	◉	○	☐

Abbildung 112. Aufgabe „Brüche"

Die nachfolgende Abbildung zeigt die Lösungsquoten für die Teilaufgaben in der Reihenfolge der Aufgabenstellung an:

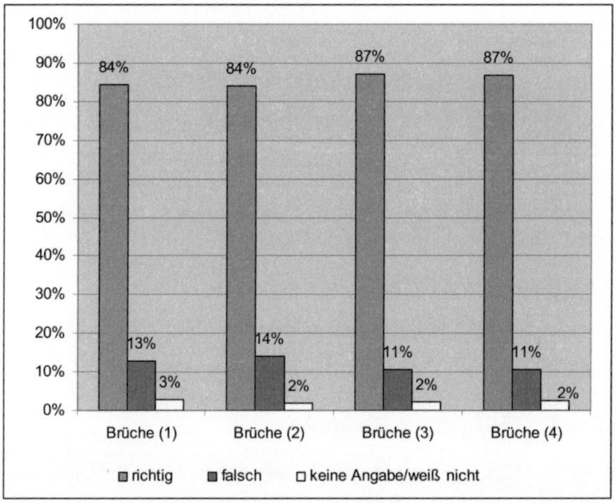

Abbildung 113. Lösungshäufigkeit der Teilaufgaben der Aufgabe „Brüche"

Dieses Ergebnis scheint äußerst stabil zu sein. Es gibt keine Teilaufgabe, die deutlich besser oder schlechter gelöst wird. Bei näherer Betrachtung stellt sich heraus, dass zwei Drittel der Probanden jede der vier Teilaufgaben richtig gelöst haben. Nur etwa 7 % der Teilnehmer haben keine oder nur eine Teilaufgabe richtig gelöst (Balken mit 4 % und 3 % in der folgenden Abbildung). Die Abbildung zeigt aber auch, dass ein Drittel der Probanden mindestens einen Fehler macht (Umrandung der 4 rechten Balken in der folgenden Abbildung):

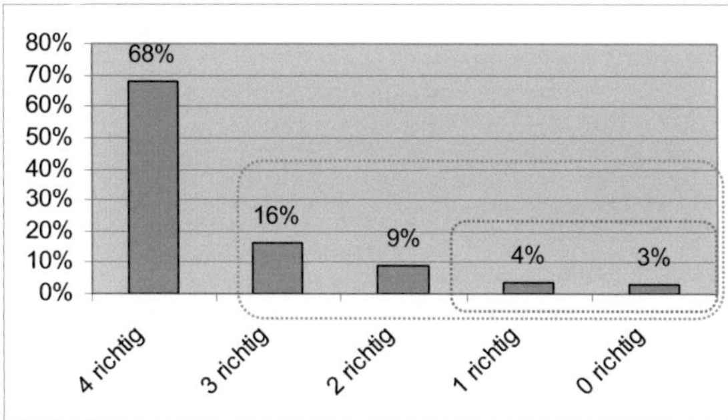

Abbildung 114. richtige Lösung aller Teilaufgaben der Aufgabe „Brüche"

4.2.1.4 Aufgabe 13 „große Zahlen"

Die Aufgabe 13 ermittelt, wie die Probanden bei der Berechnung eines Prozentwertes mit großen Zahlen umgehen. Sie wird der mittleren Schwierigkeitskategorie zugeordnet. Etwa 88 % der Teilnehmer lösen die Aufgabe richtig:

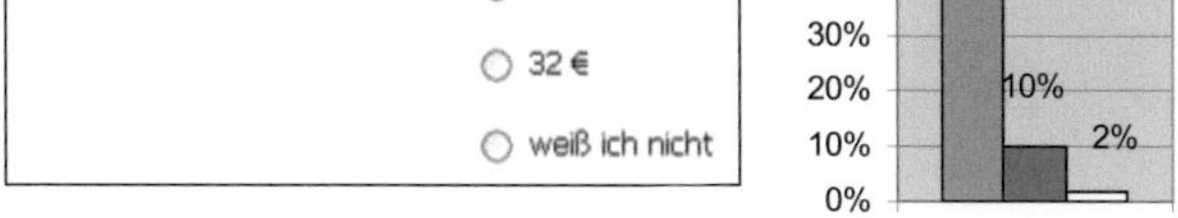

Abbildung 115. Lösungshäufigkeit der Aufgabe „große Zahlen"

Probanden, welche diese Aufgabe falsch beantworten, tendieren meist zu den in der Aufgabe angegebenen niedrigzahligen Lösungen „320 €" oder „32 €". Mit „1 % von..." (in der Aufgabenstellung) wird offensichtlich eher eine „kleine" als eine große" Zahl in Verbindung gebracht.

4.2.1.5 Aufgabe 21 „Kreisdiagramm"

Die Interpretation des Kreisdiagramms aus dem Bereich „Allgemeine Anforderungen" fällt den Teilnehmern schwerer als die meisten anderen Aufgaben. Sie wird im Vorfeld in der Kategorie „schwierig" eingestuft. Nur 67 % aller Teilnehmer lösen die Aufgabe erwartungsgemäß richtig:

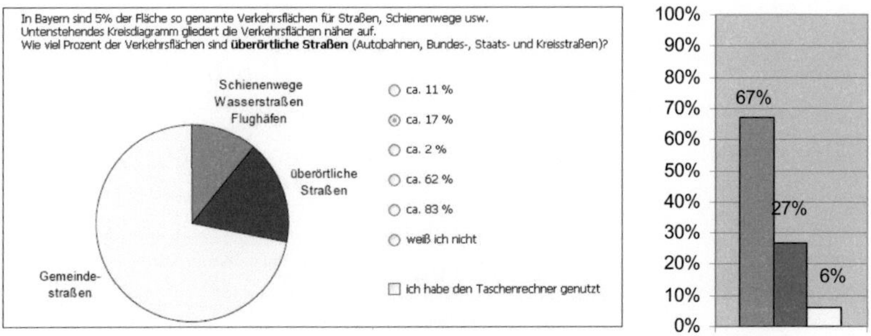

Abbildung 116. Lösungshäufigkeit für Aufgabe „Kreisdiagramm“

Schüler und Erwachsene begehen bei dieser Aufgabe scheinbar unterschiedliche Fehler:

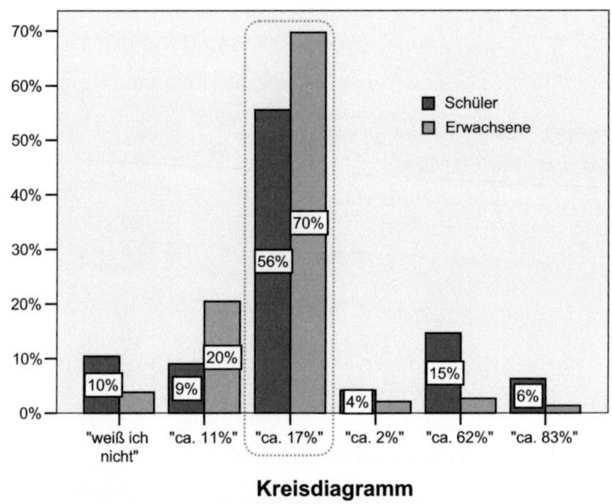

Abbildung 117. Ergebnis von Schülern und Erwachsenen bei Aufgabe „Kreisdiagramm“

Etwa 56 % der Schüler und 70 % der Erwachsenen lösen die Aufgabe richtig. Ein Fünftel der Erwachsenen geben die erste Antwort-Alternative „ca. 11 %“ an. 15 % der Schüler wählen die Alternative „ca. 62 %“.

Einige Teilnehmer merken bei dieser Aufgabe an, dass ihrer Meinung nach falsche Prozentsätze in der Aufgabe angegeben wären, weil die Angabe „5 % Verkehrsfläche“ im Diagramm fehlen würde. Sie erkennen nicht, dass das Kreisdiagramm die *Aufteilung* der fünfprozentigen Verkehrsfläche darstellt.

Offensichtlich haben die Probanden im vorliegenden Test einige Probleme mit der Formulierung der Aufgabenstellung. Ein Auszug aus der Diskussion im „Forum Deutsches Recht“ soll die Problematik verdeutlichen[264]:

Frage:

wer kann mir die Antwort zur Frage 21 erklären?

Antwort:

(...) Da sollte einfach getestet werden ob man in der Lage ist ein Kreisdiagramm zu lesen...

Antwort:

Na der ganze Kreis stellt 100% dar.
3,6 Grad entsprechen damit 1Prozent. Jetzt sollte Sie einfach nur gucken wie viel Grad das Kreisstück hat und dann den ungefähren Prozentwert angeben. Eigentlich war das fast die einfachste Aufgabe der ganzen Umfrage... Einfach nur ablesen. Ein viertel Kreis hat 25%....

Antwort:

Ich dachte, der hätte 90°.

Antwort:

Ich habe das anders gesehen. Soweit ich mich entsinnen kann, war das eine Kreissegment mit 5% angegeben, das andere war etwa doppelt so groß, also hatte ich angenommen, es wäre ca. 11% (war, glaube ich, eine der Vorgaben). Das Kreissegment in Grad umzurechnen wäre mir in diesem Fall zu umständlich gewesen.

Antwort:

wenn das eine Segment 17% darstellen soll, dann ist das andere keine 5%, wie es im **Text** der Aufgabenstellung vorgegeben ist.

Antwort:

Der ganze Kreis stellt die in der Aufgabe angegebenen 5% der Gesamtfläche dar. 5% der Gesamtfläche sind Straßen. Und diese teilen sich auf in die drei im Kreis dargestellten Straßenarten. Die 5% waren nur zur Verwirrung und für die Lösung absolut unbedeutend!

Im Gegensatz zur Lösungsquote bei dieser Aufgabe im Test (etwa 56 % der Schüler und 70 % der Erwachsenen lösen die Aufgabe richtig), liegt die Lö-

---

[264] Der Diskussions-Auszug stammt von der Website http://www.recht.de/phpbb/, aus der Rubrik „Speakers Corner“. Die Diskussion wurde von Probanden während der Durchführung des Tests im April 2007 geführt.

sungswahrscheinlichkeit der bayerischen Gymnasiasten im Jahrgangsstufentest der 10. Klasse dagegen überraschenderweise bei über 80 %:

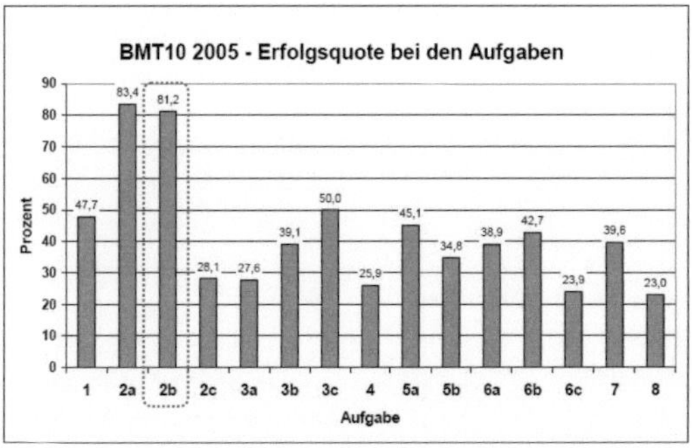

Abbildung 118. Aufgabe aus dem bayerischen Jahrgangsstufentest 2005 für Gymnasien, 10. Jahrgangsstufe

Ein Erklärungsversuch könnte sein, dass Aufgaben dieser Art im Vorfeld in der Schule eventuell geübt wurden.

4.2.2 Aufgaben zum Thema „Prozentwert berechnen“

4.2.2.1 Aufgabe 4 „Prozentwert“

Die Aufgabe 4 zur Berechnung des Prozentwertes mit einfachen Zahlen wird von etwa 95 % der Teilnehmer richtig beantwortet. Sie wird im Vorfeld als „Leicht“ eingestuft:

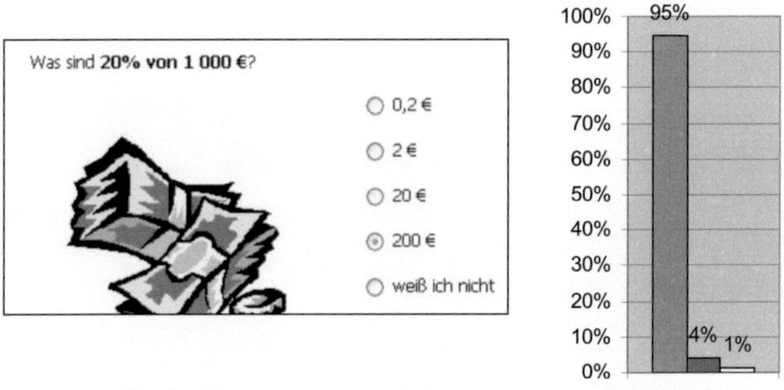

Abbildung 119. Lösungshäufigkeit der Aufgabe „Prozentwert“

Die Verteilung der Lösungen auf die Gruppen der Schüler und Erwachsenen zeigt, dass die Erwachsenen mit 97 % Lösungsquote vorne liegen:

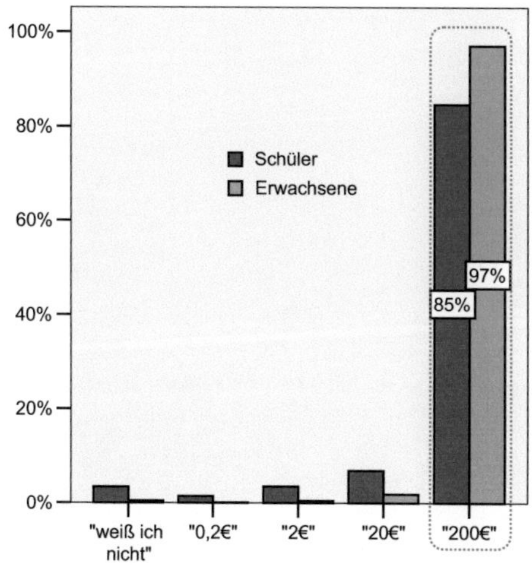

Abbildung 120. Ergebnis von Schülern und Erwachsenen bei Aufgabe „Prozentwert“

Schüler, die auf diese Aufgabe eine falsche Antwort geben, wählen am häufigsten die 3. Antwort-Alternative mit der Angabe „20 €“ aus. 20 % wird von diesen Schülern womöglich mit 20 € gleich gesetzt.

4.2.2.2 Aufgabe 6 „Digitalkamera“

Die Lösungsquote der Aufgabe „Digitalkamera“ zeigt, dass nur etwa ein Viertel der Probanden in der Lage sind, den Prozentwert mit dieser Aufgabenstellung richtig zu berechnen. Etwa jeder Vierte löst die in der Schwierigkeitskategorie „Mittel“ eingestufte Aufgabe jedoch falsch (vgl. Abbildung 121).

Betrachtet man innerhalb der Gruppen der Schüler und Erwachsenen, auf welche Alternativen die falschen Antworten entfallen, kann man feststellen, dass die meisten Probanden den dritten Distraktor „175 €“ auswählen (vgl. Abbildung 122). Auf dieses Ergebnis könnten die Probanden kommen, wenn sie die Angabe nicht vollständig lesen. Denn der Preis der Digitalkamera abzüglich des Rabatts beträgt 175 €. Gefragt ist allerdings nach der Höhe des Rabatts.

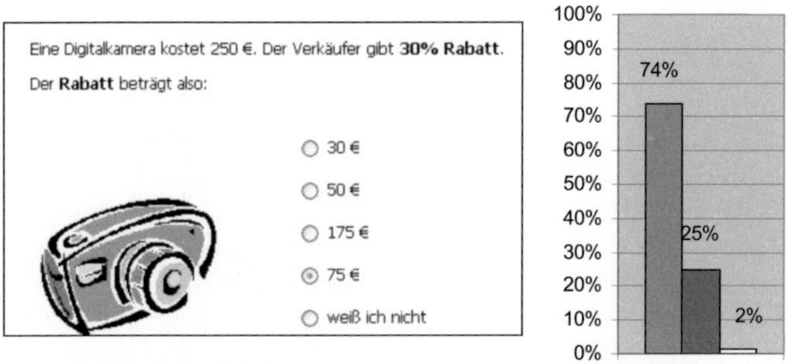

Abbildung 121. Lösungshäufigkeit der Aufgabe „Digitalkamera“

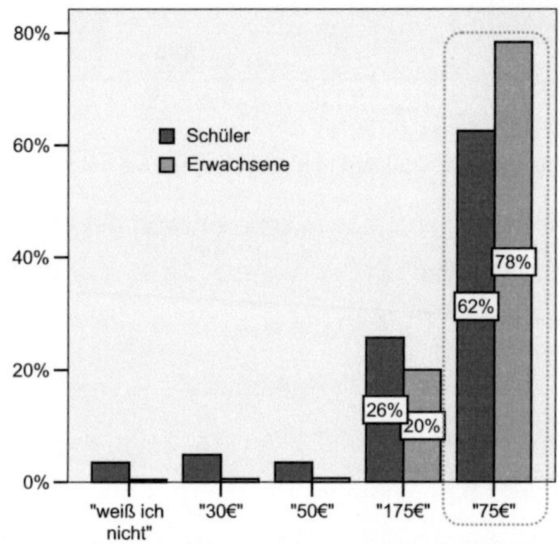

Abbildung 122. Ergebnis von Schülern und Erwachsenen bei der Aufgabe „Prozentwert“

62 % der Schüler und 78 % der Erwachsenen lösen die Aufgabe richtig. Im Gegensatz zur Lösungsquote bei dieser Aufgabe, steht die hohe Lösungsquote bei der Aufgabe 2 „Prozentwert“. Sie wird von 85 % der Schüler und 97 % der Erwachsenen richtig gelöst. Beide Aufgaben prüfen im Grunde, ob die Probanden den Prozentwert berechnen können. Viele Teilnehmer haben demnach scheinbar die Aufgabenstellung missverstanden. Würde man die Lösungen für den Distraktor „175 €“ als Leichtsinnsfehler aufgrund der missverständlichen Aufgabenstellung betrachten und somit als richtig gelöst anerkennen, fiele die Lösungsquote ähnlich aus wie bei Aufgabe 2. Die Aufgabenstellung scheint folglich eine enorme Auswirkung auf die Lösungsquote zu haben.

4.2.2.3 Aufgabe 12 „schwieriger Prozentwert"

Die Aufgabe 12, „schwieriger Prozentwert", wird der Schwierigkeitsstufe „Mittel" zugeordnet, weil es sich um die Berechnung mit *schwierigen* Zahlen handelt. Dennoch wird sie von über 90 % der Teilnehmer richtig gelöst:

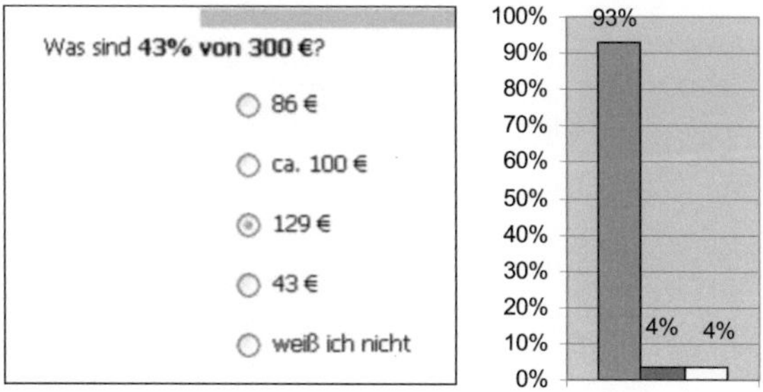

Abbildung 123. Lösungshäufigkeit der Aufgabe „schwieriger Prozentwert"

Die Lösungsquote bei Schülern und Erwachsenen fällt bei dieser Aufgabe nahezu gleich aus.

4.2.2.4 Aufgabe 14 „Neufeld"

Die Aufgabe „Neufeld", die aus den Testaufgaben Mathematik für die 7. und 8. Klasse aus TIMSS übernommen wird, verlangt die Berechnung des Prozentwertes und die Schätzung des neuen Grundwertes. Sie wird aufgrund der Berechnung des Ergebnisses in zwei Schritten als „schwierig" eingestuft. 82 % der Teilnehmer lösen diese Aufgabe dennoch korrekt:

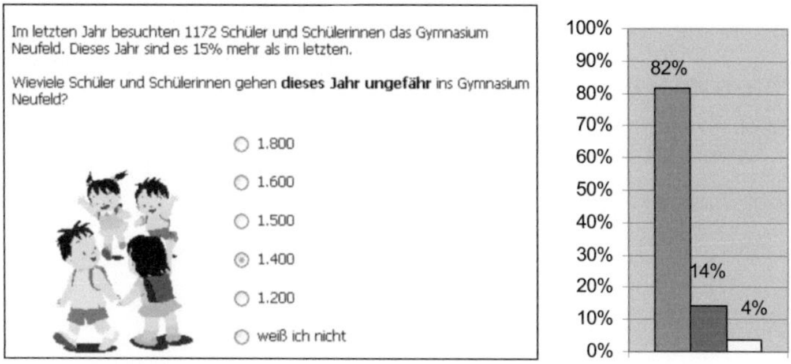

Abbildung 124. Lösungshäufigkeit der Aufgabe „Neufeld"

Bei näherer Betrachtung hinsichtlich der Leistungsunterschiede bei Schülern und Erwachsenen kann man feststellen, dass Schüler mit etwa 58 % deutlich schlechter abschneiden als Erwachsene mit knapp 90 %:

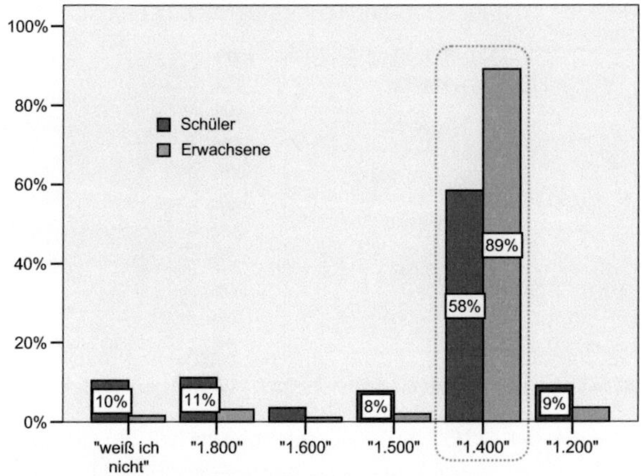

Abbildung 125. Ergebnis von Schülern und Erwachsenen bei Aufgabe „Neufeld“

Es wird allerdings keine der alternativen Distraktoren eindeutig bevorzugt: Diejenigen Schüler, welche diese Aufgabe nicht lösen können, geben entweder „weiß ich nicht“ an oder entscheiden sich für die erste Alternative „1.800“. Auch die Alternativen „1.500“ und „1.200“ werden zu je etwa 10 % gewählt.

Die Lösungswahrscheinlichkeit deutscher Schüler der Jahrgangsstufe 8 liegt bei dieser Aufgabe auch bei TIMSS bei über 50 %. Das Ergebnis deckt sich damit in etwa mit der hier verzeichneten Lösungswahrscheinlichkeit der Gruppe der Schüler:

Int. Schwierigkeit	603,5
Int. Lösungswahrscheinlichkeit 7. Jhg.	0,36
Int. Lösungswahrscheinlichkeit 8. Jhg.	0,44
Dt. Lösungswahrscheinlichkeit 7. Jhg.	0,43
Dt. Lösungswahrscheinlichkeit 8. Jhg.	0,53
Sachgebiet	Zahlen und Zahlenverständnis
Richtige Lösung	D

Abbildung 126. Lösungsschwierigkeit der TIMSS-Aufgabe K6[265]

4.2.3 Aufgaben zum Thema „Grundwert berechnen"

4.2.3.1 Aufgabe 19 „Lieferung"

Die Aufgabe „Lieferung" ermittelt, ob die Probanden den Grundwert mit einfachen Zahlen berechnen können. Diese Anforderung wird der mittleren Schwierigkeitskategorie zugeordnet. Über 90 % aller Teilnehmer scheint diese Aufgabenstellung keine Schwierigkeiten zu bereiten:

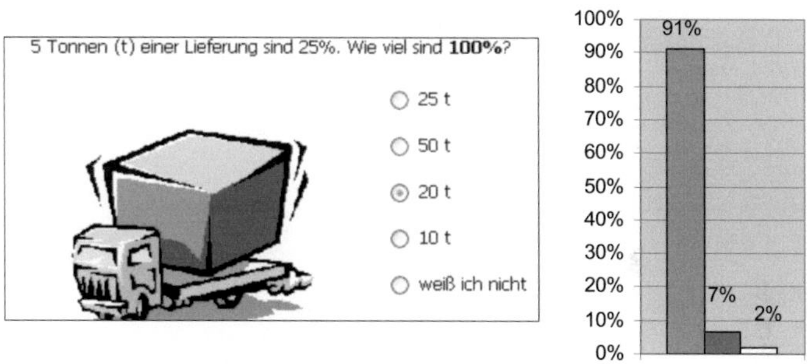

Abbildung 127. Lösungshäufigkeit für Aufgabe „Lieferung"

Während nur etwa 75 % der Schüler die korrekte Antwort angeben, sind Erwachsene sogar zu etwa 96 % in der Lage diese Aufgabe zu lösen. Die größte Zahl der falschen Antworten der Schüler, nämlich 10 %, fällt auf die erste Alternative „25 t". Ein Grund hierfür ist womöglich die Ähnlichkeit der Zahlen mit denen in der Angabe.

---

[265] **Baumert et al. o.J.**, S. 82

4.2.3.2 Aufgabe 5 „MP3-Player“

Die Aufgabe „MP3-Player“ ermittelt, ob die Probanden in der Lage sind, den erhöhten Grundwert zu berechnen. Sie wird im Vorfeld in die mittlere Schwierigkeitskategorie eingestuft. Nur 5 % der Teilnehmer machen hier eine falsche Angabe:

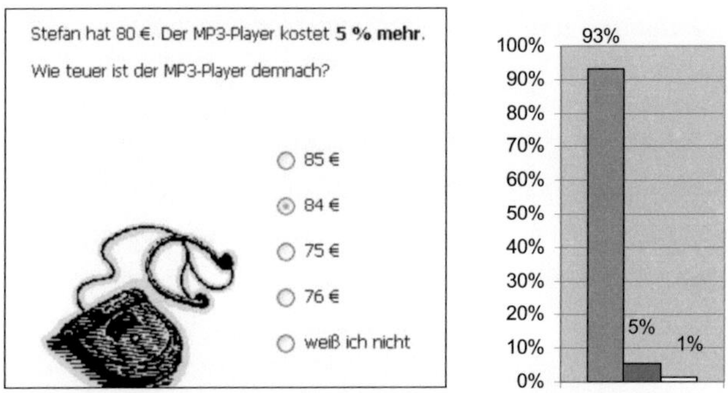

Abbildung 128. Lösungshäufigkeit der Aufgabe „MP3-Player“

Während 97 % der Erwachsenen die Aufgabe richtig lösen, wählen bei den Schülern 82 % die richtige Antwort-Alternative aus. Es zeigt sich, dass bei den 5 % fehlerhaften Angaben hauptsächlich die erste Alternativantwort mit der Angabe „85 €“ ausgewählt wird.

Es ist denkbar, dass die Angabe „(...) 5 % mehr“, mit 5 € gleichgesetzt wird. Das führt wohl zur Auswahl der Option 85 € (80 € + 5 €). Möglicherweise wählen die Probanden auch zufällig die erste Alternative aus.

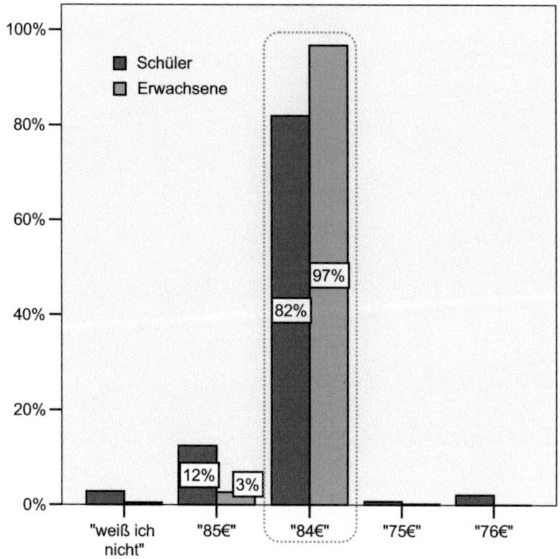

Abbildung 129. Ergebnis von Schülern und Erwachsenen bei Aufgabe „MP3-Player“

4.2.3.3 Aufgabe 15 „Pakete“

Die als „schwierig“ betrachtete Aufgabe zur Berechnung des Grundwertes mit schwierigen Zahlen lösen etwa 83 % der Teilnehmer richtig:

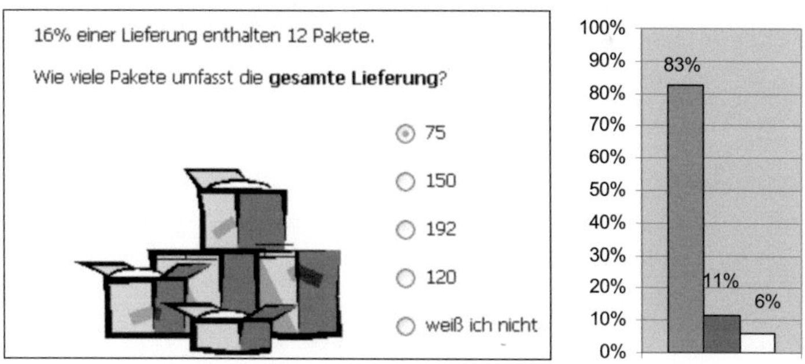

Abbildung 130. Aufgabe 15 mit Lösungshäufigkeit

Bei dieser Aufgabe schneiden Schüler mit 67 % Lösungsquote um 20 Prozentpunkte schlechter ab als Erwachsene:

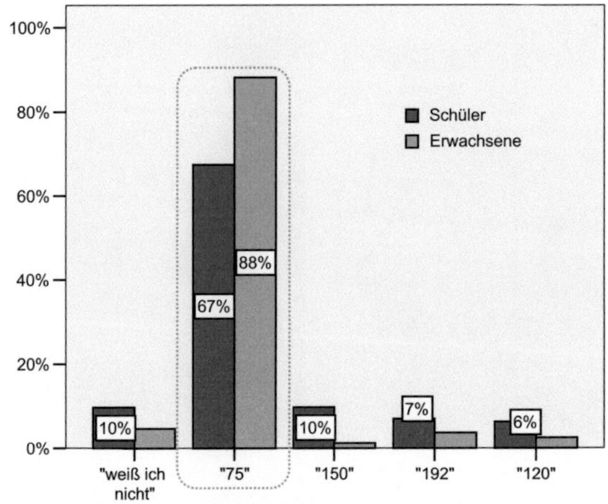

Abbildung 131. Ergebnis von Schülern und Erwachsenen bei Aufgabe „Pakete“

Als Alternativantwort wird hier scheinbar kein bestimmter Distraktor bevorzugt.

4.2.3.4 Aufgabe 17 „Skonto“

Die als „Schwer“ eingestufte Aufgabe „Skonto“ ermittelt, welche Teilnehmer den erhöhten und verminderten Grundwert berechnen können. Es handelt sich dabei auch um eine alltagsnahe Aufgabenstellung. Nur etwa drei Viertel der Teilnehmer lösen die Aufgabe jedoch korrekt:

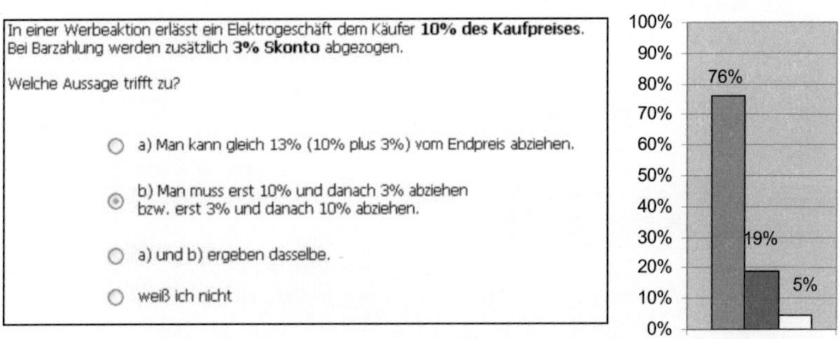

Abbildung 132. Lösungshäufigkeit für Aufgabe „Skonto“

Die Verteilung der Antworten der Schüler und Erwachsenen auf die „falschen“ Antwort-Alternativen sind ähnlich:

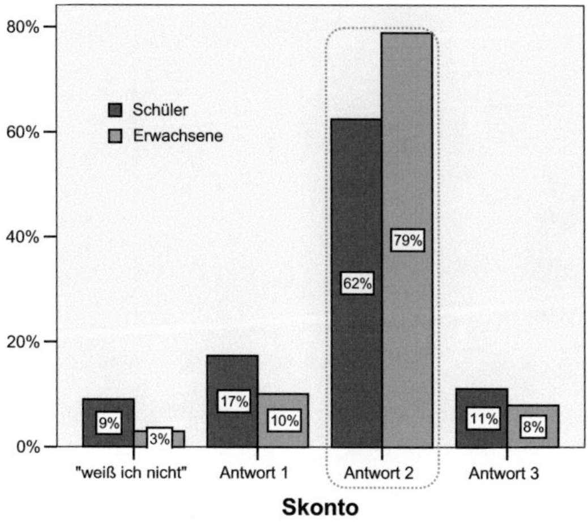

Abbildung 133. Ergebnis von Schülern und Erwachsenen bei Aufgabe „Skonto“

Immerhin 17 % der Schüler und 10 % der Erwachsenen sind der Meinung, dass man die Prozentangaben 10 % und 3 % zu 13 % addieren und gemeinsam vom Endpreis abziehen kann. Ihnen ist scheinbar nicht bewusst, dass sich dadurch ein anderer Wert ergibt, als bei der korrekten Berechnung (zuerst 10 % von einem Preis abziehen und danach 3 %). Würde eine Ware zum Beispiel 100 € kosten, so ergäbe sich für den Endpreis bei die Aufgabenlösung nach a) ein Wert von 87,30 Euro und bei der Aufgabenlösung nach b) 87,00 Euro.

4.2.3.5 Aufgabe 20 „Wassertonne“

Bei der Aufgabe „Wassertonne“ handelt es sich um eine mehrschrittige Aufgabe. Sie wird im Vorfeld als „Schwer“ eingestuft. Zunächst ist die Berechnung des Prozentwertes erforderlich, um danach den neuen Grundwert angeben zu können. Die Aufgabe wird von etwa 81 % der Teilnehmer richtig gelöst:

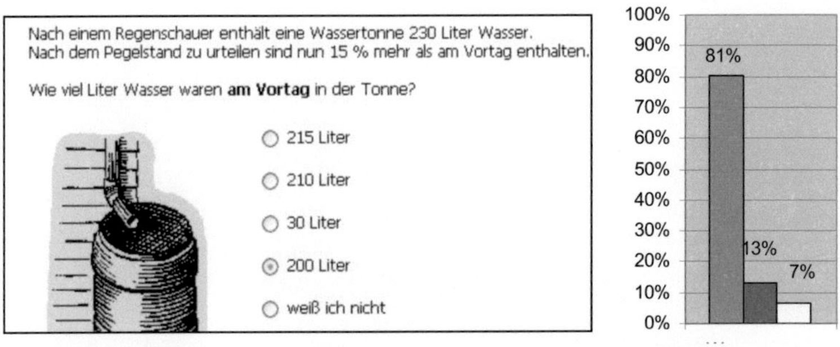

Abbildung 134. Lösungshäufigkeit für Aufgabe „Wassertonne“

Die Verteilung der Antworten von Schülern und Erwachsenen zeigt, dass Schüler wiederum deutlich schlechter abschneiden als Erwachsene.

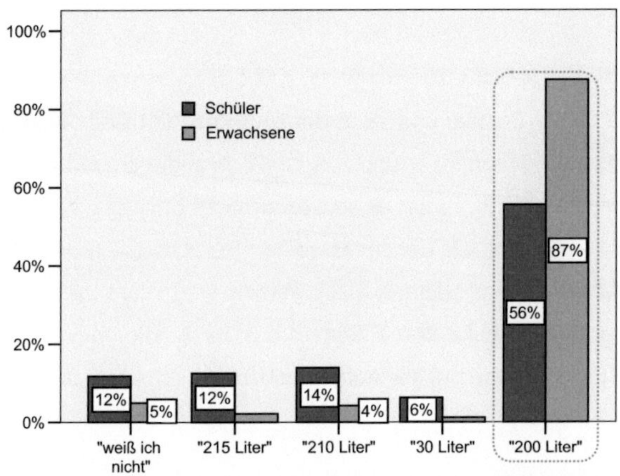

Abbildung 135. Ergebnis von Schülern und Erwachsenen bei Aufgabe „Wassertonne“

Die meisten fehlerhaften Antworten der Schüler fallen auf die Antwort-Alternative „210 Liter“ und „215 Liter“. Dass es sich bei der Option „30 Liter“ nicht um den gesuchten Wert handelt, scheint den meisten bewusst zu sein.

4.2.4 Aufgaben zum Thema „Prozentsatz berechnen“

4.2.4.1 Aufgabe 3 „Ein Drittel“

Die Aufgabe „Ein Drittel“ prüft, ob die Probanden den richtigen Prozentsatz zu einem bestimmten Bruch auswählen können. Sie wird als „Leicht“ eingestuft und von etwa 81 % der Teilnehmer richtig beantwortet:

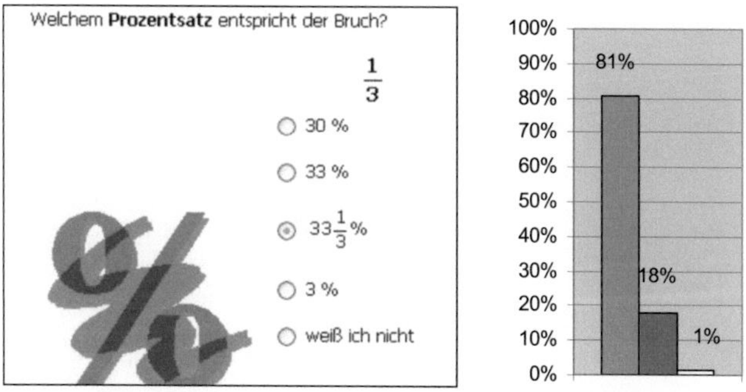

Abbildung 136. Lösungshäufigkeit der Aufgabe „Ein Drittel“

Die nachfolgende Abbildung deutet auf enorme Unterschiede hinsichtlich der Verteilung der Lösungshäufigkeit von Schülern und Erwachsenen hin:

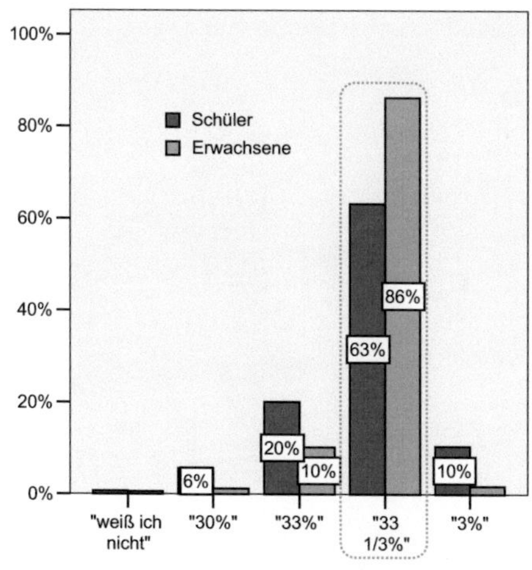

Abbildung 137. Ergebnis von Schülern und Erwachsenen bei Aufgabe „Ein Drittel“

Etwa ein Fünftel aller Schüler (20 %) setzen den Bruch mit 33 %, statt mit $33\frac{1}{3}$ % gleich.

4.2.4.2 Aufgabe 7 „Prozentsatz“

Die Aufgabe „Prozentsatz“ ermittelt, ob die Probanden den Prozentsatz mit einfachen Zahlen berechnen können. Sie wird im Vorfeld in der Kategorie „Leicht“

eingestuft. Dennoch geben knapp 10 % bei dieser Aufgabe den falschen Wert oder „weiß ich nicht“ an:

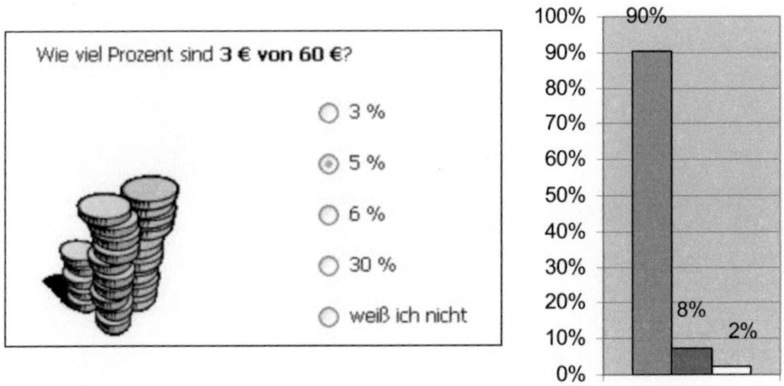

Abbildung 138. Lösungshäufigkeit der Aufgabe „Prozentsatz“

Bei der Analyse der fehlerhaften Antworten kann man feststellen, dass die Schüler keine Antwort-Alternative klar bevorzugen:

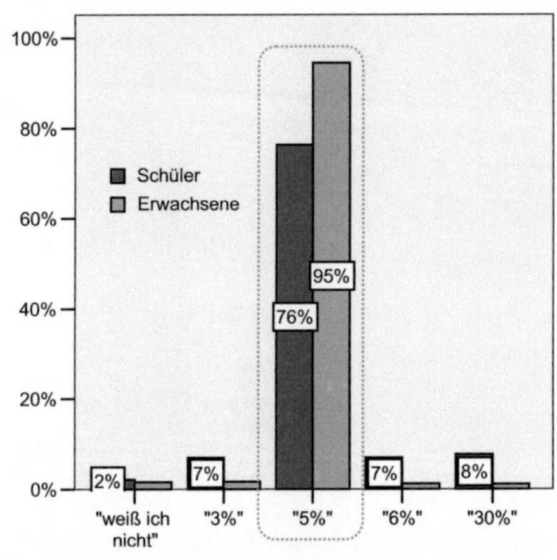

Abbildung 139. Ergebnis von Schülern und Erwachsenen bei Aufgabe „Prozentsatz“

4.2.4.3 Aufgabe 9 „Taschengeld“

Die Aufgabe „Taschengeld“ dient zur Berechnung des Prozentsatzes. Sie wird, wie bereits die vorherige Aufgabe, in die Schwierigkeitskategorie „Leicht“ eingestuft. 90 % der Teilnehmer lösen die Aufgabe zur Berechnung des Prozentsatzes richtig:

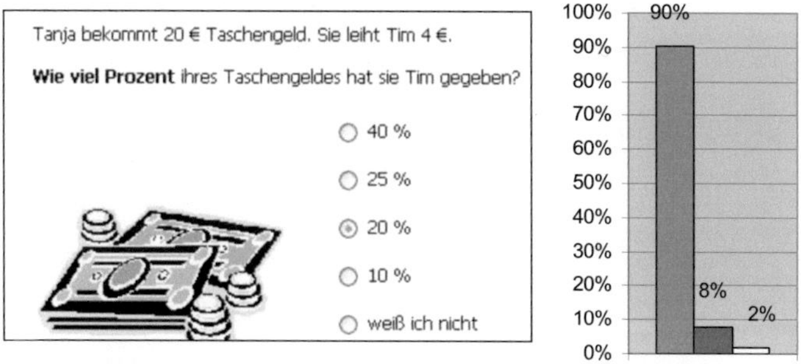

Abbildung 140. Lösungshäufigkeit der Aufgabe „Taschengeld"

Hinsichtlich der Ergebnisse bei Schülern und Erwachsenen können keine bemerkenswerten Unterschiede genannt werden.

4.2.4.4 Aufgabe 18 „schwieriger Prozentsatz"

Die Aufgabe 18 wird in die mittlere Schwierigkeitskategorie eingestuft. 88 % aller Teilnehmer können den Prozentsatz mit schwierigen Zahlen berechnen:

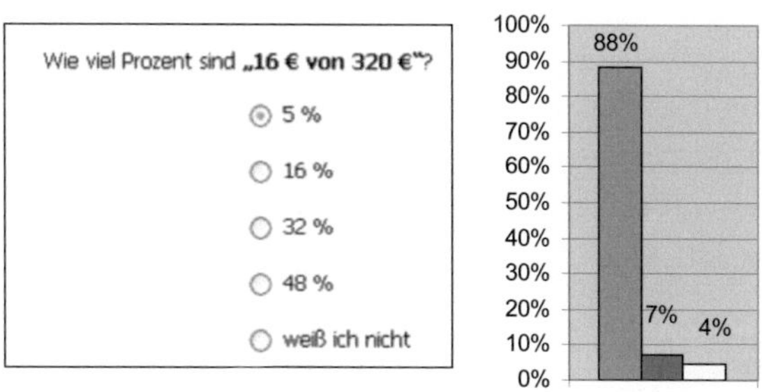

Abbildung 141. Lösungshäufigkeit für Aufgabe „schwieriger Prozentsatz"

Während 94 % der Erwachsenen bei dieser Aufgabe erfolgreich sind, trifft das auf lediglich 77 % der Schüler zu. Die meisten Schüler die diese Aufgabe falsch beantworten (etwa 9 %), wählen die Alternative „32 %". Das deutet darauf hin, dass bei ihnen möglicherweise die Ähnlichkeit der Zahlen bei der Auswahl des Distraktors eine Rolle spielt. Weitere etwa 8 % der Schüler entscheiden sich für die Alternative „weiß ich nicht".

4.2.4.5 Aufgabe 11 „Dezimalbruch"

Die Aufgabe „Dezimalbruch" verlangt von den Teilnehmern, den richtigen Prozentsatz zum Dezimalbruch 0,03 zuzuordnen. Die Aufgabe wird im Vorfeld der Schwierigkeit „Mittel“ zugeordnet:

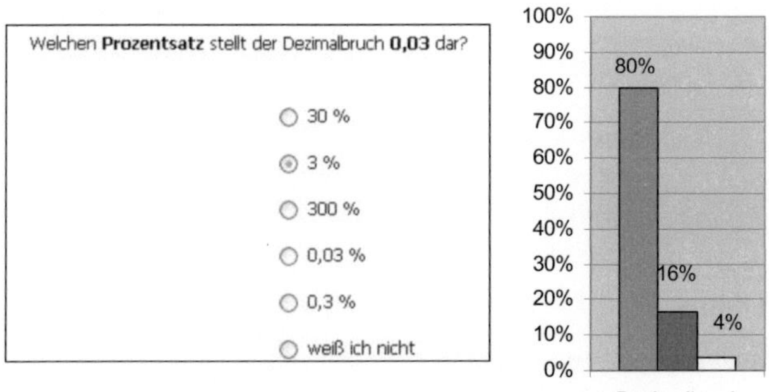

Abbildung 142. Lösungshäufigkeit der Aufgabe „Dezimalbruch“

Etwa 80 % aller Teilnehmer sind in der Lage, diesem Dezimalbruch den richtigen Prozentsatz zuzuordnen. Schüler lösen die Aufgabe nur zu etwa 70 % richtig, Erwachsene zu etwa 80 %. Als Alternativantwort wird meist 0,03 % oder aber 0,3 % gewählt. Das lässt darauf schließen, dass Probanden, welche die richtige Umrechnung nicht beherrschen, häufig den Dezimalbruch mit dem Prozentsatz gleichsetzen.

4.2.4.6 Aufgabe 10 „Bohnen“

Die Aufgabe „Bohnen“ dient zur Berechnung des Prozentsatzes bei erhöhtem Grundwert. Diese aus TIMSS entnommene Aufgabe wird im Vorfeld in die mittlere Schwierigkeitskategorie eingestuft. Etwa 80 % aller Teilnehmer können die Aufgabe korrekt lösen:

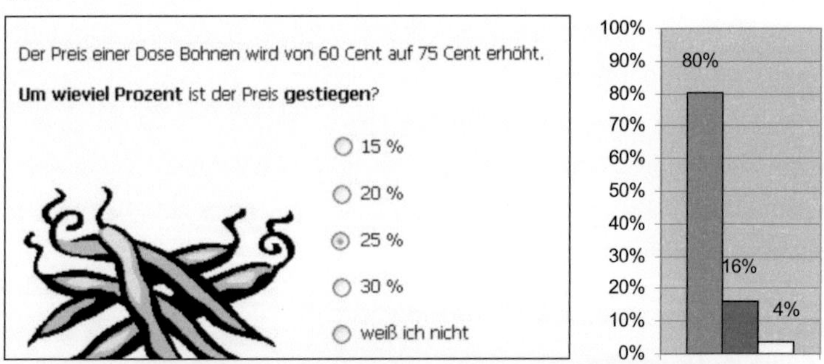

Abbildung 143. Lösungshäufigkeit der Aufgabe „Bohnen“

Die Schüler schneiden dabei deutlich schlechter ab als die Erwachsenen:

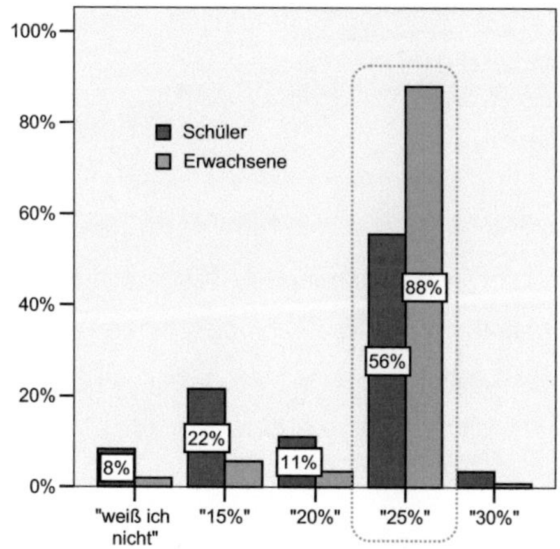

Abbildung 144. Ergebnis von Schülern und Erwachsenen bei Aufgabe „Bohnen“

Als Alternativantwort wird sowohl von den Schülern als auch von den Erwachsenen meist „15 %“ gewählt. Möglicherweise verwechseln die Probanden die absolute Erhöhung um 15 Cent auf 75 Cent mit der prozentualen Preissteigerung.

Die Lösungswahrscheinlichkeit dieser Aufgabe bei TIMSS liegt für deutsche Schüler der 8. Jahrgangsstufe nur bei etwa 32 %:

O2. Der Preis einer Dose Bohnen wird von 60 Pfennig auf 75 Pfennig erhöht. Um wieviel Prozent ist der Preis gestiegen?

A. 15%

B. 20%

C. 25%

D. 30%

Int. Schwierigkeit	680,2
Int. Lösungswahrscheinlichkeit 7. Jhg.	0,23
Int. Lösungswahrscheinlichkeit 8. Jhg.	0,28
Dt. Lösungswahrscheinlichkeit 7. Jhg.	0,27
Dt. Lösungswahrscheinlichkeit 8. Jhg.	0,32
Sachgebiet	Zahlen und Zahlenverständnis
Richtige Lösung	C

Abbildung 145. Aufgabe und Lösungsschwierigkeit der TIMSS-Aufgabe 02[266]

Folglich schneiden Schüler im vorliegenden Test mit über 50 % deutlich besser ab. Ursache hierfür könnte sein, dass im vorliegenden Test meist Schüler höherer Klassen oder der Oberstufe teilnehmen. Diese haben bei der Berechnung des erhöhten Grundwertes womöglich bereits mehr Übung als Schüler der 8. Jahrgangsstufe.

4.2.5 Auswertung der Abschlussfrage

Über zwei Drittel der Teilnehmer geben bei der Abschlussfrage ein Statement ab. Neben neutralen Aussagen sind etwa 57 % der Statements positiv zu bewerten und zirka 12 % der Anmerkungen eher negativ zu beurteilen.
Einige beispielhafte positive Aussagen werden im Folgenden genannt:

- interessant
- toll
- zu 100% interessant
- Leicht, selbst nach einem Arbeitstag!
- Spannend. Habe so etwas schon lange nicht mehr gemacht.
- Fand ich nicht schwer; muss allerdings zur Zeit ständig mit meiner Tochter (8.Kl.) Mathe lernen. Ein kleiner Wettbewerbsvorteil, oder??
- hat auf die Schnelle Spaß gemacht, so dass ich sogar die "Wie-Fragen" beantwortet habe. War durchaus fair.
- weiß ich nicht... - einfach! Hat er was mit dem "echten" Pisa Test zu tun? Wie kann ich Ergebnisse bekommen - auf Ihrer Homepage? Da sollten Sie die Ergebnisse zugänglich machen.
- war ganz lustig ich hoffe, er trägt dazu bei, Verbesserungen bei der Ausbildung zu erreichen. (was ich aber bezweifle)
- Interessant.

---

[266] **Baumert et al. o.J.**, S. 90

- Solche Aufgaben müssen viele Menschen jeden Tag rechnen/abschätzen. Mir hat der Test Spaß gemacht! Alles Gute für Ihre Arbeit
- Gegen Ende wird es schwerer sich zu konzentrieren... alles in allem: gut
- ist ganz tauglich, um Alltagssituationen einzuschätzen, hoffe gleich kommt noch die Auswertung, weil ich es nicht sehr schwer fand.
- Hat Riesenspaß gemacht mitzumachen.... Ganz schön happig teilweise.. schade, dass bei den wirklich komplizierten Sachen nicht nach dem Rechenweg gefragt wurde. Die Frage mit den Skonto war etwas mißverständlich formuliert.. Wenn zusätzlich 3 % Skonto gewährt, dann wohl eher gesamt 13% (Antwort a) , wenn man "hierauf noch einmal 3% gibt" dann Frage b) Interpretation der Aufgabenstellung ?? ;-)
- macht Spaß und ist lustig
- nett :-)
- spannend, ob ich alles richtig habe
- ganz nett gemacht, man muß doch öfters mal etwas nachdenken
- Bei der letzten Frage muesste die korrekte Antwort meiner Meinung nach ca. 22% sein!? Ansonsten: Hat Spass gemacht und mein Kopfrechnen gut trainiert. Erfordert logisches Denken mehr als stumpfes Formelanwenden (Pluspunkt).

Beispiele für eher negative Anmerkungen sind die Folgenden:

- Eher einfache Prozentrechnung
- zu leicht
- naja! wofür ist das eigentlich gut?
- Kostet Zeit
- Anstrengend und mathematisch, aber auch irgendwie lustig...^^
- nicht besonders viel. Wer unlogische oder sich wiedersprechende Inputs zuläßt, hat die Grundregeln der Plausibilitätskontrollen vernachlässigt.
- Dauert sehr lange
- in frage 171 gibt es vielleicht einen Fehler, da zweimal die gleiche Frage gestellt wurde.... sonst ganz nett
- Eher einfache Prozentrechnung
- ein Kuchendiagramm ist zu wenig
- vertane zeit
- ein bisschen einseitig
- von der Berufsangabe bis zur Schulbildung etwas, mit Verlaub, schwer nachzuvollziehende Angebote. Geht stark an der Realität vorbei.
- viel zu schwierig fuer mich.
- teilweise ganz schön knifflig, aber immer fair
- interessant, die letzte Frage war etwas unklar.
- ZU LEICHT FÜR DIE 8 KLASSE

- Schwierig zu sagen - nachdem ich nicht weiß, für welche Fragestellung der Test benutzt wird. Wenn es darum geht, Fähigkeit oder Unfähigkeit zum Prozentrechnen berufs- und bildungsspezifisch zu differenzieren: okay.
- zu lang! Am Ende ging deutlich die Lust aus. Außerdem wurde nicht motiviert, wozu das Ganze.

Einige Probanden kritisieren einzelne Fragestellungen und geben an, dass der Test zu schwer ist. Die Mehrheit der Probanden empfindet den Test allerdings als zu leicht.

Einige Statements lassen auch erkennen, dass die Probanden das eigene Ergebnis wissen möchten.

- Gute Sache. Man sollte sehen, wie man lag.
- Interessant! Mein Ergebnis im Vergleich zum Durchschnitt würde mich interessieren!
- den Test kann man sicher nicht mit dem Taschenrechner lösen, da das Zahlenverständnis abgefragt wird. Alle die das versuchen, haben wahrscheinlich einige Fehler gemacht. Die Frage 14 ist nicht zweifelsfrei zu beantworten, da das korrekte Ergebnis 1348 ist und richtig gerundet 1300 rauskommen müsste. Drei der Aufgaben habe ich auf dem Zettel gelöst, den Rest im Kopf. Ich hätte gerne mein Ergebnis gewußt, ich hoffe das kommt auf der nächsten Seite !!!

Die Integration der Funktion zur Ansicht der richtig und falsch gelösten Aufgaben bestätigt sich demnach.

4.2.6 Nutzung des Taschenrechners

Bei der Online-Befragung wird auch die Nutzung des Taschenrechners abgefragt. Die Zahl derer, welche die Nutzung tatsächlich angeben, ist aber unerwartet gering. Die unten stehende Tabelle gibt Aufschluss über die angegebene Nutzung des Taschenrechners in Prozent pro Aufgabe. Zur besseren Übersicht werden Werte unter 5 % grau gedruckt, Werte über 5 % schwarz gedruckt und Werte über 30 % zusätzlich fett gedruckt:

Nr.	Thema/Ziel der Aufgabe	Kürzel	Prozentsatz
1	Umgangssprachlicher Umgang mit der Prozentrechnung	Verdreifachen	0 %
2	Gemeine Brüche zu Prozentsätzen zuordnen	Brüche	1,52 %, 1,01 %, 1,15 %, 1,59 %
3	Prozentsatz aus Bruch (1/3) erkennen	Ein Drittel	1,23 %
4	Prozentwert mit einfachen Zahlen berechnen	Prozentwert	1,44 %
5	erhöhten Grundwert berechnen	MP3-Player	2,53 %
6	Prozentwert berechnen	Digitalkamera	2,89 %

7	Prozentsatz mit einfachen Zahlen berechnen	Prozentsatz	2,38 %
8	Nutzung des Taschenrechners bei sechs Aufgabentypen ermitteln	Taschenrechner	1,73 %, **41,63 %**, 2,16 % **35,06 %**, 7,95 %, **44,66 %**
9	Prozentsatz berechnen	Taschengeld	1,44 %
10	Prozentsatz bei erhöhtem Grundwert berechnen	Bohnen	2,53 %
11	Prozentsätze zu Dezimalbruch 0,03 zuordnen	Dezimalbruch	0,43 %
12	Prozentwert mit schwierigen Zahlen berechnen	Schwieriger Prozentwert	5,77 %
13	Mit großen Zahlen rechnen	große Zahlen	0,94 %
14	Prozentwert berechnen und neuen Grundwert schätzen	Neufeld	5,70 %
15	Grundwert mit schwierigen Zahlen berechnen	Pakete	10,75 %
16	Grundbegriffe der Prozentrechnung zuordnen	Grundbegriffe	-
17	Vorgehen bei der Berechnung des erhöhten und verminderten Grundwertes	Skonto	1,15 %
18	Prozentsatz mit schwierigen Zahlen berechnen	schwieriger Prozentsatz	5,12 %
19	Grundwert mit einfachen Zahlen berechnen	Lieferung	0,94 %
20	Prozentwert und Grundwert berechnen	Wassertonne	8,66 %
21	Kreisdiagramm interpretieren	Kreisdiagramm	0 %

Tabelle 18. Nutzung des Taschenrechners (in Prozent)

Die Taschenrechnernutzung fällt demnach insgesamt sehr gering aus. Bei den Aufgaben „Verdreifachen“ und „Kreisdiagramm“ wird der Taschenrechner gar nicht genutzt.

Das Ergebnis von Aufgabe 8, die keine Berechnung erfordert, sondern ausschließlich nach der Nutzung des Taschenrechners bei bestimmten Aufgabentypen fragt, ist zum Teil höher ausgefallen:

Aufgabe „Taschenrechner“	Thema/Ziel	Prozentsatz
40 % von 200 €	Prozentwert mit einfachen Zahlen berechnen	1,73 %
43 % von 200 €	Prozentwert mit schwierigen Zahlen berechnen	**41,63 %**
20 € von 400 €	Prozentsatz mit einfachen Zahlen berechnen	2,16 %
16 € von 300 €	Prozentsatz mit schwierigen Zahlen berechnen	**35,06 %**
60 € sind 40 %. Wie viel € sind 100 %?	Grundwert mit einfachen Zahlen berechnen	7,95 %
20 € sind 16 %. Wie viel € sind 100 %?	Grundwert mit schwierigen Zahlen berechnen	**44,66 %**

Tabelle 19. Taschenrechnernutzung bei Aufgabe „Taschenrechner“ in Prozent

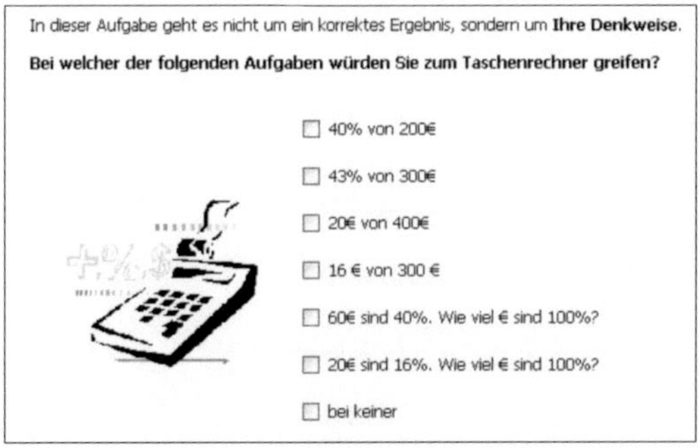
In dieser Aufgabe geht es nicht um ein korrektes Ergebnis, sondern um **Ihre Denkweise**.

Bei welcher der folgenden Aufgaben würden Sie zum Taschenrechner greifen?

- ☐ 40% von 200€
- ☐ 43% von 300€
- ☐ 20€ von 400€
- ☐ 16 € von 300 €
- ☐ 60€ sind 40%. Wie viel € sind 100%?
- ☐ 20€ sind 16%. Wie viel € sind 100%?
- ☐ bei keiner

Abbildung 146. Aufgabe 8 zur Nutzung des Taschenrechners

Bei den Aufgaben zur Berechnung der Grundbegriffe mit schwierigen Zahlen geben erwartungsgemäß mehr Probanden an, den Taschenrechner zu nutzen, als bei den Aufgaben mit einfachen Zahlen. Die Einschätzung der Nutzung des Taschenrechners (bei Aufgabe 8) liegt damit über der Angabe der Nutzung des Taschenrechners bei den einzelnen Aufgaben.

4.2.7 Zusammenfassung

Bei allen Aufgaben erreichen Erwachsene eine höhere Lösungsquote als Schüler. Zusammenfassend kann man für die verschiedenen Aufgabentypen folgendes Ergebnis festhalten:

Aufgabengruppe	Ziel der Aufgabe	Kürzel	Schwierigkeitsstufe	Lösungsquote insgesamt
Allgemeine Anforderungen	Grundbegriffe zuordnen: Prozentwert, Prozentsatz, Grundwert (Aufgabe 16)	Grundbegriffe	Leicht	86 %*
	Umgangssprachlichen Umgang mit Prozentrechnung richtig interpretieren (Aufgabe 1)	Verdreifachen	Mittel*	39 %
	Gemeine Brüche zu Prozentsätzen zuordnen (Aufgabe 2)	Brüche	Mittel	86 %**
	Prozentrechnung auf „große" Zahlen anwenden (Aufgabe 13)	Große Zahlen	Mittel	88 %
	Kreisdiagramm interpretieren (Aufgabe 21)	Kreisdiagramm	Schwer*	67 %

Prozentwert berechnen	Prozentwert mit einfachen Zahlen berechnen (Aufgabe 4)	Prozentwert	Leicht	95 %
	Prozentwert mit anspruchsvollerer Aufgabenstellung berechnen (Aufgabe 6)	Digitalkamera	Mittel	74 %
	Prozentwert mit schwierigen Zahlen berechnen (Aufgabe 12)	Schwieriger Prozentwert	Mittel	93 %
	Prozentwert berechnen und Grundwert schätzen (Aufgabe 14)	Neufeld	Schwer*	82 %
Grundwert berechnen	Grundwert mit einfachen Zahlen berechnen (Aufgabe 19)	Lieferung	Leicht*	91 %
	Erhöhten Grundwert berechnen (Aufgabe 5)	MP3-Player	Mittel	93 %
	Grundwert mit schwierigen Zahlen berechnen (Aufgabe 15)	Pakete	Schwer	83 %
	Vorgehen bei der Berechnung erhöhter und verminderter Grundwert (Aufgabe 17)	Skonto	Schwer*	76 %
	Prozentwert und Grundwert berechnen (Aufgabe 20)	Wassertonne	Schwer*	81 %
Prozentsatz berechnen	Richtigen Prozentsatz zu bestimmtem Bruch (1/3) auswählen (Aufgabe 3)	Ein Drittel	Leicht	81 %
	Prozentsatz mit einfachen Zahlen berechnen (Aufgabe 7)	Prozentsatz	Leicht*	90 %
	Prozentsatz berechnen (Aufgabe 9)	Taschengeld	Leicht	90 %
	Prozentsatz mit schwierigen Zahlen berechnen (Aufgabe 18)	Schwieriger Prozentsatz	Mittel	88 %
	Prozentsätze zu Dezimalbruch 0,03 zuordnen (Aufgabe 11)	Dezimalbruch	Mittel	80 %
	Prozentsatz bei erhöhtem Grundwert berechnen (Aufgabe 10)	Bohnen	Schwer	80 %

* Der Wert entspricht der durchschnittlichen Lösungsquote für alle drei Teilaufgaben. Die durchschnittliche Lösungsquote beträgt für die Benennung des Grundwertes 93 %, für die Benennung des Prozentwertes 82 % und für die Benennung des Prozentsatzes ebenfalls 82 %.

** Der Wert entspricht der durchschnittlichen Lösungsquote für alle vier Teilaufgaben. Die Lösungsquoten der Teilaufgaben betragen 84 %, 84 %, 87 % und 87 %.

Abbildung 147. Zusammenfassung der Ergebnisse der einzelnen Aufgaben

Es zeigt sich, dass sich die Einschätzung der Schwierigkeitsstufe im Vorfeld in einigen Fällen nicht bestätigt hat. Auffälligkeiten im Zusammenhang mit der Beurteilung der Schwierigkeit sollen kurz erläutert werden.

In der Aufgabengruppe *„Allgemeine Anforderungen"* wird die Aufgabe 1 mit dem Ziel den umgangssprachlichen Umgang mit der Prozentrechnung richtig zu interpretieren, im Vorfeld hinsichtlich der Schwierigkeit nicht richtig eingeschätzt. Obwohl sie als „mittlere" Aufgabe deklariert ist, ist die Lösungsquote bei dieser Aufgabe am niedrigsten: etwa 60 % der Teilnehmer antworten falsch. Dennoch scheint sie als 1. Aufgabe im Test in ihrer Eisbrecher-Funktion passend. Auch aus Reaktionen der Test-Teilnehmer in Foren und bei der Abschlussfrage geht nicht hervor, dass sie als problematisch *betrachtet* wird.
Die Interpretation des Kreisdiagramms (Aufgabe 21) wird hingegen im Vorfeld vom Expertenteam aufgrund ihrer Aufgabenstellung im Jahrgangsstufentest des Gymnasiums als „Schwer" beurteilt und auch von etwa einem Drittel der Beteiligten falsch gelöst. Sie ist demnach als schwerste Aufgabe zum Abschluss der Testfragen geeignet.

Bei der Aufgabengruppe *„Prozentwert berechnen"* scheint die Aufgabe „Digitalkamera" den Teilnehmern am schwersten zu fallen („Eine Digitalkamera kostet 250 Euro. Der Verkäufer gibt 30 % Rabatt. Der Rabatt beträgt also:..."). Wie bereits erwähnt, handelt es sich bei einem Großteil der bei dieser Aufgabe vorgenommenen Falschantworten offensichtlich um „Leichtsinnsfehler", die auf die Aufgabenstellung zurückzuführen sind. Viele haben scheinbar den rabattierten Preis für die richtige Lösung gehalten, anstatt die Höhe des Rabatts zu nennen. Die mehrschrittige Aufgabe „Neufeld", welche die Experten als „Schwer" einschätzen, wird von etwa jedem fünften Teilnehmer falsch gelöst.

Bei der Aufgabengruppe *„Grundwert berechnen"* wird die Schwierigkeitsstufe im Vorfeld vom Expertenteam relativ treffend abgeschätzt. Die Aufgabe mit mittlerem Schwierigkeitsgrad wird mit durchschnittlich über 90 % richtig gelöst, während „schwere" Aufgaben nur von etwa 76 % bis 83 % der Probanden richtig beantwortet werden.

Die Aufgabengruppe *„Prozentsatz berechnen"* wird mit insgesamt sechs Aufgaben im Test abgebildet. Entgegen der Experteneinschätzung der Aufgabe drei als „leichte“ Aufgabe, zeigt sich, dass etwa ein Fünftel der Probanden nicht den richtigen Prozentsatz zu einem bestimmtem Bruch (1/3) angeben können. Die beiden „leichten“ Aufgaben zur Berechnung des Prozentsatzes werden jeweils von 90 % der Probanden richtig beantwortet. Mehr Probleme haben die Probanden erwartungsgemäß bei den Aufgaben der Schwierigkeitsstufe „Mittel“ und „Schwer“. Die Zuordnung des richtigen Prozentsatzes zum Dezimalbruch 0,03 und die Berechnung des Prozentsatzes bei erhöhtem Grundwert kann von je 20 % der Teilnehmer nicht gelöst werden.

4.3 Ergebnisse der statistischen Signifikanztests

Innerhalb des vorliegenden Tests werden zur Beantwortung der Forschungsfragen quantitative und qualitative Merkmale und Daten erfasst.[267] Die Ergebnisse dieser Daten werden nun mit Hilfe von statistischen Signifikanztests ermittelt.
In den folgenden Kapiteln werden die Voraussetzungen zur Messung der Daten und entsprechende Tests kurz erklärt. Eventuelle Wechselwirkungen der Merkmale der Personen (zum Beispiel „Alter“ oder „Geschlecht“) werden mittels Häufigkeitsverteilungen und Maßen der zentralen Tendenz analysiert.
Insgesamt fließen nach der Bereinigung der Datensätze die Angaben von 1185 Probanden in die Auswertungen ein. Der Mittelwert liegt insgesamt bei etwa 17,6 von 21,5 zu erreichenden Punkten.

4.3.1 Voraussetzung zur Messung der Testdaten

4.3.1.1 Skalenniveaus der Variablen

Um die richtigen statistischen Tests für die vorliegenden Daten auszuwählen, muss zunächst das Skalenniveau der abhängigen und unabhängigen Variablen

---

[267] Quantitative Merkmale werden in einem Punktwert festgehalten, während qualitative Merkmale von den Testpersonen ausformuliert werden. Vgl. **Bortz et al. 2002**, S. 6; Qualitative Merkmale werden in der vorliegenden Untersuchung für die Erfassung der Berufe, des Studienganges, der Schulklasse und bei der abschließenden Frage erfasst.

in der Untersuchung geklärt werden. Zum Überblick dient die nachfolgende Tabelle[268]:

Unabhängige Variablen	Skalierung
Alter/Geburtsjahr	Intervallskaliert
Geschlecht (dichotom)	Nominalskaliert
Nationalität (dichotom)	Nominalskaliert
Beruf	Nominalskaliert
Schüler (dichotom)	Nominalskaliert
Studierende (dichotom)	Nominalskaliert
Schulbildung	Ordinalskaliert
Dauer	Intervallskaliert
Abhängige Variable	**Skalierung**
Gesamtpunkte	Verhältnisskaliert

Tabelle 20. Skalenniveaus der Variablen im Test

Je nach Skalenniveau der Variablen, die zum statistischen Test herangezogen werden, finden unterschiedliche statistische Tests Anwendung.

4.3.1.2 Test auf Normalverteilung

Für die statistische Testdurchführung spielt im ersten Schritt die Art der Verteilung der abhängigen Variablen eine wichtige Rolle. Die Verteilungskurve stellt sich für die abhängige Variable „Gesamtpunkte" des vorliegenden Tests wie folgt dar:

---

[268] Man unterscheidet vier Skalenniveaus, die aufsteigend zu betrachten sind: *Nominalskalierten* Variablen können bei der Codierung beliebige Werte zugeordnet werden, ohne dass diesen eine Bedeutung beigemessen wird (zum Beispiel Beruf oder Geschlecht, wobei man bei nur zwei Ausprägungen von einer dichotomen Variable spricht). *Ordinalskalierten* Variablen können bei der Auswertung bestimmte Ziffern zugeordnet werden, die nach dem Rang geordnet sind. (zum Beispiel „Geben Sie Ihre Rauchgewohnheit an: viel, mittel, wenig"). Bei *intervallskalierten* Variablen hat die Differenz zwischen den Werten zusätzlich eine Bedeutung, was bei ordinalskalierten Variablen noch nicht der Fall ist (zum Beispiel Körpergröße). Variablen, die nach dem *Verhältnisniveau skaliert* sind, kommt zusätzlich dem Verhältnis der einzelnen Werte Bedeutung zu. Das sind Variablen auf Intervallniveau, die auch den Wert 0 annehmen können, welcher der niedrigste Wert in der Skala ist (zum Beispiel Gesamtpunkte bei einem Test). Vgl. **Zöfel 2002**, S. 13-14

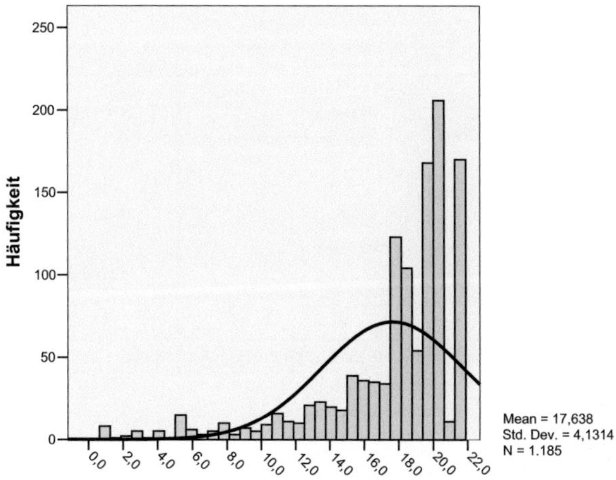

Abbildung 148. Verteilung der Stichprobe[269]

Die obige Abbildung lässt erkennen, dass die Stichprobe hinsichtlich der erreichten Punktzahl im Test nicht normalverteilt ist. Am häufigsten werden 17,5 bis 21,5 Punkte erzielt.

Es handelt sich hier also offensichtlich nicht um eine Normalverteilung, sondern um eine rechtsschiefe Verteilung der Daten, mit dem Mittelwert 17,6, der Standardabweichung 4,1 und der Stichprobengröße 1185. Bei nicht normalverteilten Daten ist es sinnvoll, neben dem Vergleich der Mittelwerte auch die Differenz der Mediane zur Überprüfung der Verteilung heranzuziehen, da diese im Gegensatz zum Mittelwert unempfindlicher gegenüber Ausreißern ist.

Zur statistischen Überprüfung der Verteilung wird der Kolmogorov-Smirnov-Test angewendet:

---

[269] Die folgenden Tabellen und Diagramme sind mit wenigen Ausnahmen dem Statistik-Programm SPSS entnommen.

Kolmogorov-Smirnov-Anpassungstest

		Gesamtpunkte
N		1185
Parameter der Normalverteilung[a,b]	Mittelwert	17,638
	Standardabweichung	4,1314
Extremste Differenzen	Absolut	,192
	Positiv	,175
	Negativ	-,192
Kolmogorov-Smirnov-Z		6,616
Asymptotische Signifikanz (2-seitig)		,000

a. Die zu testende Verteilung ist eine Normalverteilung.

b. Aus den Daten berechnet.

Tabelle 21. Kolmogorov-Smirnov-Test

Auch dieser Test weist bei 1185 Teilnehmern, einem Mittelwert von etwa 17,6 Punkten und einer Standardabweichung von etwa 4,1 auf nicht normalverteilte Daten hin. Tabelle 21 enthält neben diesen Angaben weitere Zwischenergebnisse, die zum Verständnis nicht erwähnt werden müssen. Von Interesse ist bei der Überprüfung der Verteilung vor allem die Irrtumswahrscheinlichkeit, die hier als „Asymptotische Signifikanz (2-seitig)" bezeichnet wird. Ist dieser Wert kleiner als 0,05 (wie im vorliegenden Fall aus der obigen Tabelle mit 0,00 ersichtlich) und damit signifikant, bedeutet dies eine signifikante Abweichung der Verteilung von der Normalverteilung.

Es gibt zwei Möglichkeiten mit nicht normalverteilten Daten umzugehen. Entweder wendet man verteilungsfreie Tests an oder man transformiert eine nicht normalverteilte Verteilung in eine Normalverteilung.[270] Es werden die in diesem

---

[270] Der Unterschied der beiden Verfahren liegt wiederum in der Betrachtung der zentralen Tendenz. Bei nicht-normalverteilten Daten macht der Median eine bessere Aussage über die zentrale Tendenz als der Mittelwert. Bei einer Transformation wird der Median zum Mittelwert „umgewandelt“. Die darauf folgenden Tests messen somit nicht mehr die Unterschiede des Medians sondern des Mittelwerts verschiedener Gruppen. Vgl. **Tabachnik et al. 2007**, S. 80-87ff. Da es sich im vorliegenden Fall um eine rechtsschiefe Verteilung („negative skewness“)

Fall üblicherweise angewendeten Testmethoden für verteilungsfreie Tests herangezogen (auch nicht-parametrische oder parameterfreie Tests genannt).[271]

4.3.1.3 Auswahl der statistischen Tests und Hypothesen

Die nachstehende Tabelle gibt zunächst einen Überblick über die im Folgenden angewendeten Tests:

Unabhängige Variable	Skalierung	Abhängige Variable	Test
Alter (1)[272]	Nominal mit zwei Kategorien	Gesamtpunkte bei der Messung der Kompetenz im Prozentrechnen, Verhältnisskaliert, nicht normalverteilt	U-Test[273]
Alter (2)	Nominal mit mehr als zwei Kategorien		H-Test
Geschlecht	Nominal mit zwei Kategorien		U-Test
Nationalität	Nominal mit zwei Kategorien		U-Test
Schüler	Nominal mit zwei Kategorien		U-Test
Studierende	Nominal mit zwei Kategorien		U-Test
Schulbildung	Ordinalskaliert		H-Test

Tabelle 22. Statistische Tests für die vorliegenden Variablen[274]

Bei parameterfreien Tests werden im Gegensatz zu parametrischen Tests nicht die eigentlichen Messwerte, sondern deren Rangplätze erfasst. Statt der einfaktoriellen Varianzanalyse, wie sie üblicherweise bei einer Normalverteilung der abhängigen Variable angewendet wird, kann bei einer schiefen Verteilung bei mehr als zwei Stichproben der H-Test von Kruskal und Wallis angewendet

---

handelt, könnte auch die so genannte logarithmische Transformation angewendet werden. Vgl. **Howell 2007**, S. 319ff.

[271] Vgl. **Groner 2001**. Zu den verteilungsfreien Tests gehören der H-Test von Kruskal und Wallis und der U-Test von Mann und Whitney. Der U-Test wird bei genau zwei unabhängigen Stichproben angewendet, wohingegen der H-Test zur Anwendung kommt, wenn mehr als zwei unabhängige Stichproben zur Verfügung stehen. Vgl. **Aron et al. 2006**, S. 595ff.

[272] Die unabhängige Variable „Alter (1)" unterscheidet Probanden unter 18 Jahren von Erwachsenen. Die unabhängige Variable „Alter (2)" hingegen unterschiedet die Probanden nach mehr als 2 Altersklassen.

[273] Die nicht-parametrischen Tests Mann-Whitney-U-Test und Wilcoxon-Test sind das „Gegenstück" zum parametrischen t-Test. Vgl. **Wiseman 1999**

[274] Vgl. **Zöfel 2002**, S. 88ff.

werden. Dabei wird ermittelt, ob zwischen den mehr als zwei zu testenden Gruppen ein Unterschied besteht oder nicht.
Mit dem Mann-Whitney-U-Test soll getestet werden, welche Variablen mit zwei Kategorien die gleiche zentrale Tendenz aufweisen.[275]
Die Unterschiedshypothesen lauten deshalb:
Nullhypothese: Es gibt keinen Unterschied der zentralen Tendenz zwischen den Gruppen.
Alternativhypothese: Es gibt einen Unterschied der zentralen Tendenz zwischen den Teilnehmergruppen.

Lässt sich beim H-Test ein signifikantes Ergebnis feststellen, so werden gegebenenfalls mit Hilfe des U-Tests paarweise Vergleiche angestellt, um zu ermitteln, welche Stichproben sich im Detail unterscheiden.

Da im vorliegenden Fall mehrere statistische Tests aus derselben Datenmenge durchgeführt werden, muss zur Verhinderung der Alpha-Fehler Kumulierung eine Korrektur der Signifikanzen durchgeführt werden. Dazu kann die Bonferroni-Korrektur angewendet werden. Diese ist sehr konservativ, das heißt, das Ergebnis muss einen sehr niedrigen Wert aufweisen, um statistisch signifikant zu sein.[276] Bei acht durchgeführten Vergleichen aus einer Datenmenge entspricht dies dem Signifikanzniveau von (0,05 / 8 = 0,00625) 0,6 % (statt 5 %). Dadurch verlieren die statistischen Tests zwar an Stärke (Power), dies ist

---

[275] Die Variable Geschlecht hat zum Beispiel die beiden Kategorien „männlich“ und „weiblich“.

[276] An dieser Stelle könnte auch die sequentielle Bonferroni-Korrektur, die auch Bonferroni-Holm-Prozedur genannt wird, angewendet werden. Diese ist weniger konservativ als die Bonferroni-Korrektur. Vgl. **Holm 1979**, S. 65-70; Bei der sequentiellen Bonferroni-Korrektur „handelt es sich um ein sequentielles schrittweises Bonferroni-Verfahren, das deutlich weniger konservativ ist was die Ablehnung einzelner Hypothesen anbelangt, aber dennoch dasselbe allgemeine Signifikanzniveau beibehält.“ Vgl. **SPSS 2004**, S. 70. Es soll aber vorliegend dennoch die konservative Variante der Bonferroni-Korrektur angewandt werden, um nicht Gefahr zu laufen, die Ergebnisse „beschönigen“ zu wollen.

allerdings notwendig, „um als bedeutsamer und mit nur sehr geringer Wahrscheinlichkeit als zufallsbedingter Effekt interpretiert zu werden."[277]

4.3.1.4 Auffälligkeiten bei Wechselwirkungen der Merkmale

Um eventuelle Wechselwirkungen zwischen den vorwiegend quantitativen Merkmalen der Probanden zu erkennen, werden deren Zusammenhänge untersucht. Im Folgenden werden Auffälligkeiten erläutert, die dabei beobachtet werden konnten.

- ***Alter-Geschlecht***

Betrachtet man zunächst die Einteilung des Alters in verschiedene Kategorien, scheinen Männer und Frauen in der Stichprobe hinsichtlich der einzelnen Altersgruppen relativ gleich verteilt:

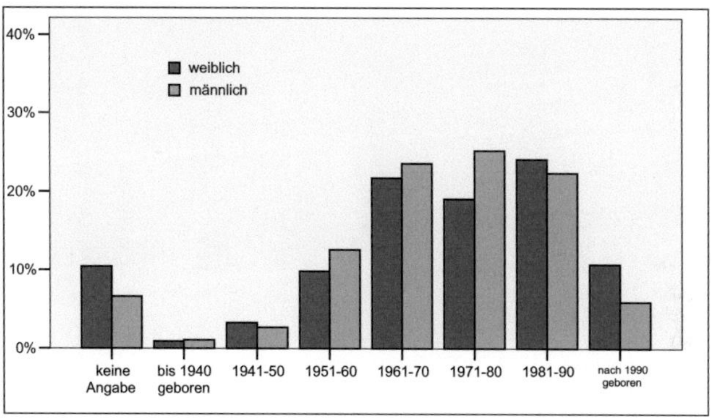

Abbildung 149. Wechselwirkungen zwischen Alter und Geschlecht

- ***Alter-Schulabschluss***

Hinsichtlich der Verteilung des Schulabschlusses nach dem Alter der Probanden kann festgestellt werden, dass etwa 44 % aller Teilnehmer, die beim Schulabschluss angeben in der Förderschule zu sein, sich in der Altersgruppe der 45- bis 55-Jährigen befinden (1951 bis 1960 geboren). Wie diese Auffällig-

---

[277] **Stühlmeyer 2004**, S. 264

keit zustande kommt ist nicht klar. Die genaue Untersuchung der Datensätze dieser Probanden lässt vermuten, dass es sich möglicherweise dabei um „Scherz-Antworten“ handelt.

Knapp 40 % der Teilnehmer, die angeben keinen Schulabschluss zu haben, sind in der Altersgruppe der bis 16-Jährigen (ab 1990 geboren). Da es sich hierbei noch zum großen Teil um Schüler handelt, ist diese Verteilung erwartungskonform.

- ***Schulabschluss-Beruf***

Bei der Beobachtung des Zusammenhangs von Schulabschluss und Berufen sind ebenfalls erwartungskonforme Ergebnisse festzustellen[278]:

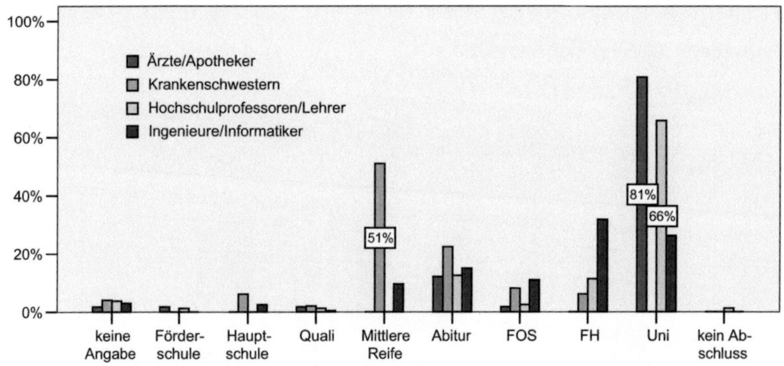

Abbildung 150. Wechselwirkungen zwischen Schulabschluss und Berufsgruppen

Etwa die Hälfte der Probanden, die angeben, Krankenschwester zu sein, geben auch an, die Mittlere Reife zu haben. Ärzte und Apotheker klicken zu etwa 80 % bei Schulabschluss „Universitätsabschluss“ an. 67 % der Hochschulprofessoren und Lehrer geben an, an der Universität ihren Abschluss erworben zu haben.

[278] Aus den genannten Berufsgruppen ergeben sich vier inhaltliche Berufe-Cluster. Dabei sollen Ärzte und Apotheker aufgrund des weitestgehend ähnlichen Tätigkeitsfeldes zusammengefasst werden. Ebenso scheinen Hochschulprofessoren und Lehrer inhaltlich ein Cluster zu bilden. Ingenieure und Informatiker werden aufgrund der mathematiknahen Ausbildung gruppiert. Krankschwestern treten aufgrund ihrer Ausbildung als eigene Gruppe auf.

Informatiker und Ingenieure dagegen scheinen häufiger über den 2. Bildungsweg zu dem entsprechenden Beruf gekommen zu sein. Sie wählen beim Schulabschluss häufig mehrere Optionen aus: Mittlere Reife, Abitur, Abschluss an der Fachoberschule (FOS), aber auch Abschluss an der Fachhochschule (FH) und der Universität sind bei dieser Berufsgruppe vertreten.

- ***Schulabschluss-Geschlecht***

Untersucht man die Zusammenhänge zwischen Schulabschluss und Geschlecht, so stellt man zunächst fest, dass das Geschlecht meist gleichverteilt auf die Kategorien ist. Allerdings geben etwa 5 % mehr weibliche Probanden den Mittlere-Reife-Abschluss an. Demgegenüber haben offensichtlich mehr männliche Probanden Abitur und Universitätsabschluss.

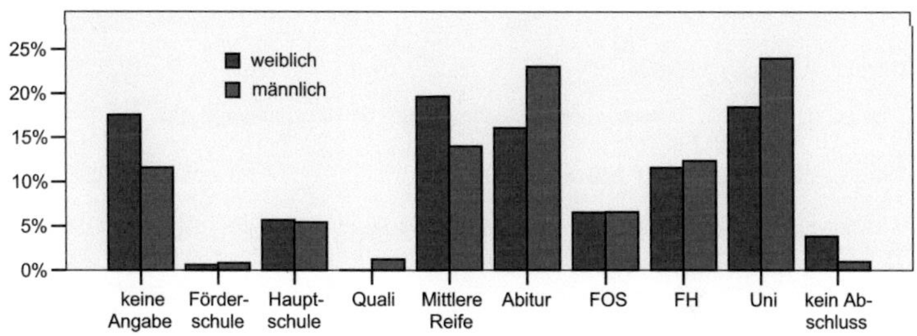

Abbildung 151. Wechselwirkungen zwischen Schulabschluss und Geschlecht

- ***Geschlecht-Beruf***

Interessant scheint auch, wie sich die Angabe des Geschlechts auf die am häufigsten genannten Berufe verteilt (vgl. Abbildung 152).

Vor allem die Berufe „Arzt“, „Ingenieur“, „Unternehmer“ und „Informatiker“ sind stark männerdominiert. In der Gruppe der Krankenschwestern sind dagegen überproportional mehr Frauen vertreten als in anderen Berufsgruppen. Nur bei der Berufsgruppe „Lehrer“ sind beide Geschlechter ähnlich stark vertreten.

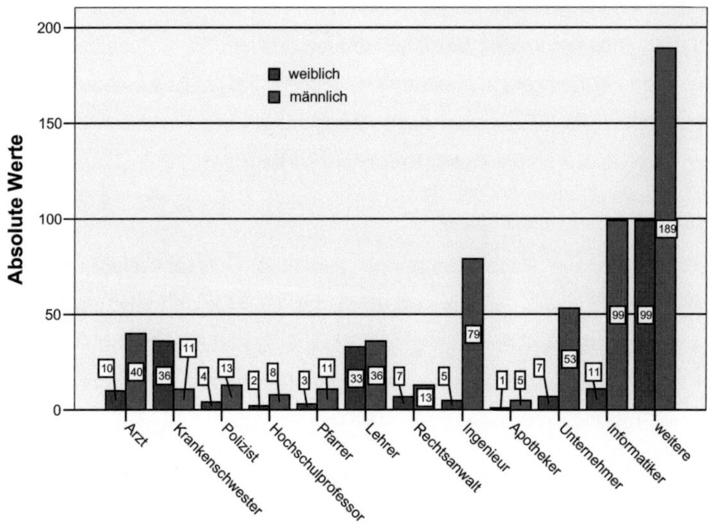

Abbildung 152. Wechselwirkungen zwischen Beruf und Geschlecht

Die Wechselwirkungen der Merkmale sind zum großen Teil erwartungskonform. Die Auffälligkeiten werden in Zusammenhang mit den weiteren Ergebnissen bei Bedarf nochmals aufgegriffen und diskutiert.

4.3.2 Durchführung der statistischen Signifikanztests

Im Folgenden werden die Ergebnisse der statistischen Tests zur Kompetenz im Prozentrechnen hinsichtlich Alter, Geschlecht, Nationalität und Schulbildung vorgestellt. Anfangs werden jeweils Mittelwerte und Standardabweichung der Daten erwähnt. Danach wird mit Hilfe von statistischen Tests überprüft, ob die Unterschiede signifikant sind. In Bezug auf die formulierte Nullhypothese erfolgt abschließend pro Gruppenvergleich das Ergebnis (in kursiver Schrift).

4.3.2.1 Kompetenz im Prozentrechnen bei Jugendlichen und Erwachsenen

Da der Test vor allem die Kompetenz der Erwachsenen messen soll, ist das Eingabefeld „Geburtsjahr“ von zentraler Bedeutung:

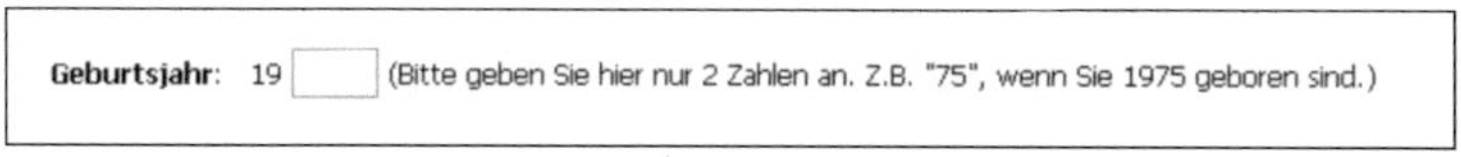

Abbildung 153. Eingabefeld „Geburtsjahr“

Bei der Unterscheidung in Erwachsene und Jugendliche werden Testpersonen dann als Erwachsene betrachtet, wenn sie sich als solche mit Hilfe der Altersangabe identifizieren lassen. Alle Personen die beim Eingabefeld „Geburtsjahr“ 1988 und früher angeben, werden als „Erwachsene_1“ zusammengefasst. Das sind etwa 75 % aller Teilnehmer. Personen, die angeben 1989 oder später geboren worden zu sein, sind zum Zeitpunkt des Tests 18 Jahre und jünger. Sie werden in die Gruppe „Jugendliche“ zusammengefasst. Das sind über 10 % der Teilnehmer. 9 % machen keine Angaben im Feld „Geburtsjahr“ und werden in der Auswertung nicht berücksichtigt:

	Mittelwert	N	Standardabweichung
keine Angabe	14,958	108	5,6903
Erwachsene (vor 1989 geboren)	18,522	944	3,0759
Jugendliche (ab 1989 geboren)	13,534	133	5,5515
Insgesamt	17,638	1185	4,1314

Tabelle 23. Mittelwert und Standardabweichung Erwachsener und Jugendlicher

„Erwachsene_1“ erreichen einen Mittelwert von etwa 18,5 Punkten. Jugendliche schneiden mit durchschnittlich etwa 13,5 Punkten ab.

Der U-Test zeigt im ersten Schritt die mittleren Ränge der Gesamtpunkte der beiden Gruppen[279]:

Ränge

		N	Mittlerer Rang	Rangsumme
Gesamtpunkte	Erwachsene	944	578,83	546415,50
	Jugendliche	133	256,30	34087,50
	Gesamt	1077		

Tabelle 24. Ränge beim Mann-Whitney-U-Test für Jugendliche und Erwachsene_1

[279] Der Test von Mann und Whitney baut auf einen Vergleich von Rangreihen der Fälle der zu untersuchenden Variablen auf. Die erste Tabelle beim Mann-Whitney-U-Test zeigt deshalb stets eine Zusammenfassung der Rangstatistiken.

Demnach weisen 944 Erwachsene einen mittleren Rang von 578,83 und 133 Jugendliche einen mittleren Rang von 256,30 auf.[280] Ob der scheinbar „schlechtere“ Wert der Jugendlichen auch signifikant ist, wird im zweiten Schritt des U-Tests, dem Signifikanztest, deutlich:

	Gesamtpunkte
Mann-Whitney-U	25176,500
Wilcoxon-W	34087,500
Z	-11,261
Asymptotische Signifikanz (2-seitig)	,000

Tabelle 25. Signifikanztest des Mann-Whitney-U-Test für Jugendliche und Erwachsene_1

Das Ergebnis weist eine hohe Signifikanz hinsichtlich des Unterschieds der beiden Gruppen auf. Diese wird durch den Wert „,000“ angegeben. Der Wert ist kleiner als 0,0005 oder 0,05 % und zeigt somit eine sehr niedrige Irrtumswahrscheinlichkeit an.

Die Nullhypothese besagt, dass es keinen Unterschied der zentralen Tendenz zwischen den Gruppen gibt. Sie kann somit verworfen werden.

„Erwachsene_1“ und Jugendliche unterschieden sich hinsichtlich der Kompetenz im Prozentrechnen signifikant voneinander. Erwachsene schneiden somit signifikant besser ab als Jugendliche.

4.3.2.2 Kompetenz im Prozentrechnen bei weiteren Altersgruppen.

Eine weitere Annahme hinsichtlich der Alterseinteilung könnte lauten: Die Mittelwerte der Leistungen im Prozentrechnen unterscheiden sich bei unterschiedlichen Altersklassen.

[280] Die unterschiedliche Gruppengröße wird im 2. Schritt des U-Tests, dem nachfolgenden statistischen Test relativiert.

- ***Einteilung in drei Altersgruppen***

Diese könnten im Hinblick auf die geplante OECD-Studie für Erwachsene folgendermaßen eingeteilt werden[281]:

- über 50-Jährige: Geburtsjahr vor 1957;
- 35 - 50-Jährige: Geburtsjahr zwischen 1957 und 1971;
- 20 - 35-Jährige: Geburtsjahr zwischen 1972 und 1987.

Die unabhängige Variable „Altersgruppen" hat somit drei Ausprägungen. Die Mittelwerte mit Standardabweichungen für diese Kategorisierung sind der nachfolgenden Tabelle zu entnehmen:

	Mittelwert	N	Standardabweichung
über 50-Jährige	17,758	118	4,1683
35- bis 50-Jährige	17,638	337	3,9708
20- bis 35-Jährige	18,043	434	3,8919

Tabelle 26. Mittelwerte und Standardabweichung für drei Altersgruppen

Aus den Daten ist ersichtlich, dass es kaum Unterschiede hinsichtlich der Mittelwerte der Gruppen gibt. Das wird durch die folgende grafische Darstellung noch deutlicher:

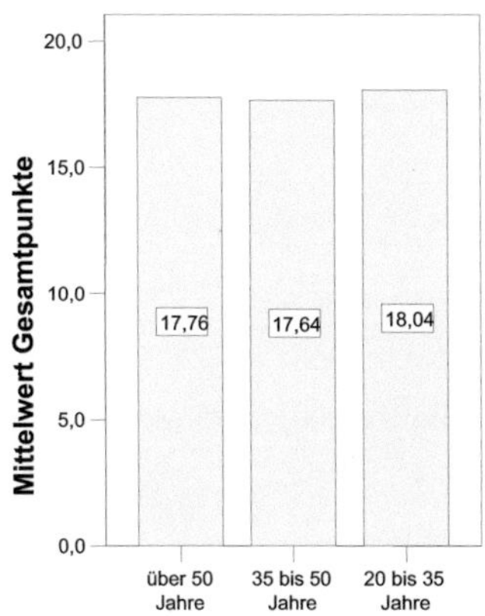

Abbildung 154. Mittelwerte für drei Altersgruppen (Balkendiagramm)

[281] Vgl. **DIE ZEIT 2003**

Um dennoch sicherzustellen, dass es sich hierbei um einen signifikanten Unterscheid handelt, wird der H-Test durchgeführt:

Ränge

		N	Mittlerer Rang
Gesamtpunkte	über 50 Jahre	118	445,80
	35 bis 50 Jahre	337	425,50
	20 bis 35 Jahre	434	459,92
	Gesamt	889	

	Gesamtpunkte
Chi-Quadrat	3,449
df	2
Asymptotische Signifikanz	,178

Tabelle 27. H-Test für drei Altersgruppen

Bereits die mittleren Ränge in der ersten Tabelle lassen vermuten, dass keine signifikanten Unterschiede nachzuweisen sind. Die zweite Tabelle bestätigt diese Vermutung.[282] Die Unterschiede sind nicht signifikant, so dass sich weitere paarweise Tests erübrigen.

Die Nullhypothese „es gibt keinen Unterschied der zentralen Tendenz zwischen der Gruppen“ kann somit nicht verworfen werden. Die Probanden, eingeteilt in drei Altersklassen, unterscheiden sich nicht hinsichtlich der Kompetenz im Prozentrechnen.

- ***Einteilung in weitere Altersgruppen***

Da auch von Interesse ist, ob eine weitere Differenzierung des Alters zu Unterschieden hinsichtlich der Kompetenz im Prozentrechnen führt, soll eine Einteilung des Alters in 10er-Schritten vorgenommen werden:

---

[282] In der zweiten Tabelle wird als Prüfgröße ein Chi-Quadrat-Wert von 3,449 bei 2 Freiheitsgraden berechnet.

Ränge

	Alter	N	Mittlerer Rang
Gesamtpunkte	Bis 1940 geboren	11	391,64
	Zwischen 1941-50 geboren	33	577,58
	Zwischen 1951-60 geboren	132	572,50
	Zwischen 1961-70 geboren	268	555,50
	Zwischen 1971-80 geboren	267	543,69
	Zwischen 1981-90 geboren	261	512,36
	Ab 1990 geboren	92	433,48
	Gesamt	1064	

Tabelle 28. Alterseinteilung in 10er-Schritten

11 Personen im Test sind vor 1940 geboren. Die Zahl der ab 1960 Geborenen ist hingegen wesentlich höher (vgl. Kapitel „4.1.2 Repräsentativität im Hinblick auf die Verteilung soziodemografischer Merkmale")

Abbildung 155 stellt die Mittelwerte der einzelnen Altersgruppen anschaulich dar. Beim statistischen Test auf Unterschiede zwischen den Gruppen, kann zunächst Signifikanz nachgewiesen werden (vgl. Tabelle 29).

Die errechnete Signifikanz kann auch knapp der Bonferroni-Korrektur stand halten, da der errechnete Wert mit 0,00624 kleiner als 0,00625 ist. Die Nullhypothese „es gibt keinen Unterschied der zentralen Tendenz zwischen den Gruppen" kann somit für die Einteilung der Altersgruppen in 10er-Schritten verworfen werden.

Es besteht ein signifikanter Unterschied zwischen den Altersklassen in 10er-Schritten hinsichtlich der Kompetenz im Prozentrechnen.

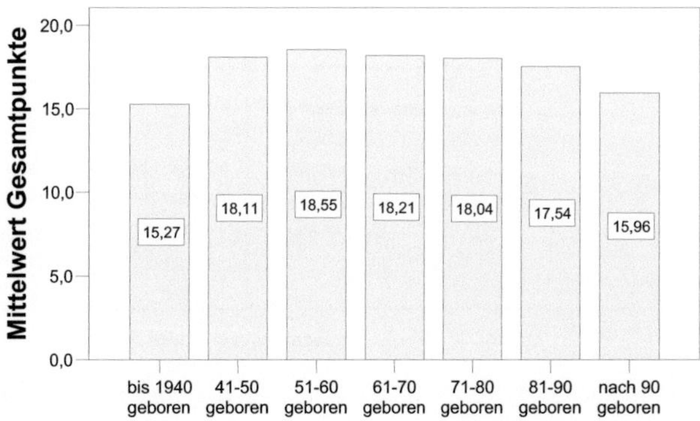

Abbildung 155. Mittelwerte der Altersgruppen in 10er-Schritten (Balkendiagramm)

	Gesamtpunkte
Chi-Quadrat	17,996
df	6
Asymptotische Signifikanz	,006

Tabelle 29. H-Test für Alterseinteilung in 10er-Schritten

4.3.2.3 Kompetenz im Prozentrechnen nach Geschlecht

Insgesamt haben 336 weibliche und 742 männliche Probanden den Test beendet. Über 100 Teilnehmer haben im Eingabefeld „Geschlecht" keine Eingabe gemacht. Diese Daten sind der Spalte „N" der nächsten Tabelle zu entnehmen:

Gesamtpunkte

	Mittelwert	N	Standardabweichung
keine Angabe	15,514	107	5,3224
weiblich	16,540	336	4,6683
männlich	18,441	742	3,3947
Insgesamt	17,638	1185	4,1314

Tabelle 30. Mittelwerte nach Geschlecht

Wie der Spalte „Mittelwert" zu entnehmen ist, schneiden weibliche Probanden im Durchschnitt um etwa 2 Punkte schlechter ab als männliche Probanden:

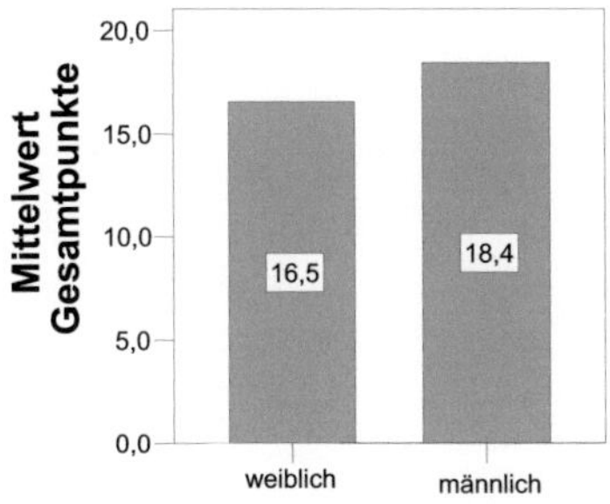

Abbildung 156. Mittelwerte nach Geschlecht (Balkendiagramm)

Da die abhängige Variable nicht normalverteilt ist und es sich um zwei unabhängige Stichproben handelt, wird der U-Test angewendet:

	Gesamtpunkte
Mann-Whitney-U	91433,500
Wilcoxon-W	148049,500
Z	-7,057
Asymptotische Signifikanz (2-seitig)	,000

Tabelle 31. U-Test nach Geschlecht

Dieser zeigt einen signifikanten Unterschied der beiden Geschlechter an. Die Nullhypothese „es gibt keinen Unterschied der zentralen Tendenz zwischen der Gruppen“ kann somit verworfen werden.

Frauen schneiden in der vorliegenden Untersuchung demnach signifikant schlechter ab als Männer.

Bereits die TIMS-Studie bestätigt, dass Jungen durchweg bessere Leistungen als Mädchen erzielen. Der PISA-Tests 2003 in Mathematik stellt fest: „Die Jungen erreichen in Deutschland im Mittel einen höheren Kompetenzwert als die Mädchen“[283]. Auch in der PISA-Studie 2006 kann ermittelt werden: „In zahlreichen (aber durchaus nicht allen) OECD-Staaten erzielen die Jungen im Durch-

---

[283] **Prenzel et al. 2004**, S. 1

schnitt höhere Punktwerte in der mathematischen Kompetenz als die Mädchen. In Deutschland beträgt die (signifikante) Differenz 20 Punkte“[284].

KESSLER kann diese Aussage in seinen Ergebnissen ebenfalls bestätigen (vgl. Kapitel „2.3.2 Ergebnisse von Erwachsenen-Studien“). Auch bei der ALL-Umfrage schneiden junge Männer im Teilbereich Mathematik besser ab als Frauen.[285]

Das Vorurteil, dass Frauen Mathematikflüchtige sind, wird auch durch die hier vorliegenden Ergebnisse bekräftigt.

4.3.2.4 Kompetenz im Prozentrechnen nach Nationalität

Etwa 80 % der Probanden sind offensichtlich „deutsch“. Knapp 6 % geben eine andere Nationalität an. Wie im Kapitel 4.1 zur Prüfung der Repräsentativität festgestellt werden konnte, ist die prozentuale Häufigkeit der ausländischen Teilnehmer ähnlich hoch wie in der Gesamtbevölkerung. Darunter sind vor allem Schweizer und Österreicher. Auch Italien und Türkei wird im Feld Nationalität vereinzelt angeben. Mittelwerte und Standardabweichung nach dem Merkmal Nationalität sind in der folgenden Tabelle zu finden:

Gesamtpunkte

	Mittelwert	N	Standardabweichung
keine Angabe	15,461	128	5,4229
deutsch	18,047	983	3,6596
ausländisch	15,959	74	5,6646
Insgesamt	17,638	1185	4,1314

Tabelle 32. Mann-Whitney-U-Test nach Nationalität

Diejenigen, die an dieser Stelle keine Angabe zur Nationalität machen (128 Personen, etwa 10 %), schneiden im Test äußerst schlecht ab. Das könnte so interpretiert werden, dass diese Personen bereits auf der ersten Seite nur „schaulustig“ und nicht ernsthaft an der Teilnahme interessiert sind.

---

284 **o.V. 2008a**

285 Vgl. **BFS 2005**. Die Ergebnisse der Schweiz, des einzigen deutschsprachigen teilnehmenden Landes, können in einem Pressebericht des Bundesamtes für Statistik (BFS) vom 11.05.2005 nachgelesen werden.

Das folgende Balkendiagramm zeigt anschaulich den Unterschied zwischen den Mittelwerten der beiden Gruppen:

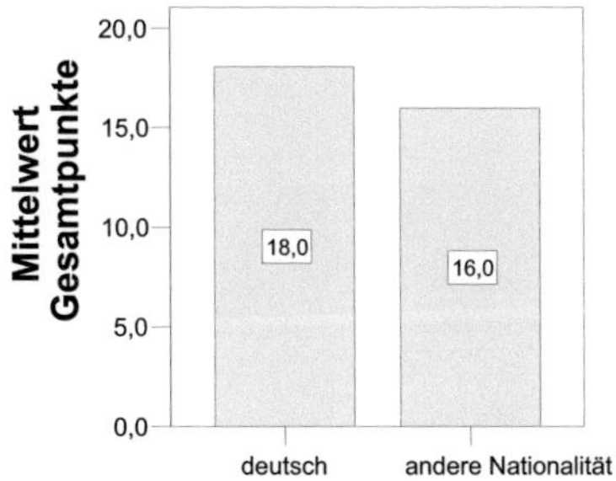

Abbildung 157. Mittelwerte hinsichtlich der Nationalitäten (Balkendiagramm)

Die Durchführung des statistischen Tests zeigt ein signifikantes Ergebnis:

Ränge

		N	Mittlerer Rang	Rangsumme
Gesamtpunkte	deutsch	983	536,40	527278,50
	ausländisch	74	430,74	31874,50
	Gesamt	1057		

	Gesamtpunkte
Mann-Whitney-U	29099,500
Wilcoxon-W	31874,500
Z	-2,888
Asymptotische Signifikanz (2-seitig)	,004

Tabelle 33. Mann-Whitney-U-Test für Nationalität

Die vorliegend getestete Nullhypothese besagt, dass kein Unterschied zwischen deutschen und ausländischen Teilnehmern am Test hinsichtlich der Kompetenz im Prozentrechen vorliegt. Die Wahrscheinlichkeit für das Zutreffen dieser Hypothese wird in der obigen Tabelle mit 0,004 beziehungsweise 0,4 % angegeben. Auch nach der Bonferroni-Korrektur kann die Nullhypothese zurückgewiesen werden, da der errechnete Wert kleiner als 0,00625 ist.

Teilnehmer, die im Feld Nationalität „deutsch“ angeben, unterscheiden sich folglich signifikant in der Kompetenz im Prozentrechnen von Teilnehmern anderer Nationalität.

4.3.2.5 Kompetenz im Prozentrechnen nach Schulbildung

Bei der Frage nach der Schulbildung werden alle bundesdeutschen Schulabschlüsse vorgegeben. Jeder Teilnehmer kann eine oder mehrere Optionen auswählen.[286] Für weitere, nicht aufgelistete Schulabschlüsse steht ein Freitextfeld zur Verfügung:

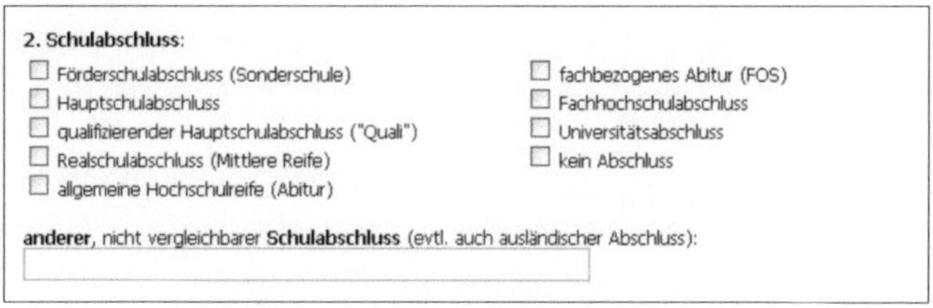

2. Schulabschluss:

☐ Förderschulabschluss (Sonderschule)
☐ Hauptschulabschluss
☐ qualifizierender Hauptschulabschluss ("Quali")
☐ Realschulabschluss (Mittlere Reife)
☐ allgemeine Hochschulreife (Abitur)
☐ fachbezogenes Abitur (FOS)
☐ Fachhochschulabschluss
☐ Universitätsabschluss
☐ kein Abschluss

anderer, nicht vergleichbarer **Schulabschluss** (evtl. auch ausländischer Abschluss):

Abbildung 158. Angabe des Schulabschluss

Bei der Auswertung der Ergebnisse wird jeweils der höchste Schulabschluss gewertet.

Es ergeben sich somit acht verschiedene Einteilungen in der Kategorie „Schulabschluss“[287]:

- Abschluss an der Förderschule (Fs)
- Abschluss an der Hauptschule (Hs)
- Qualifizierter Hauptschulabschluss (Quali)[288]
- Mittlere Reife (MR)[289]
- Abitur (Abi)[290]
- Abschluss an der Fachoberschule (FOS)
- Abschluss an der Fachhochschule (FH)

---

[286] Vgl. **Bortz et al. 2002**, S. 139

[287] Im Folgenden werden die Schulabschlüsse mit den in der Auflistung in Klammern stehenden Abkürzungen versehen.

[288] Dabei handelt es sich um eine zusätzlich Prüfung, die separat vom Hauptschulabschluss absolviert werden muss.

[289] Abschlussprüfung nach der Realschule oder nach der 11. Jahrgangsstufe am Gymnasium.

[290] Abschluss nach dem Gymnasium beziehungsweise der Sekundarstufe II.

- Abschluss an der Universität (Uni)

Die Stichprobengrößen, Standardabweichungen, Mittelwerte und Mediane innerhalb der einzelnen Gruppen werden zunächst tabellarisch aufgelistet und danach grafisch dargestellt:

Gesamtpunkte

Schulabschluss	N	Standardabweichung	Mittelwert	Median
keine Angabe	235	5,2746	15,451	17,000
Fs	9	5,1848	16,278	17,500
Hs	59	5,1900	15,373	17,000
Quali	9	6,5802	16,389	20,500
MR	176	4,4022	16,403	18,000
Abi	228	2,2266	19,112	19,500
FOS	72	3,2814	18,250	19,000
FH	135	2,2574	19,222	19,500
Uni	241	2,7133	19,145	19,500
kein Abschluss	21	4,8998	14,333	15,500
Insgesamt	1185	4,1314	17,638	19,000

Tabelle 34. Mittelwerte und Mediane nach Schulabschluss

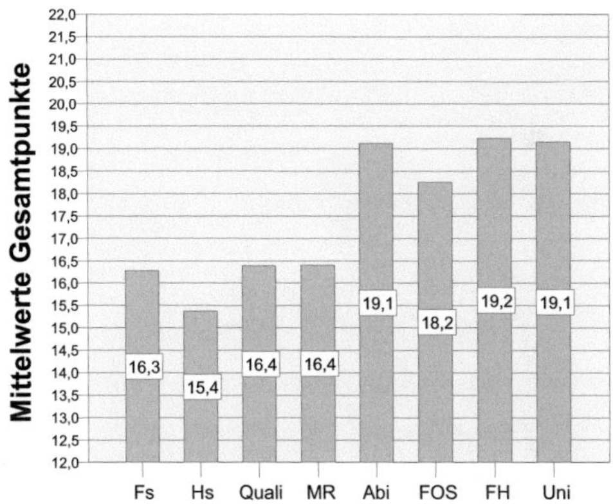

Abbildung 159. Mittelwerte nach Schulabschluss (Balkendiagramm)

Mit Hilfe des H-Tests kann nachgewiesen werden, dass sich diese Gruppen hinsichtlich der Kompetenz im Prozentrechnen unterscheiden:

	Gesamtpunkte
Chi-Quadrat	105,680
df	7
Asymptotische Signifikanz	,000

Tabelle 35. H-Test zum Schulabschluss

Es gibt erwartungsgemäß Unterschiede innerhalb der Kompetenz im Prozentrechnen zwischen den Teilnehmern mit unterschiedlichen Schulabschlüssen. Dieser ist auch nach der Bonferroni-Korrektur signifikant.[291]

Die Nullhypothese, die im vorliegenden Fall besagt, dass kein Unterschied zwischen den Probanden mit unterschiedlichen Schulabschlüssen besteht, kann nun aufgrund der geringen Irrtumswahrscheinlichkeit zurückgewiesen werden.

4.3.2.6 Kompetenz im Prozentrechnen bei Schülern

Der Unterschied in der Kompetenz im Prozentrechnen bei Jugendlichen und Erwachsenen gilt bereits als signifikant. Nun soll festgestellt werden, ob Kompetenzunterschiede auch zwischen Schülern und Erwachsenen vorliegen. Die nachfolgende Grafik zeigt, wie die Gruppe der Schüler im Test-Fragebogen ermittelt wird:

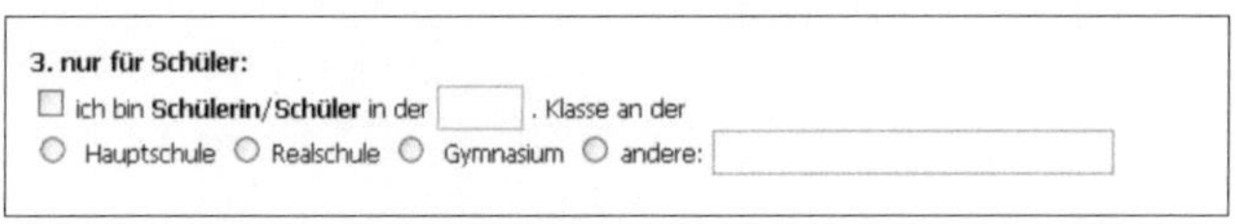

Abbildung 160. Test „nur für Schüler"

Diejenigen, die sich als Schüler eintragen, werden mit Erwachsenen verglichen, die mit Hilfe des Eintrags des Geburtsjahrs ermittelt werden. Diese Gruppe der Erwachsenen wird als „Erwachsene_2" bezeichnet. Sie unterscheidet sich von der Gruppe der „Erwachsene_1" um 34 Personen. Da Schüler über 18 in die Gruppe der Schüler und nicht in die Gruppe der Erwachsenen gruppiert wer-

---

[291] Um herauszufinden, zwischen welchen Schulabschlüssen der Unterschied signifikant ist, müsste in einer weiteren Studie ein gesonderter Test durchgeführt werden, der sich dieser Frage widmet.

den, gibt es 34 Überschneidungen. Insgesamt können 144 Personen als Schüler und 910 Personen als „Erwachsene_2“ identifiziert werden. Etwa 12 % der Teilnehmer sind somit Schüler.

Die Mehrzahl der Schüler gibt an, die 7. bis 13. Klasse zu besuchen. Wie die Lehrplan- und Lehrbuchanalyse in 2. Kapitel gezeigt hat, beschäftigen sich Schüler dieser Klassenstufen bereits mit der Prozentrechnung.
Wie die Auswertung der Daten ebenfalls zeigt, stammen offensichtlich 74 Probanden aus dem Gymnasium, 28 aus der Realschule, 23 aus der Hauptschule und 19 Personen aus anderen Schulen.

Die nachfolgende Abbildung zeigt die Verteilung der mittleren Ränge der Gesamtpunkte auf Schüler und Erwachsene im vorliegenden Test:

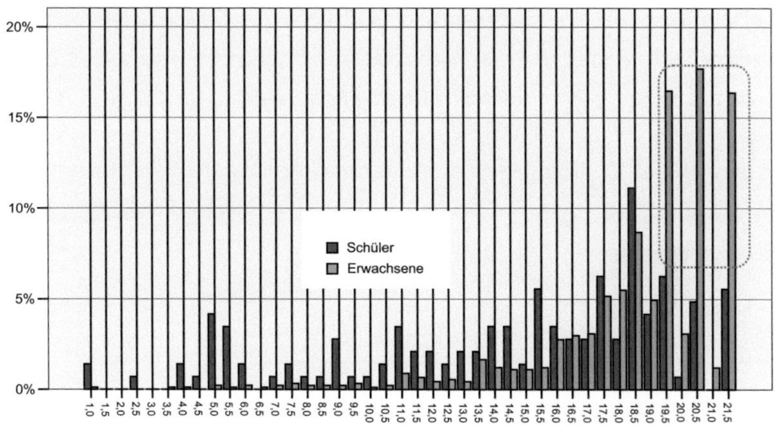

Abbildung 161. Mittlere Ränge Schüler und „Erwachsene_2“

Es ist deutlich zu erkennen, dass Erwachsene eine höhere Gesamtpunktzahl erreichen als Schüler.
Um zu überprüfen, ob ein signifikanter Unterschied hinsichtlich der Kompetenz im Prozentrechnen zwischen beiden Gruppen vorliegt, wird der U-Test durchgeführt:

Ränge

		N	Mittlerer Rang	Rangsumme
Gesamtpunkte	Schüler	144	292,60	42134,00
	Erwachsene	910	564,67	513851,00
	Gesamt	1054		

Tabelle 36. Mittlere Ränge Schüler / Erwachsene

	Gesamtpunkte
Mann-Whitney-U	31694,000
Wilcoxon-W	42134,000
Z	-10,026
Asymptotische Signifikanz (2-seitig)	,000

Tabelle 37. Mann-Whitney-U-Test Schüler / Erwachsene_2

Die Kompetenz der Schüler im Prozentrechnen unterscheidet sich demnach von der Kompetenz der Erwachsenengruppe.

Die Nullhypothese kann aufgrund der geringen Irrtumswahrscheinlichkeit zurückgewiesen werden. Schüler schneiden im vorliegenden Test zur Prozentrechnung hochsignifikant schlechter ab als Erwachsene.

4.3.2.7 Kompetenz im Prozentrechnen bei Studierenden

Um den Anteil der Studierenden beim Online-Test zu ermitteln, wird die folgende Angabe erbeten:

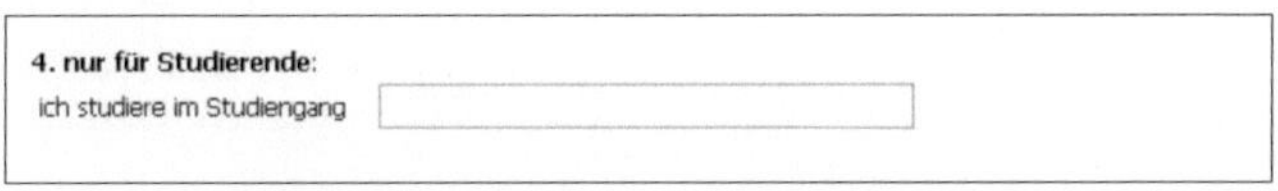

Abbildung 162. Test „nur für Studierende“

Ergebnisse aus Usability-Tests haben gezeigt, dass freiwillige persönliche Angaben von Internetnutzern lieber beantwortet werden als allgemeine Formulierungen.[292] Deshalb sollen die Studierenden im Freitextfeld „nur für Studierende“

[292] Dies zeigen Ergebnisse von Online-Usability-Tests zur Benutzerfreundlichkeit von Webseiten, Formularen, Online-Shops etc.. Tests dieser Art werden im Testlabor EC-LAB von Prof. Dr. Fischer an der Hochschule für angewandte Wissenschaften, Fachhochschule Würzburg durchgeführt.

nicht nur angeben, *dass* sie studieren, sondern auch die Fachrichtung. Für die Auswertung ist allerdings nur von Interesse, ob ein Proband als Student kategorisiert wird oder nicht.

Da Studierende bisher auch in der Gruppe der Erwachsenen integriert waren, ist die „neue“ Erwachsenengruppe nun um die Studierenden reduziert. Insgesamt können somit von 124 Studierenden und 825 „Erwachsenen _3“ die Ergebnisse ermittelt werden:

Gesamtpunkte

	N	Standardabweichung	Median
Studierende	124	4,2672	19,000
Erwachsene	825	3,8422	19,000

Tabelle 38. Mediane der Studierenden und der Erwachsenen_3

Hinsichtlich der Mediane gibt es keinen Unterschied zwischen den beiden Gruppen. Auch der Vergleich der Mittelwerte der beiden Gruppen zeigt ein weitgehend undifferenziertes Ergebnis:

Gesamtpunkte

	N	Standardabweichung	Mittelwert
Studierende	124	4,2672	17,681
Erwachsene	825	3,8422	17,931

Tabelle 39. Mittelwerte der Studierenden und Erwachsenen_3

Erwartungsgemäß kann deshalb auch im statistischen Test kein signifikanter Unterschied zwischen Studierenden und „Erwachsenen_3“ hinsichtlich der Kompetenz im Prozentrechnen festgestellt werden. Dies bestätigt die Durchführung des Signifikanztests:

	Gesamtpunkte
Mann-Whitney-U	50237,000
Wilcoxon-W	57987,000
Z	-,323
Asymptotische Signifikanz (2-seitig)	,747

Tabelle 40. Mann-Whitney-U-Test Studierende / Erwachsene_3

Die Nullhypothese kann aufgrund der hohen Irrtumswahrscheinlichkeit von fast 75 % nicht zurückgewiesen werden. Studierende und „Erwachsene_3“ unterscheiden sich hinsichtlich der Kompetenz im Prozentrechnen somit nicht voneinander.

4.3.3 Tabellarische Darstellung der Ergebnisse

Zur besseren Übersicht werden im Folgenden wichtige Werte, wie beispielsweise Signifikanzwerte, Mediane und Mittelwerte, tabellarisch zusammengefasst.

4.3.3.1 Signifikante Werte nach Korrektur

So bietet die nachfolgende Tabelle eine Übersicht über den jeweils ermittelten Signifikanzwert der Gruppenvergleiche vor der Korrektur der Alpha-Werte. Es wird deutlich, welche Werte auch nach der Korrektur mit dem adjustierten Alpha-Wert der Bonferroni-Korrektur von 0,00625 noch signifikant sind. Die Gruppenvergleiche sind nach der Reihenfolge der Durchführung im vorigen Kapitel und nach den jeweils signifikantesten Werten aufgelistet:

Gruppenvergleich	Art des Tests	Signifikanzwert bisher	Bonferroni-Korrektur	Signifikant nach Korrektur?
Jugendliche / Erwachsene_1	U-Test	0,000	0,00625	ja
Schüler / Erwachsene_2	U-Test	0,000	0,00625	ja
Geschlecht	U-Test	0,000	0,00625	ja
Schulbildung	H-Test	0,000	0,00625	ja
Nationalität	U-Test	0,004	0,00625	ja
Altersklassen in 10-Jahres-Stufen	H-Test	0,006	0,00625	ja
20-35-Jährige, 35-50-Jährige, über 50-Jährige	H-Test	0,178	0,00625	nein
Studierende / Erwachsene_3	U-Test	0,747	0,00625	nein

Tabelle 41. Signifikanzwerte nach Bonferroni-Korrektur

Die erste sechs Zeilen in der obigen Tabelle zeigen, welche Gruppenvergleiche nach der Bonferroni-Korrektur als signifikant gelten. Die Nullhypothese wird in diesen Fällen zugunsten der Alternativhypothese abgelehnt. Die Alternativhypothese, die besagt, dass die getesteten Gruppen sich hinsichtlich der Kompetenz im Prozentrechnen unterscheiden, wird demnach als wahr betrachtet. Die ersten vier Werte sind sogar hochsignifikant: das Signifikanzniveau liegt über 99 %.

4.3.3.2 Mediane, Mittelwerte und Stichprobengröße der Teilnehmergruppen

Da die Median- und Mittelwertsdifferenzen Maßzahlen für Lageunterschiede sind, werden diese zur übersichtlichen Darstellung gemeinsam in einer Tabelle zusammengefasst. Die ersten sechs Zeilen (farblich hervorgehobenen) sind Gruppenvergleiche, die bereits als statistisch signifikant nach der Bonferroni-Korrektur gelten (vgl. Tabelle 41). Alle Werte werden jeweils auf eine Dezimalstelle gerundet. Mediane und Mittelwerte unter 17 werden zur besseren Übersicht fett markiert:

Gruppenvergleich	Gruppen	Mediane	Mittelwerte	N=1185
Jugendliche / Erwachsene_1	ab 1989 geboren (Jugendliche bis 18 Jahre)	**15,5**	**13,5**	133
	vor 1989 geboren (Erwachsene, älter als 18 Jahre)	19,5	18,5	944
Schüler / Erwachsene_2	Schüler	**16,0**	**14,5**	144
	Erwachsene_2	19,5	18,5	910
Geschlecht	weiblich	18,0	**16,5**	336
	männlich	19,5	18,4	742
Schulbildung	Förderschule	17,5	**16,3**	9
	Hauptschule	17,0	**15,4**	59
	„Quali“	20,5	**16,4**	9
	Mittlere Reife	18,0	**16,4**	176
	Abitur	19,5	19,1	228
	FOS	19,0	18,3	72
	FH-Abschluss	19,5	19,2	135
	Uni-Abschluss	19,5	19,1	241
	kein Schulabschluss	**15,5**	**14,3**	21
Nationalität	deutsch	19,0	18,0	983
	ausländisch	18,5	**16,0**	74
Altersklassen in 10-Jahres-Stufen	bis 1940	17,5	**15,3**	11
	1941 bis 50	19,5	18,1	33
	1951 bis 60	19,5	18,5	132
	1961 bis 70	19,5	18,2	268
	1971 bis 80	19,5	18,0	267
	1981 bis 90	19,0	17,5	261
	nach 1990	18,3	**16,0**	92

Über 50-Jährige, 35-50-Jährige, 20-35-Jährige,	über 50-Jährige	19,5	17,8	118
	35-50-Jährige	18,5	17,6	337
	20-35-Jährige	19,5	18,0	434
Studierende / Erwachsene_3	Studierende	19,0	17,7	124
	Erwachsene_3	19,0	17,9	825

Tabelle 42. Mediane und Mittelwerte aller Gruppen

Die Tabelle zeigt auch die Unterschiede zwischen Mittelwert und Median pro Gruppe. Man kann erkennen, dass die Mittelwerte meist niedriger sind, als die Mediane, da sie die „Ausreißer“ mit berücksichtigten. Wie bereits erwähnt, werden Mittelwertsdifferenzen üblicherweise dann als Parameter zur Interpretation von Verteilungen erfasst, wenn die zugrunde liegenden Variablen normalverteilt sind. Da dies vorliegend nicht der Fall ist, wurden statistische Signifikanzverfahren angewendet, die den Median – statt dem Mittelwert – berücksichtigten.

4.3.3.3 Effektgrößen

Auch wenn für das empirische Ergebnis zum Teil statistische Signifikanz nachgewiesen wird, ist es möglich, dass sich die Populationsparameter nur geringfügig unterschieden.[293] Der Nachweis statistischer Signifikanz bestätigt folglich nicht unbedingt die praktische Bedeutsamkeit eines Unterschieds. Deshalb wird zusätzlich die Höhe der Unterschiede der Gruppenvergleiche dargestellt. Dazu dient die Betrachtung der einzelnen Mediane zwischen den Gruppen, bei denen ein signifikanter Unterschied nachgewiesen wird.[294] Die Gruppenvergleiche werden nun nach der Höhe der Effektgröße sortiert:

---

[293] Vgl. **Bortz et al. 2002**, S. 502

[294] In der Literatur können nur Effektgrößen für Signifikanztests ermittelt werden, denen die Normalverteilung der Daten zugrunde liegt (t-Test, Varianzanalyse, etc.); vgl. **BoDö 2002**, S. 604. Da dies im vorliegenden Test nicht der Fall ist, werden praktisch bedeutsame Effektgrößen verbal formuliert.

Gruppenvergleich	Signifikanzwert	Mediane		Effektgröße
Schulbildung	0,000	Förderschule Hauptschule „Quali“ Mittlere Reife Abitur FOS FH-Abschluss Uni-Abschluss kein Schulabschluss	17,5 17,0 20,5 18,0 19,5 19,0 19,5 19,5 15,5	Insgesamt 5 Punkte
Jugendliche / Erwachsene_1	0,000	vor 1989 geboren (Erwachsene, älter als 18 Jahre) ab 1989 geboren (bis 18 Jahre)	19,5 15,5	4 Punkte
Schüler / Erwachsene_2	0,000	Schüler Erwachsene	16,0 19,5	3,5 Punkte
Altersklassen in 10-Jahres-Stufen	0,006	bis 1940 1941 bis 50 1951 bis 60 1961 bis 70 1971 bis 80 1981 bis 90 nach 1990	17,5 19,5 19,5 19,5 19,5 19,0 18,3	Insgesamt 2 Punkte
Geschlecht	0,000	weiblich männlich	18,0 19,5	1,5 Punkte
Nationalität	0,004	deutsch ausländisch	19,0 18,5	1,5 Punkte

Tabelle 43. Effektgrößen signifikanter Werte

Der Punkteunterschied bei den Probanden mit unterschiedlicher Schulbildung liegt bei 5 Punkten. Beim Gruppenvergleich von Erwachsenen und Jugendlichen und beim Vergleich von Erwachsenen und Schülern kann eine Differenz von über 3,5 Punkten im Test festgestellt werden. Diese Unterschiede sind aus mathematikdidaktischer Sicht nach Absprache mit den Experten durchaus als hoch einzustufen (in der obigen Abbildung sind diese ersten drei Zeilen farblich hinterlegt). Der Unterschied von 2 und 1,5 Punkten bei den weiteren drei Gruppenvergleichen in der Tabelle wird dagegen aus Expertensicht nicht mehr als bedeutend interpretiert.

Es zeigt sich also, dass von insgesamt sechs signifikanten Werten, drei Unterschiede als praktisch bedeutsam betrachtet werden können.

4.4 Kompetenz im Prozentrechnen bei unterschiedlichen Berufsgruppen

4.4.1 Überlegung zur Einschätzung der Berufsgruppen

In einem weiteren Schritt soll nun geprüft werden, welche Kompetenz Erwachsene bestimmter Berufsgruppen in dem Test zur Prozentrechnung haben (vgl. Fragestellung im Kapitel 3.1.4).

Dazu wurden drei Kompetenzbereiche abhängig von der insgesamt erreichten Punktzahl definiert. Da die Leistungen im Test insgesamt gut ausgefallen sind, müssen die Kompetenzbereiche in der Punkteskala weit oben angesetzt werden. Es kann deshalb auch nicht von einer guten, mittleren oder schlechten Leistung die Rede sein. Viel mehr werden die Begriffe „herausragend“, „gut“ und „befriedigend“ bevorzugt. Mit Hilfe der erreichten Gesamtpunktzahl pro Person können die Teilnehmer somit folgendermaßen eingeteilt werden:

Kompetenzbereich III:

- „Probanden mit befriedigender Leistung“
- etwa 33 % der Probanden

Kompetenzbereich II:

- „Probanden mit guter Leistung“
- etwa 33 % der Probanden

Kompetenzbereich I:

- „Probanden mit herausragender Leistung“
- etwa 33 % der Probanden

Es wird nun geprüft, in welchem Kompetenzbereich sich die verschiedenen Berufsgruppen befinden. Im Anschluss daran wird eine Hypothese aufgestellt.

4.4.2 Ergebnis für Berufsgruppen

Bei der Einteilung der Berufsgruppen nach Vorgabe der Allensbacher Prestige-Skala können folgende Zentralwerte pro Berufsgruppe festgestellt werden:

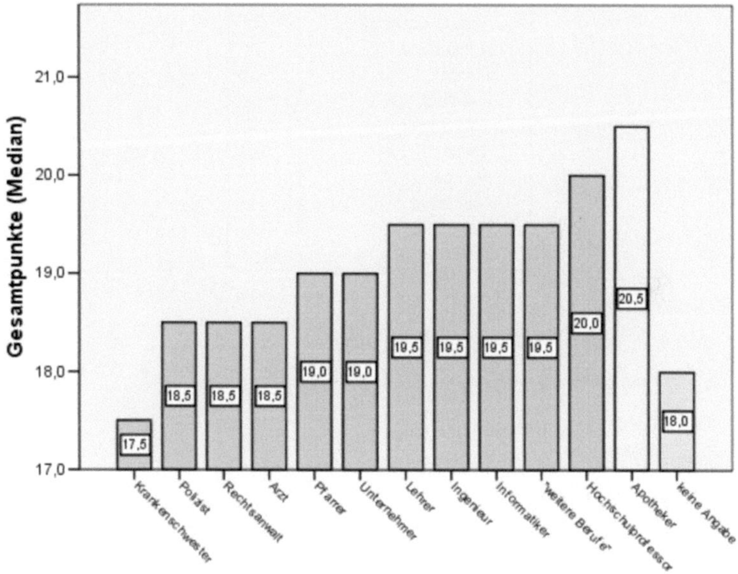

Abbildung 163. Mediane der Berufsgruppen nach Allensbacher Skala

Die Berufsgruppe der Apotheker (2. Balken von rechts in der obigen Abbildung) umfasst dabei lediglich 6 Probanden. Nach den Erläuterungen zum Stichprobenumfang im Kapitel 3.2.6 wird diese Gruppe nicht weiter beachtet, da die Stichprobengröße bei mindestens 12 Probanden liegen sollte. Die Größen der Berufsgruppen sind insgesamt unterschiedlich stark:

Berufsgruppen	N
Krankenschwester	49
Polizist	17
Rechtsanwalt	22
Arzt	51
Pfarrer/Geistlicher	16
Unternehmer	61
Lehrer	69
Ingenieur	86
Informatiker	112
"weitere Berufe"	293
Hochschulprofessor	10
Apotheker	6
keine Angabe	393
Total	1185

Tabelle 44. Berufsgruppengrößen

Teilt man nun die erreichten Gesamtpunkte der Probanden in die drei bereits genannten Kompetenzbereiche, ergibt sich folgende Einteilung[295]:

Kompetenzbereich III: „Probanden mit befriedigender Leistung"

- 0 bis 18 Gesamtpunkte
- etwa 35 % der Probanden

Kompetenzbereich II: „Probanden mit guter Leistung"

- 18,5 bis 20 Gesamtpunkte
- etwa 33 % der Probanden

Kompetenzbereich I: „Probanden mit herausragender Leistung"

- 20,5 bis 21,5 Gesamtpunkte
- etwa 32 % der Probanden

Personen mit einer Punktzahl von 0 bis 18 Punkten sind damit im Kompetenzbereich III angesiedelt. Das sind etwa 35 % der Teilnehmer, *die einen Beruf angegeben haben* (in der folgenden Abbildung alle Balken von 0 bis 18 Punk-

[295] Vgl. Kapitel „3.2.1 Kompetenzmodell für die vorliegende Arbeit"

ten). Personen die 18,5 bis 20 Gesamtpunkte im Test erreicht haben, liegen im mittleren Bereich. Das sind etwa 33 % der Probanden (in der folgenden Abbildung alle Balken von 18,5 bis 20 Punkten). Weitere etwa 32 % können als „beste“ Teilnehmer bezeichnet werden. Sie haben 20,5, 21 oder 21,5 Punkte erreicht (in der folgenden Abbildung alle Balken von 20,5 bis 21,5 Punkten):

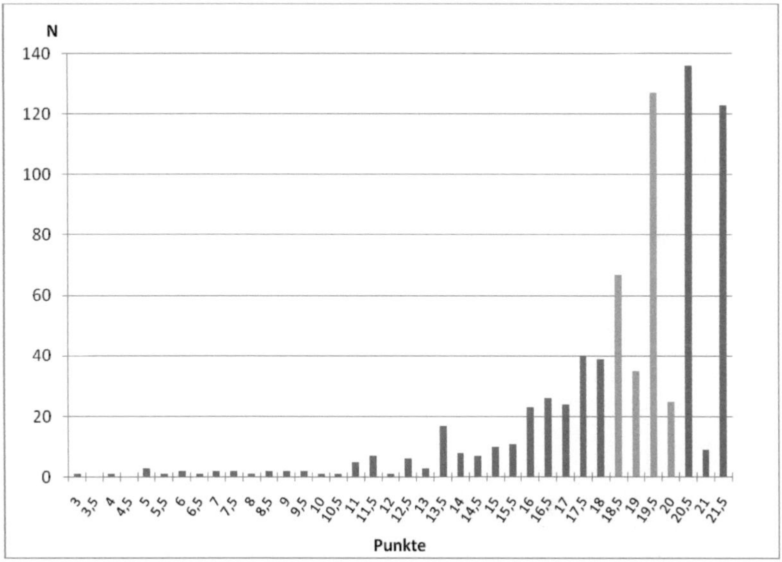

Abbildung 164. Prozentuale Häufigkeit der erreichten Gesamtpunkte der Probanden mit Berufsangabe

Die relativ niedrigen Säulen bei den Punktewerten 19, 20 und 21 resultieren aus falsch gelösten Aufgaben, bei denen halbe Punkteschritte angewendet werden (Aufgabe 2 und 16).

Diese „schiefe“ Skala erfolgt aus den zum Teil sehr hohen Punktzahlen der Teilnehmer (zum Beispiel haben 32 % der Probanden 20,5 und mehr Punkte).

Die genannten Berufsgruppen (der Allensbacher Prestige-Skala) und die im Freitext genannten Berufsgruppen können nun in die Einteilung des statistischen Bundesamtes zurückgeführt werden. So können auch über die beim statistischen Bundesamt getroffene Einteilung in Berufsgruppen Aussagen zur Kompetenz im Prozentrechnen getroffen werden.

Nach der Kategorisierung der Berufsgruppen nach Vorgaben des statistischen Bundesamtes werden von ursprünglich 792 Probanden noch 771 Probanden in die Auswertung einbezogen.[296]

Die Verteilung der Berufsgruppen auf die drei Kompetenzbereiche scheint zunächst relativ gleich:

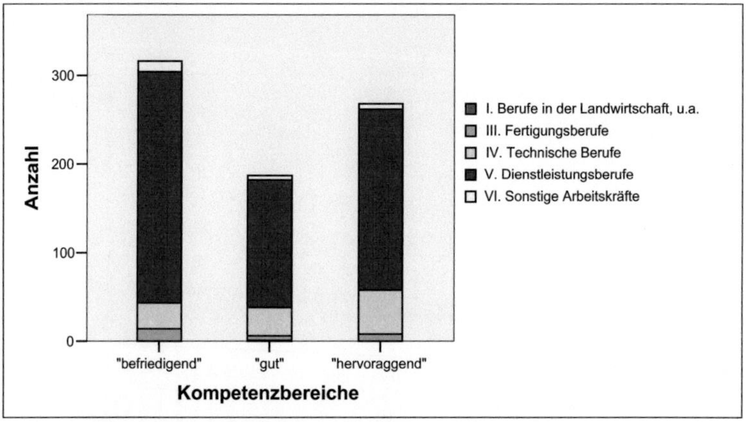

Abbildung 165. Verteilung der Berufe auf drei Kompetenzbereiche

Die Berufskategorie „I. Berufe in der Land-, Tier-, Forstwirtschaft und im Gartenbau" ist kaum sichtbar vertreten. Die zweite Berufskategorie „II. Bergleute, Mineralgewinner" ist gar nicht vertreten. Die vier weiteren Berufskategorien Fertigungsberufe, Technische Berufe, Dienstleistungsberufe und sonstige Arbeitskräfte sind auf den ersten Blick relativ gleich auf die drei Kompetenzbereiche verteilt.

Das zeigt auch die folgende Abbildung:

---

[296] Nach der Kategorisierung des Allensbacher Instituts können 792 Probanden in unterschiedliche Berufe eingeteilt werden. Durch die Kategorisierung nach dem statistischen Bundesamt fallen einige Datensätze aus den „weiteren Berufen" weg. Das wurde für solche Berufe festgelegt, die weniger als drei Mal registriert werden (zum Beispiel „Ausbauberufe" und „Berufe in der Land-, Tier-, Forstwirtschaft und im Gartenbau").

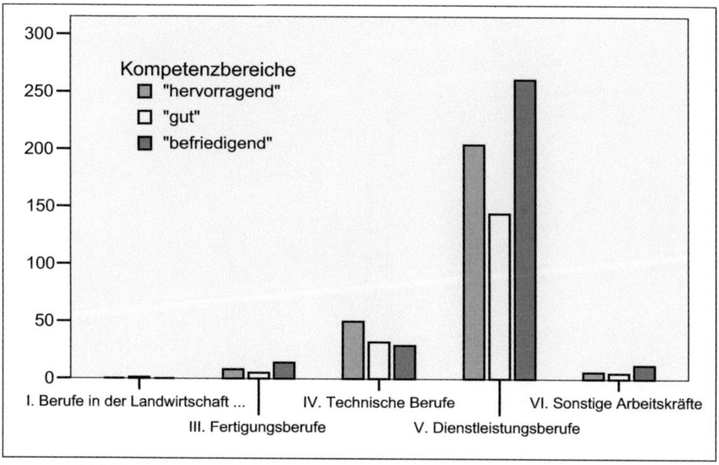

Abbildung 166. Kompetenz im Prozentrechnen der fünf Berufskategorien

Zuordnungen der Art „alle Probanden mit Berufen mit technischem Hintergrund schneiden immer gut ab" oder „alle Vertreter der Dienstleistungsberufe sind durchgehend im schlechten Kompetenzbereich" können demnach nicht gemacht werden. Es besteht offensichtlich annähernd eine Gleichverteilung der Berufsgruppen auf die drei verschiedenen Kompetenzbereiche.

Aus diesem Ergebnis könnte man schlussfolgern, dass es im Hinblick auf die Kompetenz im Prozentrechnen relativ egal ist, welchen Beruf man hat.

Bei näherer Betrachtung der Berufskategorien IV. Technische Berufe und V. Dienstleistungsberufe kann man jedoch Auffälligkeiten feststellen. Vor allem die Berufsgruppen „IV. a Ingenieure / Ingenieurinnen, Chemiker / Chemikerinnen, Physiker / Physikerinnen, Mathematiker / Mathematikerinnen" in der Kategorie IV. Technischen Berufe und „V. d Organisations-, Verwaltungs- und Büroberufe" in der Kategorie V. Dienstleistungsberufe schneiden mehrheitlich im Kompetenzbereich III „hervorragend" ab.

Weitere Probanden aus der Kategorie V. Dienstleistungsberufe, nämlich Personen der Ordnungs- und Sicherheitsberufe (Ve), der Gesundheitsdienstberufe (Vg) und der Sozial- und Erziehungsberufe (Vh) sind überwiegend im Kompetenzbereich I „befriedigend" zu finden:

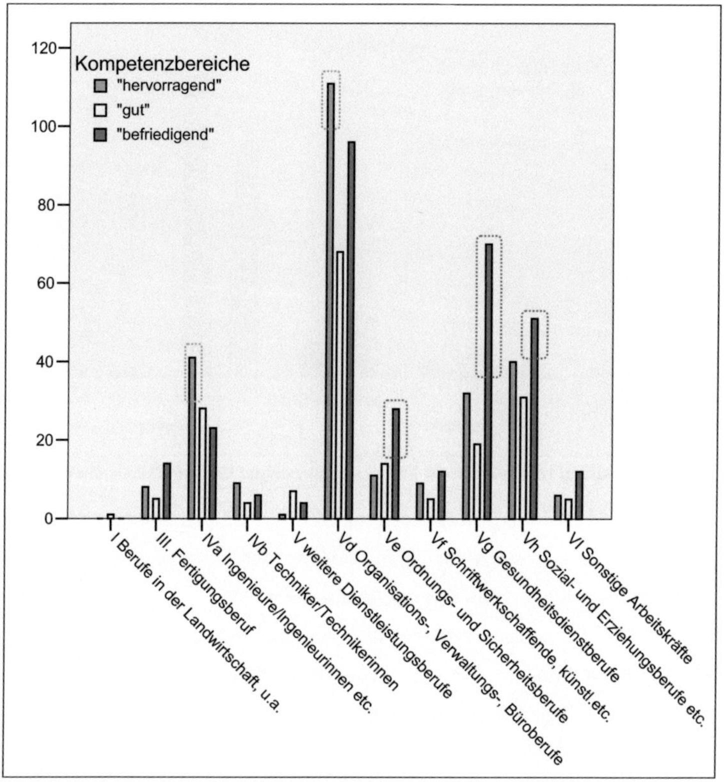

Abbildung 167. Detaillierte Betrachtung der Kompetenz im Prozentrechnen

Die Vertreter der Gesundheitsdienstberufe (Vg) schneiden offensichtlich am schlechtesten ab. Wenn man diese näher betrachtet, erkennt man, dass neben Krankenschwestern auch überraschend viele Ärzte nur den Kompetenzbereich „befriedigend“ erreichen:

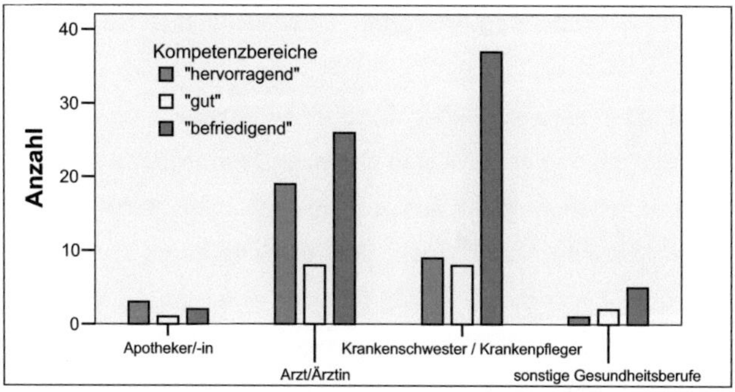

Abbildung 168. Kompetenz im Prozentrechnen bei Gesundheitsdienstberufen

Offensichtlich gibt es also doch bestimmte Berufsgruppen, die sich hinsichtlich der Kompetenz im Prozentrechnen von anderen Berufsgruppen unterscheiden. Ob diese Unterschiede signifikant sind, könnte in einer weiteren berufsspezifischen Befragung mit dem hier vorliegenden Test geklärt werden.

Die Hypothese lautet demnach: Berufsgruppen unterscheiden sich hinsichtlich der Kompetenz im Prozentrechnen signifikant voneinander.

4.5 Prüfung der Testgütekriterien

Da die Prüfung dieser Testgütekriterien auch von den Ergebnissen abhängt, erfolgen die Ausführungen hierzu nun im Anschluss an die Ergebnisse.
Die klassische Testtheorie verlangt bei quantitativer Datenerhebung drei Testgütekriterien: Objektivität, Reliabilität und Validität.[297] Die Gewährleistung dieser Gütekriterien für die vorliegende Arbeit wird kurz erläutert.

Der Test ist als *objektiv* zu betrachten, da die im Fragebogen enthaltenen Items durch Antwortvorgaben eindeutig auswertbar sind. Dies wäre zum Beispiel nicht

[297] Vgl. **Bortz et al 2002**, S. 192ff.

der Fall, wenn die Probanden Antworten ausschließlich selbst formulieren würden.

Nach den Vorgaben der klassischen Testtheorie muss ein Test außerdem *reliabel* sein. Die enthaltenen Items sollten demnach Trennschärfe aufweisen.[298] Die Trennschärfe eines Items sagt aus, ob das „einzelne Item etwas Ähnliches misst" wie der gesamte Test.[299] Zwar sind einzelne Items im Test nicht genügend trennscharf, dennoch erfüllt der Test die Anforderung an die Reliabilität einer Testskala. Diese kann durch die Messung der internen Konsistenz mit dem Skalen-Kennwert Cronbachs Alpha ermittelt werden. Cronbachs Alpha kann maximal einen Wert von +1 erreichen. Er beträgt im vorliegenden Fall bei insgesamt 25 Items α=0,82.[300]

Reliability Statistics

Cronbach's Alpha	N of Items
,820	25

Abbildung 169. Reliabilitätstest: Cronbachs Alpha

Dieser Wert lässt darauf schließen, dass der Test eine genügend hohe innere Konsistenz aufweist.[301] Dies ist auch eine Bestätigung der Reliabilität. Auch die Split-Half-Reliabilität, eine weitere Methode zur Messung der Reliabilität, weist mit dem Koeffizienten 0,80 eine ausreichende Reliabilität für den vorliegenden Test aus.

---

[298] Vgl. **Bortz et al 2002**, S. 219

[299] **Schwendenwein 2003**, S. 7

[300] Die Teilaufgaben der Aufgabe „Brüche" werden dabei als einzelne Aufgaben betrachtet. Dasselbe gilt für die Aufgabe „Grundbegriffe" mit drei Teilaufgaben. Die Aufgabe „Taschenrechner" fällt bei der Überprüfung der Reliabilität weg, da sie nicht zum Testergebnis beiträgt. Dadurch ergeben sich insgesamt 25 Testitems.

Je kleiner der Wert, der auch negativ sein kann, desto geringer ist die interne Konsistenz des Testinstruments.

[301] Vgl. **Cortina 1993**

Das wichtigste Gütekriterium für eine Testskala ist dessen möglichst hohe *Validität*. Da die Methode zur Messung der Validität, die Durchführung einer so genannten Multitrait-Multimethod-Methode (MTMM), in der vorliegenden Arbeit zu aufwendig erscheint, soll die Validität verbal begründet werden.[302] Es kann vor allem die so genannte Kriteriumsvalidität bestätigt werden: Diese besteht „wenn das Ergebnis eines Tests zur Messung eines latenten Merkmals (...) (zum Beispiel Berufseignung) mit Messungen eines korrespondierenden manifesten Merkmals (...) übereinstimmt (zum Beispiel beruflicher Erfolg)"[303]. Dies ist auch im vorliegenden Test zu beobachten, da Personen mit mathematiklastigen Berufen im Test besser abschneiden, als beispielsweise Personen mit sozialen Berufen. Es ist also von einer validen Testkonstruktion auszugehen.

Um den Anforderungen einer Testskala zu entsprechen, sollte ein Test neben den oben genannten Gütekriterien auch die Voraussetzung der Eindimensionalität erfüllen und eine genügend hohe Streuung der Schwierigkeitsindizes aufzeigen.[304] Das vorliegend zu messende Merkmal „Kompetenz im Prozentrechnen" kann hinsichtlich der Skalierungseigenschaften als *eindimensional* betrachtet werden, da die Items ausschließlich dazu erstellt werden, dieses Merkmal einheitlich abzubilden.[305] Um eine möglichst breite Schwierigkeitsstreuung aufzuweisen, wird die Skalierungsmethode der Thurstone-Skala angewendet. Das Vorgehen dieser Methode wird bereits im Kapitel 3.2.2 erläutert.

Der Itempool entspricht somit den Anforderungen einer Testskala.

---

[302] **Bortz et al. 2002**, S. 201

[303] Vgl. **Bortz et al. 2002**, S. 199ff.

[304] Vgl. **Bortz et al 2002**, S. 221

[305] Ebd., S. 220

5 Zusammenfassung der Ergebnisse und Schlussbemerkung

Die hier durchgeführte empirische Untersuchung ist nicht darauf angelegt, Logik oder Intelligenz der Teilnehmer zu testen. Im Vordergrund steht ausschließlich die Messung der Kompetenz im Prozentrechnen.

Im Folgenden sollen noch einmal die wesentlichen Ergebnisse der vorliegenden Arbeit zusammengefasst werden.

5.1 Zur Entwicklung des Messinstruments zur Prozentrechnung

Um ein geeignetes Messinstrument zur Prozentrechnung zu erstellen, wird die mathematische Kompetenz „Prozentrechnen" für die vorliegende Untersuchung konkretisiert. Zur Messung dieses Merkmals wird ein Kompetenzmodell für die im Kapitel 1.1 angestrebten Ziele erstellt. So werden Aufgabentypen bestimmt, die sich zur Messung dieser mathematischen Kompetenz eignen.

Es zeigt sich, dass die Kompetenz im Prozentrechnen seitens der Schule einem zeitlichen Wandel unterliegt, der soziokulturelle, bildungspolitische oder technische Ursachen haben kann. Was aus Sicht der Schule zeitweise für unabdingbar gehalten wird, kann sich in kurzer Zeit ins Gegenteil verkehren. Kenntnisse, welche offensichtlich einem starken Wandel unterliegen, wie zum Beispiel die Berechnungsmethoden zu Grundaufgaben der Prozentrechnung und einige Möglichkeiten zur Veranschaulichung von Prozentangaben (Hunderterblatt, Prozenttabellen) werden im Kompetenzmodell der vorliegenden Arbeit nicht beachtet.

Hingegen werden Kenntnisse, die zeitlich unverändert bleiben (zum Beispiel Berechnung von Prozentwert, Grundwert oder Prozentsatz) und die als

„Schnittmengen“ in verschiedenen Themengebieten herausgearbeitet werden (Interpretation des Kreisdiagramms) als Items formuliert.
So wird beispielsweise aus der Analyse von Schulbüchern, didaktischer Literatur, bereits durchgeführten internationalen und nationalen Tests, Bildungsstandards, Lehrplänen und anderen Quellen ein Pool von Testitems generiert, welcher die Kompetenz im Prozentrechnen für die Probanden im vorliegenden Test abbildet.[306]

5.2 Zur Methode der Online-Befragung

Die Testitems werden den Probanden aus personellen und finanziellen Gründen online zur Verfügung gestellt.[307] Die aus der angewandten Methode resultierende Frage lautet, ob diese generell zur Messung der Kompetenz „Prozentrechnen“ taugt: Stellt die internetgestützte Befragung auch für die mathematikdidaktische Empirie eine innovative Methode dar?
Sowohl die Recherche der Fachliteratur als auch die empirische Untersuchung belegen, dass mit dieser Methode noch keine Repräsentativität für die deutsche Bevölkerung hinsichtlich aller soziodemografischen Merkmale erreicht werden kann. Das liegt hauptsächlich an der noch zu geringen Verbreitung von Computern mit Internetzugängen in der Bevölkerung.
Da also keine Repräsentativität hinsichtlich der soziodemografischen Merkmale vorliegt, wird in einem zweiten Schritt geprüft, ob dennoch Repräsentativität hinsichtlich der getesteten Zielgruppen erreicht werden kann. Beispielhaft wird hierzu die Verteilung der Berufsgruppen im vorliegenden Test im Vergleich zur Verteilung der Berufsgruppen in der Gesamtbevölkerung nach Angaben des statistischen Bundesamtes geprüft. Das Ergebnis sind zwei ähnliche Verteilungen.

---

[306] Vgl. Kapitel „3.2.1 Kompetenzmodell für die vorliegende Arbeit“

[307] Vgl. Kapitel „3.5 Probleme bei der Durchführung der computergestützten Befragung“

Offensichtlich eignet sich das Vorgehen mit dem die Probanden zur Teilnahme am Test motiviert werden, zur Erreichung der angestrebten Zielgruppe.

5.3 Zur Unterscheidung Jugendlicher und Erwachsener

Das Kernziel dieser Arbeit besteht darin, in einer ersten Bestandsaufnahme die mathematischen Kompetenzen im Prozentrechnen sowohl von Jugendlichen als auch von Erwachsenen grundständig zu erheben und zu vergleichen.
Als Jugendliche gelten im Test alle unter 18-Jährigen. Hinsichtlich der Einteilung über das Alter der Probanden kann ein höchstsignifikanter Unterschied festgestellt werden. Jugendliche schneiden im Zentralwert (Median) mit 16 Punkten 3,5 Punkte schlechter ab als Erwachsene. Auch die Kategorisierung der Probanden in Schüler und Erwachsene zeigt einen höchstsignifikanten Unterschied. Schüler schneiden mit 15,5 Punkten im Median, sogar 4 Punkte schlechter ab als Erwachsene. Der Unterschied von 3,5 und 4 Punkten wird aus mathematikdidaktischer Sicht durchaus als großer Effekt gewertet.

Für dieses signifikante und zugleich praktisch bedeutsame Ergebnis sind verschiedene Interpretationsmöglichkeiten denkbar:

1. Das schlechte Abschneiden von Jugendlichen und Schülern könnte in einer defizitären Schülerausbildung liegen. Vermutlich fehlt Jugendlichen die nötige Lebens-, Alltags- und Berufserfahrung zur Bewältigung von Aufgaben im Themenbereich Prozentrechnung. Möglicherweise wird das vorhandene Defizit bei Schülern und Jugendlichen später im Alltag und Berufsleben abgefangen, so dass Erwachsene eine höhere Kompetenz aufweisen. Da die Prozentrechnung im Alltag eine wesentliche Rolle spielt, wird die in der Schule vermittelte Prozentrechen-Kompetenz nach der Schule weiter gefestigt und gesteigert. Dies bewahrt die Prozentrechnung möglicherweise vor dem Vergessen.
2. Weiterhin ist denkbar, dass der Unterricht früher im Prozentrechnen besser war. Schüler von „damals“ könnten eine wesentlich höhere Kompetenz im Prozentrechnen gehabt haben als heutige Schüler. Trotz der

normalen Vergessensprozesse, mangels Anwendung und Übung, sind Schüler von damals noch immer kompetenter als heutige Schüler.[308]

3. Eventuell trifft auch eine Kombination beider Interpretationsvarianten zu: die Kompetenz im Prozentrechnen wird nach der Schule im Berufs- und Alltagsleben weiter gefestigt und Schüler von damals haben eine höhere Kompetenz im Prozentrechnen.

Abschließende Aussagen zur Begründung des vorliegenden Ergebnisses sind durch die hier durchgeführte Grundlagenforschung nicht möglich. Durch eine geeignete Untersuchung könnte geprüft werden, welche Interpretationsmöglichkeit zutrifft.

5.3.1 Lösung der Aufgaben im Einzelnen

Insgesamt können bei allen Aufgaben im Test relativ gute Lösungsquoten festgestellt werden. Dennoch liegen Unterschiede hinsichtlich der Kompetenz im Prozentrechnen bei einzelnen Aufgaben vor. Es zeigt sich auch, dass einige Aufgaben von Schülern und Erwachsenen unterschiedlich gelöst werden.

Bei den Lösungsquoten können vor allem Auffälligkeiten hinsichtlich zweier Aufgaben festgestellt werden. Es handelt sich dabei um die erste Aufgabe „Verdreifachen“ und die letzte Aufgabe “Kreisdiagramm“. Diese beiden Aufgaben sind besonders fehleranfällig. Beide Aufgaben sind der Aufgabengruppe „Allgemeine Anforderungen“ zugeordnet. Sie wurden aus nationalen Jahrgangsstufentests entnommen.

Bei der ersten Aufgabe „Verdreifachen“ schneiden die Schüler aus der hier vorliegenden Stichprobe nahezu so ab, wie die Schüler beim bayerischen Jahrgangstufentest (ca. 20 % Lösungswahrscheinlichkeit). Auch Erwachsene scheinen bei dieser Aufgabe, bei der es um den prozentualen Zuwachs geht, offenbar große Schwierigkeiten zu haben. Nur etwa 40 % der Erwachsenen lösen die Aufgabe korrekt.

---

[308] Vgl. Kapitel „2.2.2 Halbwertszeit des Wissens“

Die Aufgabe „Kreisdiagramm" können nur 45 % aller Teilnehmer richtig lösen. Hierbei sind keine nennenswerten Leistungsunterschiede bei Schülern und Erwachsenen aufgefallen.
Da beide Aufgaben nicht vom Expertenteam formuliert werden, wäre denkbar, dass die Probanden an dieser Stelle Probleme mit der Art der Fragestellung haben. Vor allem bei der Aufgabe „Kreisdiagramm" wird unter den Teilnehmern heftig über die Formulierung dieser Aufgabenstellung diskutiert.[309]

Die Aufgaben „Prozentwert" und „Digitalkamera" testen mit unterschiedlicher Aufgabenstellung und Formulierung, ob die Probanden in der Lage sind, den Prozentwert mit einfachen Zahlen zu berechnen. Die Lösungsquoten dieser Aufgaben bestätigten die Vermutung, dass die Art der Aufgabenstellung und -formulierung offensichtlich auf den Erfolg der Teilnehmer massiven Einfluss hat. Eine weitere Studie könnte durch unterschiedliche Formulierungen derselben Aufgaben dieser Annahme weiter nachgehen.

Im Kapitel „2.5.3 Typische Fehler bei Prozentaufgaben" wird festgestellt, dass die Berechnung des Prozentwertes den Schülern scheinbar die geringsten Probleme bereitet.[310] Auch die Ergebnisse der vorliegenden Arbeit bestätigen dies: Die Berechnung des Prozentwertes mit einfachen Zahlen im Gegensatz zur Berechnung des Grundwerts oder des Prozentsatzes mit einfachen Zahlen hat die beste Lösungsquote mit etwa 95 % im Gegensatz zu 91 % und 90 %.[311] Bei Schülern fällt das Ergebnis noch deutlicher aus: Im Gegensatz zu einer 85-prozentigen Lösungsquote bei der Aufgabe zur Berechnung des Pro-

[309] In Internet-Foren, die auf den Test verlinkten, fanden zum Teil Diskussionen zu den Aufgaben statt. Der Auszug aus der Diskussion im „Forum Deutsches Recht" ist auf S. 192 zu finden.

[310] Vgl. **Hollmann 1975,** S. 19-34

[311] Vgl. Kapitel „4.2.7 Zusammenfassung"

zentwerts mit einfachen Zahlen, steht nur eine 75- und 76-prozentige Lösungsquote bei den entsprechenden Aufgaben für Grundwert und Prozentsatz.[312] Ergebnisse anderer Untersuchungen zeigen, dass vor allem die Berechnung des verminderten Grundwertes Schülern große Probleme bereitet. Das kann auch vorliegend beobachtet werden[313]: 79 % aller Probanden können die Aufgabe 17 zum Vorgehen bei der Berechnung des erhöhten und verminderten Grundwerts richtig lösen. Bei den Schülern sind es lediglich 62 %.

5.3.2 Unterscheidung hinsichtlich weiterer Merkmale

- ***Alter***

Die Einteilung der Probanden in drei Altersgruppen nach der geplanten PISA-Erwachsenenstudie (über 50-Jährige, 20- bis 35-Jährige, 35- bis 50-Jährige) zeigt keinen signifikanten Unterschied.

Allerdings ergibt die Einteilung in Altersunterschiede in 10er-Schritten einen signifikanten Unterschied in der Kompetenz im Prozentrechnen.

- ***Geschlecht***

Hinsichtlich der Unterscheidung des Geschlechts kann festgestellt werden: Männer schneiden im vorliegenden Test hinsichtlich der Kompetenz im Prozentrechnen gegenüber Frauen signifikant besser ab. Etwa 63 % der Teilnehmer und ca. 700 Probanden des durchgeführten Tests sind männlich. Hier ist allerdings die zielgruppenspezifische Befragung der Berufsgruppen zu beachten: Die meisten der hier angeführten Berufsgruppen werden von Männern dominiert. Das schlechte Abschneiden von Krankenschwestern beispielsweise könnte auch damit in Zusammenhang stehen, dass die Berufsgruppe der Krankenschwestern stark von Frauen dominiert wird. Umgekehrt könnte gelten: Das schlechte Abschneiden von Frauen könnte auch damit in Zusammenhang ste-

---

[312] Vgl. Kapitel „4.2 Ergebnisse der Aufgaben im Einzelnen", Aufgaben 4, 19 und 7

[313] Vgl. **Berger 1991**, S. 33

hen, dass viele teilnehmende Frauen den Beruf der Krankenschwester ausüben.

- ***Nationalität***

Auch die Einteilung in die nationale Herkunft zeigt einen Unterschied in der Kompetenz im Prozentrechnen. Deutsche Probanden schneiden demnach signifikant besser ab als ausländische Probanden. Der Unterschied kann mit 1,5 Punkten im Zentralwert aber nicht als praktisch bedeutsam gewertet werden. Außerdem wird vermutet, dass vor allem ausländische Angaben zur Nationalität häufig von solchen Probanden getätigt werden, die den Test nicht ausreichend ernsthaft beantworten. Darauf lassen die von diesen speziellen Probanden getätigten weiteren Angaben zur Person schließen.

- ***Schulbildung***

Ein signifikanter Unterschied in der Kompetenz im Prozentrechnen kann ebenso hinsichtlich der Schulbildung festgestellt werden. Teilnehmer mit unterschiedlicher Schulbildung unterscheiden sich demnach höchstsignifikant voneinander. Probanden, die angeben, keinen Schulabschluss zu haben, oder die Förderschule beziehungsweise die Hauptschule zu besuchen oder besucht zu haben, schneiden im Test im Zentralwert schlechter ab (Median 15,5 bis 17,5) als Probanden mit Mittlerer Reife, FOS, Abitur, Fachhochschul-Abschluss und Universitäts-Abschluss (Median 18,0 bis 19,5).
Erstaunlicherweise schneiden die neun Teilnehmer mit „Quali“ mit 20,5 Punkten im Median besonders gut ab. Bei näherer Betrachtung dieser Teilnehmer stellt sich heraus, dass es sich bei diesen ausschließlich um männliche Teilnehmer handelt, bei denen das Geburtsjahr bis auf zwei Teilnehmer zwischen 1954 und 1985 liegt. Sowohl beim Geschlecht als auch beim genannten Alter werden bereits signifikante Unterschiede bei der Kompetenz im Prozentrechnen bestätigt. Die hohe Kompetenz der „Quali“-Teilnehmer ist also möglicherweise auf Interaktionseffekte mit anderen Gruppen zurückzuführen.

- ***Nutzung des Taschenrechners***

Als Nebeneffekt der empirischen Untersuchung zeigt sich, dass der Taschenrechner bei der Prozentrechnung nicht in dem Maße eingesetzt wird, wie erwartet. Da angenommen wird, dass in der Schule und im Alltag für einfachste Aufgaben der Taschenrechner genutzt wird, verwundert das Ergebnis: Die Nutzung liegt bei fast allen Aufgaben lediglich im einstelligen Prozentbereich. Man könnte das Ergebnis so interpretieren, dass Probanden, welche sich bereit erklären, an einem Online-Test zum Thema mathematische Grundbildung teilzunehmen, den Taschenrechner nicht einsetzen, weil sie im Alltag womöglich auch keinen Taschenrechner nutzen. Möglicherweise war es für einige Probanden auch eine persönliche Herausforderung, die Aufgaben mit Zettel und Stift oder im Kopf zu rechnen, und nicht mit dem Taschenrechner. Zum Anderen wäre auch denkbar, dass dieses Feld im Test schlicht nicht ausgefüllt wird, weil es keine zwingend notwendige Angabe ist.

5.4 Zur Unterscheidung der Berufsgruppen

Neben dem Kernziel der Arbeit – den Vergleich der Kompetenz im Prozentrechnen zwischen Jugendlichen und Erwachsenen – ist ergänzend von Interesse, ob es Berufe gibt, deren Vertreter ein hohes oder geringes Maß an Prozentrechen-Kompetenz haben.
Es wird deshalb untersucht, wie unterschiedliche Berufsgruppen im Test abschneiden. Dabei werden drei Kompetenzstufen definiert.
Das Ergebnis zeigt auf den ersten Blick eine Gleichverteilung der Berufskategorien auf alle drei Kompetenzstufen. Bei näherer Betrachtung der Dienstleistungsberufe, kann aber festgestellt werden, dass Berufsgruppen mit technischem Hintergrund offenbar eine bessere Leistung erzielen, als beispielsweise Ordnungs- und Sicherheitsberufe, Sozial- und Erziehungsberufe und Gesundheitsdienstberufe. Speziell bei den Gesundheitsdienstberufen scheinen vor allem Krankenschwestern und Krankenpfleger schlechter als andere Berufe im selben Umfeld abzuschneiden. Auch die Kompetenz der Ärzte bleibt unter den Erwartungen.

Die Feststellung, dass soziale Berufe, Gesundheitsdienstberufe und Ordnungs- und Sicherheitsberufe im Gegensatz zu Organisations-, Verwaltungs- und Büroberufen sowie technischen Berufen offenbar schlechter abschneiden, entspricht damit auch den Erwartungen nach der Analyse der beruflichen Rahmenlehrpläne im zweiten Kapitel. Nach diesen greifen soziale Berufe, im Gegensatz zu technischen und kaufmännischen Berufen, die Prozentrechnung nicht erneut auf.[314]
Warum allerdings Ärzte, die bei der Allensbacher Prestigeskala an erster Stelle der angesehensten Berufe stehen, unerwartet geringe Kompetenz im Prozentrechnen aufweisen, kann nicht geklärt werden.

Die Diskussion der Halbwertszeit des Wissens im zweiten Kapitel dient auch zur Beantwortung der Frage, ob Prozentrechnung Spezialwissen oder aber elementares Grundwissen (ähnlich dem Schulwissen) ist. Es wird festgehalten, dass die Kompetenz im Prozentrechnen bei starker Berufsabhängigkeit als Spezialwissen betrachtet werden soll. Da aber berufsgruppenspezifische Unterschiede vermutet werden können (signifikante Ergebnisse liegen nicht vor, da bei der Forschungsfrage hypothesengenerierend vorgegangen wurde, vgl. Kapitel 4.4), müsste die Prozentrechnung als Spezialwissen betrachtet werden.
Als Teilgebiet der mathematischen Grundbildung in der Schule sollte die Prozentrechnung aber vielmehr eine Basiskompetenz sein, deren Halbwertszeit dem des Schulwissens entspricht.[315] Demnach müsste die Schule verstärkt für die „richtige“ Vermittlung der Prozentrechnung Sorge tragen.

---

[314] Vgl. Kapitel „2.4.1 Prozentrechnen in unterschiedlichen Berufen“

[315] Auch HEYMANN vertrat die Meinung, dass die Prozentrechnung nicht dem Spezialwissen sondern dem Allgemeinwissen zugeordnet werden sollte. Vgl. Kapitel 2.2

5.5 Weiterführende Fragestellungen

Die vorliegende Arbeit ist als Grundlagenforschung und erstmalige Bestandsaufnahme angelegt. Aufbauend auf die Ergebnisse könnten nun in weiteren Studien ergänzende Fragestellungen geklärt werden.

Es wurden bereits zwei mögliche Themen genannt, die in Zusammenhang mit dieser Arbeit von Interesse wären. Zum einen die Abhängigkeit des Ergebnisses von der Aufgabenformulierung und zum zweiten, ob die Unterschiede der Kompetenz im Prozentrechnen bei den Berufsgruppen signifikant sind.

Interessant wäre auch ein Vergleich zu anderen Themengebieten der mathematischen Grundbildung: Gibt es Unterschiede zwischen der Kompetenz im Prozentrechnen und beispielsweise der Bruchrechnung bei einer ebenfalls online durchgeführten Befragung? Da es sich bei der Prozentrechnung um ein in der Praxis häufig angewendetes mathematisches Themengebiet handelt, liegt die Vermutung nahe, dass die Kompetenz in der Bruchrechnung bei Erwachsenen, die damit im Berufs- und Alltagsleben nicht konfrontiert werden, möglicherweise geringer sind als die von Schülern, welche damit im Schullalltag häufig zu tun haben.

Eine weitere Studie könnte außerdem die angewendeten Lösungsstrategien bei der Prozentrechnung der Probanden untersuchen. In der vorliegend durchgeführten Untersuchung wird bereits abgefragt, wie die Testpersonen bei speziellen Aufgaben rechnen. Die Fragestellung zielt aber nicht auf die Auswertung dieser qualitativen Daten ab. Es wäre in einem weiteren Schritt dennoch interessant zu erfahren, inwieweit Probanden mit bestimmten Rechen-Strategien (zum Beispiel Dreisatz- oder Operatorverfahren) gegebenenfalls bei bestimmten Aufgabentypen besser oder schlechter abschneiden.

Des Weiteren wäre eine Vergleichsstudie zwischen zwei Schulklassen, bei denen die Prozentrechnung mit unterschiedlichen Berechnungsmethoden eingeführt und eingeübt wird, vorstellbar. Diese könnte Hinweise liefern, inwieweit sich die Anwendung bestimmter Rechenmethoden auf das Ergebnis auswirkt.

Ergebnisse derartiger Studien könnten dann im Extremfall sogar mathematikdidaktische Konsequenzen nach sich ziehen.

5.6 Schlussbemerkung

Die vorliegende Arbeit ist aus der Kritik motiviert, die durch internationale Studien am deutschen Schulsystem laut wurde. TIMSS- und PISA-Ergebnisse werden von der Öffentlichkeit als Schock interpretiert. Es stellt sich deshalb die Frage, worin dieser Schock eigentlich liegt. Werden Kinder lebensuntauglich, wenn sie keine mathematischen Kompetenzen besitzen? Es liegt nahe, hierzu auch die mathematischen Kompetenzen von Erwachsenen zu erfassen. Da die Erfassung *aller* mathematischen Kompetenzen den Rahmen der Arbeit gesprengt hätte, erfolgt die Fokussierung auf die Prozentrechnung als „klassisches" Anwendungsgebiet von Mathematik im Alltag der Bevölkerung. Die Hauptfrage ist, ob sich Jugendliche und Erwachsene hinsichtlich der Kompetenz im Prozentrechnen unterscheiden.

Die Arbeit klärt, dass die Kompetenzen von Erwachsenen in diesem Teilgebiet nicht so „katastrophal" sind, wie die von Schülern oder Jugendlichen. Die empirische Untersuchung liefert sogar das Ergebnis, dass Erwachsene eine signifikant höhere Kompetenz im Prozentrechnen aufweisen als Schüler, und dass diese Kompetenz berufsgruppenspezifisch unterschiedlich ausfällt.

Im Alltag notwendige Mathematik wird demzufolge auch noch nach der Schule erlernt (learning by doing) und von der Schule hinterlassene Defizite werden ausgeglichen.

Neben dieser inhaltlichen Aussage kann auch eine Aussage zur Methodik gemacht werden:

Bemerkenswert scheint, dass das „neue" Instrument der Online-Befragung offensichtlich für die angestrebte Zielgruppe (die unterschiedlichen Berufsgruppen) ein repräsentatives Ergebnis liefert. Sie kann somit als Vorbild für weitere Untersuchungen dienen.

Literaturverzeichnis

Appel 2004 Appell, K.: Prozentrechnen: Formel, Dreisatz, Brüche und Operatoren, in: Der Mathematikunterricht, Schwerpunkt Funktionales Denken, Jg. 50, Heft 6, Dezember 2004

Aron et al. 2006 Aron, A.; Aron, E.; Coups, E. J.: Statistics for Psychology, Fourth Edition, Pearson International Edition, Pearson Education International, 2006

Baumert et al. 2001 Baumert, J.; Klieme E.; Neubrand, M.; Prenzel, M.; Schiefele, U.; Schneider, W.; Stanat, P.; Tillmann, K.-J.; Weiß, M. (Hrsg.): Deutsches PISA-Konsortium, PISA 2000, Basiskompetenzen von Schülern im internationalen Vergleich, Verlag Leske + Budrich, Opladen 2001

Baumert et al. o.J. Baumert, J.; Lehmann, R.; Lehrke, M.; Clausen, M.; Hosenfeld, I.; Neubrand, J.; Patjens, S.; Jungclaus, H.; Günther, W. (Hrsg.): Testaufgaben Mathematik, TIMSS 7./8. Klasse (Population 2), online unter: http://www.mpib-berlin.mpg.de/TIMSSII-Germany/Die_Testaufgaben/TIMSSII-Math.pdf, Stand: 12.06.2006

Bayerisches Staatsministerium 2007 Bayerisches Staatsministerium für Unterricht und Kultus, Webseite „Maßnahmen zur Qualitätssicherung an bayerischen Schulen“, online unter: http://www.km.bayern.de/km/schule/qualitaetssicherung/massnahmen/, Stand: 13.09.2007

Bear et al. 1998 Bear, A.; Rino, M.: Kleine Schulbuchschule - Wissenswertes für Schulbuchgespräche, Institut für Bildungsmedien e.V., 1998, online unter: http://www.vds-bildungsmedien.de/download/materialien/brosch/kleineschulbuch.zip, Stand: 15.01.2007

Behme 2006 Behme, H.: Google in Deutschland über 90 Prozent, in: heise online, online unter: http://www.heise.de/newsticker/Google-in-Deutschland-ueber-90-Prozent--/meldung/78315, Stand: 24.07.2007

Berger 1989 Berger, R.: Prozent- und Zinsrechnen in der Hauptschule, Didaktische Analysen und Ergebnisse zu Schwierigkeiten, Lösungsverfahren und Selbstkorrekturverhalten der Schüler am Ende der Hauptschulzeit, Regensburg 1989

Berger 1991 Berger, R.: Leistungen von Schülern im Prozent- und Zinsrechnen am Ende der Hauptschulzeit (7-9), in: Mathematische Unterrichtspraxis, Verlag Ludwig Auer Donauwörth, Heft 1, I. Quartal, 1991, S. 30-44

Beschlüsse KMK 2003	Beschlüsse der Kultusministerkonferenz, Bildungsstandards im Fach Mathematik für den Mittleren Schulabschluss, Beschluss vom 4.12.2003, online unter: http://www.kmk.org/dokumentation/veroeffentlichungen-beschluesse/bildung-schule/allgemeine-bildung.html und http://www.kmk.org/fileadmin/veroeffentlichungen_beschluesse/2003/2003_12_04-Bildungsstandards-Mathe-Mittleren-SA.pdf, Stand: 23.07.2009
Beschlüsse KMK 2004	Beschlüsse der Kultusministerkonferenz, Bildungsstandards im Fach Mathematik für den Hauptschulabschluss, Beschluss vom 15.10.2004, online unter: http://www.kmk.org/dokumentation/veroeffentlichungen-beschluesse/bildung-schule/allgemeine-bildung.html und http://www.kmk.org/fileadmin/veroeffentlichungen_beschluesse/2004/2004_10_15-Bildungsstandards-Mathe-Haupt.pdf, Stand: 23.07.2009
Bibliographisches Institut 1985a	Bibliographisches Institut, Duden, Rechnen und Mathematik, Dudenverlag Mannheim, Wien, Zürich, 1985
Bibliographisches Institut 1985b	Bibliographisches Institut, Meyers Rechenduden, Dudenverlag, Mannheim 1985
Bigalke 1977	Bigalke, H.-G. (Hrsg.): Einführung in die Mathematik, 6. Jahrgangsstufe für Hauptschulen, Bayern, Verlag Moritz Diesterweg, Frankfurt 1977

Bildungsstudie 2007 Bildungsstudie Deutschland, Service der FOCUS Magazin Verlag GmbH, online unter: http://www.bildungsstudie-deutschland.de/, http://www.lwp-online.de/bildungsstudie/inhalt_02.htm und http://www.lwp-online.de/bildungsstudie/download/codeplan/cp_grafiken_kurz.pdf, Stand: 19.03.2007

BMT10 2005 Bayerischer Mathematik-Test für die Jahrgangsstufe 10 der Gymnasien im Jahr 2005, Gruppe A, online unter: http://www.isb.bayern.de/isb/download.aspx?DownloadFileID=c19be9e02b2bf424a7e7ed22cc135df3, Stand: 12.09.2007

BMT10 2005 – Ergebnisse Bayerischer Mathematik-Test für die Jahrgangsstufe 10 der Gymnasien im Jahr 2005, Ergebnisse, online unter: http://www.isb.bayern.de/isb/download.aspx?DownloadFileID=9523b1d30e8edd48a6431632ee4d7473, Stand: 13.09.2007

BMT10 2006 Bayerischer Mathematik-Test für die Jahrgangsstufe 10 der Gymnasien im Jahr 2006, Gruppe A, online unter: http://www.isb.bayern.de/isb/download.aspx?DownloadFileID=1c3c0af323ba60a44ea1f0dffd7df06b, Stand: 12.09.2007

BMT10 2006 - Ergebnisse Bayerischer Mathematik-Test für die Jahrgangsstufe 10 der Gymnasien im Jahr 2006, Ergebnisse, online unter: http://www.isb.bayern.de/isb/download.aspx?DownloadFileID=6e4e54c80762b3dd81856937fc6cb0c6, Stand: 13.09.2007

BMT8 2004 Bayerischer Mathematik-Test für die Jahrgangsstufe 8 der Gymnasien im Jahr 2004, Gruppe A, online unter: http://www.isb.bayern.de/isb/download.aspx?DownloadFileID=1211b3f39e98b66a3cbd7ad4ab6955cb, Stand: 12.09.2007

BMT8 2004 – Ergebnisse Bayerischer Mathematik-Test für die Jahrgangsstufe 8 der Gymnasien im Jahr 2004, Ergebnisse, online unter: http://www.isb.bayern.de/isb/download.aspx?DownloadFileID=d67bec51a5793eb00ea54be77fc68277, Stand: 12.09.2007

BMT8 2004 – Lösungen Bayerischer Mathematik-Test für die Jahrgangsstufe 8 der Gymnasien im Jahr 2004, Lösungen, online unter: http://www.isb.bayern.de/isb/download.aspx?DownloadFileID=d562307b6233b880d03491b7014d9080, Stand: 02.07.2008

BMT8 2005 Bayerischer Mathematik-Test für die Jahrgangsstufe 8 der Gymnasien im Jahr 2005, Gruppe A, online unter: http://www.isb.bayern.de/isb/download.asp?DownloadFileID=fbe507f14a2813eb95f5092efa49ad7f, Stand: 12.09.2007

BMT8 2005 – Ergebnisse Bayerischer Mathematik-Test für die Jahrgangsstufe 8 der Gymnasien im Jahr 2005, Ergebnisse, online unter: http://www.isb.bayern.de/isb/download.aspx?DownloadFileID=6bf821812af278da71ca8bf7555ccf92, Stand: 13.09.2007

BMT8 2005 – Lösungen Bayerischer Mathematik-Test für die Jahrgangsstufe 8 der Gymnasien im Jahr 2005, Lösungen, online unter: http://www.isb.bayern.de/isb/download.aspx?DownloadFileID=66ff9cb8afb6a8522c916043a1ea4cb2, Stand: 02.07.2008

BMT8 2006 Bayerischer Mathematik-Test für die Jahrgangsstufe 8 der Gymnasien im Jahr 2006, Gruppe A, online unter: http://www.isb.bayern.de/isb/download.aspx?DownloadFileID=e6c4bbbbe53a44322797163ea1affddc, Stand: 13.09.2007

BMT8 2006 – Ergebnisse Bayerischer Mathematik-Test für die Jahrgangsstufe 8 der Gymnasien im Jahr 2006, Ergebnisse, online unter: http://www.isb.bayern.de/isb/download.aspx?DownloadFileID=69afddfaf38d892880eff7e39feb5129, Stand: 13.09.2007

Bortz et al. 1995 Bortz, J.; Döring, N.: Forschungsmethoden und Evaluation für Sozialwissenschaftler (2. Aufl.), Springer-Verlag, Berlin 1995

Bortz et al. 2002 Bortz, J.; Döring, N.: Forschungsmethoden und Evaluation für Human- und Sozialwissenschaftler (3. Aufl.), Springer-Verlag, Berlin 2002

BRN 2007 Bayerisches Realschulnetz BRN, Webseite „Jahrgangsstufentests: 5. Warum wurden diese Tests eingeführt?“, online unter: http://www.realschule.bayern.de/eltern/pruefungen/jahrgangsstufentests/?id=1666, Stand: 13.09.2007

BRN 2009 Bayerisches Realschulnetz BRN, Webseite „Allgemeines zur Realschule in Bayern“, online unter: http://www.realschule.bayern.de/eltern/realschule_in_bayern/, Stand: 22.07.2009

Brosius et al. 2005 Brosius, H.-B.; Koschel, F.: Methoden der empirischen Kommunikationsforschung, Eine Einführung, 3. Auflage, Verlag für Sozialwissenschaften, 2005

Capital 2002 Artikel „1. Die Anbieter“, in: Magazin Capital, Extra zu Heft 5, 21. Februar 2002, online unter: http://www.evv.de/downloads/capital_tipps_zur_verm%C3%B6gensverwaltung.pdf, Stand: 11.09.2007

Cohen 1988 Cohen, J.: Statistical power analysis for the behavioral sciences, 2. Auflage, Hillsdale: Lawrence Erlbaum Associates, 1988, online unter. http://books.google.de/books?id=Tl0N2lRAO9oC&printsec=frontcover&dq=Statistical+power+analysis+for+the+behavioral+sciences, Stand: 11.10.2007

Cortina 1993 Cortina, J. M.: What is Coefficient Alpha? Examination of Theory and Applications, Journal of Applied Psychology, Vol. 78, No. 1, 1993, S. 98-104, online unter: http://www.biostat.umn.edu/~melanie/PH5482/2004/NOTE/measurement/measurement1/cortina_alpha.pdf

Dewdney 1994 Dewdney, A.K.: 200 Prozent von nichts, Die geheimen Tricks der Statistik und andere Schwindeleien mit Zahlen, Alexander K. Dewdney, Birkhäuser Verlag, 1994

DIE ZEIT 2003	Artikel „Pisa für alle", in: DIE ZEIT vom 23.10.2003, online unter: http://www.zeit.de/2003/44/B-Pisa_f_9fr_alle, Stand: 20.07.2007
Duden 1999	Duden Schülerhilfen, Dreisatz, Prozente, Zinsen, Von den Grundbegriffen bis zur praktischen Anwendung, 2. Auflage, Dudenverlag, 1999
Ehmke 2004	Ehmke, T.: Mathematische Kompetenz bei Erwachsenen, Ein Überblick zum Stand der empirischen Forschung, in: Beiträge zum Mathematikunterricht, 2004, S. 145-148
Erziehungswissenschaft 2007	Vorlesung „Einführung in die Erziehungswissenschaft" am 22. November 2005, Theorie der Schule, Bildungstheorien und Didaktik, von Humboldt bis PISA, online unter: http://www.ibw.uni-heidelberg.de/~aeschule/RV0506.pdf, Stand: 04.10.2007
Faktor 7 2000	Faktor 7, Mathematik Realschule Niedersachsen, Schroedel Verlag Hannover 2000
Faktor 8 2001	Faktor 8, Mathematik Realschule Niedersachsen, Schroedel Verlag Hannover 2000
FAZ 2006	Artikel „Pisa für alle", in: FAZ Glosse Feuilleton vom 14. November 2006, online unter: http://www.faz.net/s/Rub5A6DAB001EA2420BAC082C25414D2760/Doc~E19828F73987B445E812D416D447F0B6C~ATpl~Ecommon~Scontent.html, Stand: 06.09.2007
Focus 2007	Magazin Focus 2007, Nr. 10, 5. März 2007, Seite 28-30

Fokus Mathematik 2004 Fokus Mathematik, Schulbuch Gymnasium Bayern, 1. Auflage, Cornelsen Verlag, Berlin 2004

Gärtner et al. o.J. Gärtner, F.; Grünwald, I.: Bayerisches Volksschulrechenbuch, Heft 7, bearbeitet von Hans Herbst und Günther Lubowsky, Ehrenwirth Verlag München (Stempel der pädagogischen Hochschule Nürnberg gibt an, dass das Buch offenbar 1966 angeschafft wurde)

Gierse et al. 2002 Gierse, K.; Hausknecht, H.; Lautenschlager, S.; Markowski, K.; Schmidt, J.; Scholze, P.: Mathematik 7 II/III, XQuadrat , Oldenbourg Schulbuchverlag 2002

Göbel 2004 Göbel, M.: Halbwertzeit von Wissen, Webseiten der Ingenieure für Kommunikation (IfKom), letzte Modifizierung der Webseiten am 28.04.04, online unter: http://www.lv1.ifkomhessen.de/halbwert.htm, Stand: 05.10.2007

Groner 2001 Groner, M.: Skript zum Kruskal-Wallis Test, Universität Bern, Varianzanalyse für Rangdaten, online unter: http://visor.unibe.ch/WS02/statistik2/kruskal.pdf, Stand: 12.04.2007

Hagen et al. o.J. Hagen, M.; Schalgbauer, A. (Hrsg.): Wir rechnen, Rechenbuch für Volksschulen, 5./6. Schülerjahrgang, wenig gegliederter Schulen, C. C. Buchners Verlag, Bamberg (als Erscheinungsjahr wird 1965 angenommen)

Hartig et al. 2006 Hartig, J.; Klieme, E.: Kompetenz und Kompetenzdiagnostik, in: Leistung und Leistungsdiagnostik, Schweizer, K. (Hrsg.), Springer Verlag, Berlin 2006

Hartig et al. 2007 Hartig, J.; Klieme, E. (Hrsg.): Möglichkeiten und Voraussetzungen technologiebasierter Kompetenzdiagnostik, Bildungsforschung Band 20, Bonn 2007

Herget et al. 1998 Herget, W.; Scholz, D.: Die etwas andere Aufgabe – aus der Zeitung, Kallmeyersche Verlagsbuchhandlung, Seelze 1998

Heymann 1996 Heymann, H. W.: Allgemeinbildung und Mathematik, Studien zur Schulpädagogik und Didaktik, Band 13, Beltz Verlag, Weinheim und Basel 1996, S. 278

Hollmann 1975 Hollmann, E.: Bruchoperatoren in der Prozent- und Zinsrechnung, in: MU 21/1, 1975, S. 19-34

Holm 1979 Holm, S.: A simple sequentially rejective multiple test procedure, Scandinavian Journal of Statistics 6, 1979, S. 65-70

Howell 2007 Howell, D. C.: Statistical Methods for Psychology, Sixth Edition, International Student Edition, Thomson Wadsworth, 2007

IES 2007 Institute of Education Sciences (IES), U.S. Department of Education, National Center for Education Statistics, Informationen zur Adult Literacy and Lifeskills (ALL) Survey, online unter: http://nces.ed.gov/surveys/all/, Stand: 01.08.2007

IQB 2007a Institut zur Qualitätsentwicklung im Bildungswesen (IQB), Navigationspunkt „Bildungsstandards“, online unter: http://www.iqb.hu-berlin.de/bista, Stand: 12.09.2007

IQB 2007b Institut zur Qualitätsentwicklung im Bildungswesen (IQB), Navigationspunkt „Über das IQB“, „Ziele“, online unter: http://www.iqb.hu-berlin.de/institut/ziele, Stand: 12.09.2007

IQB 2009 Institut zur Qualitätsentwicklung im Bildungswesen (IQB), Navigationspunkt „Bildungsstandards“, „Material der KMK“, online unter: http://www.iqb.hu-berlin.de/bista?reg=r_1, Stand: 23.07.2009

ISB 2007 Staatsinstitut für Schulqualität und Bildungsforschung München (ISB), Lehrpläne für bayerische Schulen, online unter: http://www.isb.bayern.de/isb/index.asp?MNav=0&QNav=4&TNav=0&INav=0, Stand: 01.10.2007

Jahrgangsstufentest Hauptschule 2004a Bayerischer Jahrgangsstufentest Hauptschule 2004, Jahrgangsstufe 8, Aufgaben, online unter: http://www.isb.bayern.de/isb/download.aspx?DownloadFileID=cd5c916c6e5c8b715c86e6627785eaf2, Stand: 13.09.2007

Jahrgangsstufentest Hauptschule 2004b Bayerischer Jahrgangsstufentest Hauptschule 2004, Jahrgangsstufe 8, Auswertungsbericht, online unter: http://www.isb.bayern.de/isb/download.aspx?DownloadFileID=27fd7ee7f326eb98508d766fa5ed0955, Stand: 13.09.2007

Jahrgangsstufentest Hauptschule 2005a Bayerischer Jahrgangsstufentest Hauptschule 2005, Jahrgangsstufe 8, Aufgaben, online unter: http://www.isb.bayern.de/isb/download.aspx?DownloadFileID=1698d367b2546c990f76b675f8f8a987, Stand: 13.09.2007

Jahrgangsstufentest Hauptschule 2005b Bayerischer Jahrgangsstufentest Hauptschule 2005, Jahrgangsstufe 8, Auswertungsbericht, online unter: http://www.isb.bayern.de/isb/download.aspx?DownloadFileID=e81aeb63eaddfa29b326de3db0cd9c91, Stand: 13.09.2007

Jahrgangsstufentest Hauptschule 2006a Bayerischer Jahrgangsstufentest Hauptschule 2006, Jahrgangsstufe 8, Aufgaben, online unter: http://www.isb.bayern.de/isb/download.aspx?DownloadFileID=2ec9f5c8f3dabc0bc4f8a4e817134cac, Stand: 13.09.2007

Jahrgangsstufentest Hauptschule 2006b Bayerischer Jahrgangsstufentest Hauptschule 2006, Jahrgangsstufe 8, Auswertungsbericht, online unter: http://www.isb.bayern.de/isb/download.aspx?DownloadFileID=d7c7c7b90fc88999ea9be82340f76484, Stand: 13.09.2007

Jahrgangsstufentest Realschule 2003a Bayerischer Jahrgangsstufentest Realschule 2003, Jahrgangsstufe 9, Angaben Wahlpflichtfächergruppe II/III, online unter: http://www.isb.bayern.de/isb/download.aspx?DownloadFileID=f2962a15de2d680b2f4893f5386f028a, Stand: 13.09.2007

Jahrgangsstufentest Realschule 2003b Bayerischer Jahrgangsstufentest Realschule 2003, Jahrgangsstufe 9, Auswertung Wahlpflichtfächergruppe II/III, Quelle: Bayerisches Realschulnetz, online unter: http://www.rsmbobbn.musin.de/lehrer/dokumente/jgst/m/mt03_aus.pdf, Stand: 13.09.2007

Jahrgangsstufentest Realschule 2004 Bayerischer Jahrgangsstufentest an Realschulen 2004, Jahrgangsstufe 8, Angaben Wahlpflichtfächergruppe I/II, Aufgabenauswertung, online unter: http://www.isb.bayern.de/isb/download.aspx?DownloadFileID=f03948fab8a1166dd238f8542f050d44, Stand: 13.09.2007

Jahrgangsstufentest Realschule 2005 Bayerischer Jahrgangsstufentest an Realschulen 2005, Jahrgangsstufe 8, Aufgabenauswertung Wahlpflichtfächergruppe I, online unter: http://www.isb.bayern.de/isb/download.aspx?DownloadFileID=45673a21aca5e899ca3fce4aa9fdfc75, Stand: 13.09.2007

Jahrgangsstufentest Realschule 2006 Bayerischer Jahrgangsstufentest an Realschulen 2006, Jahrgangsstufe 8, Aufgabenauswertung Wahlpflichtfächergruppe I, online unter: http://www.isb.bayern.de/isb/download.aspx?DownloadFileID=7333b6676616a9e7a6222ae48a93f799, Stand: 13.09.2007

Jordan et al 2004 Jordan, A.; Kleine, M.; Wynands, A.; Flade, L.: Mathematische Fähigkeiten bei Aufgaben zur Proportionalität und Prozentrechnung - Analysen und ausgewählte Ergebnisse, in: Neubrand, M. (Hrsg.): Mathematische Kompetenzen von Schülerinnen und Schülern in Deutschland. Vertiefende Analysen im Rahmen von PISA 2000, VS-Verlag, Wiesbaden 2004, S.159-173

Kahl 2003 Kahl, R.: Pisa für alle, in: DIE ZEIT am 23.10.2003, Nr.44, online unter: http://www.zeit.de/2003/44/B-Pisa_f_9fr_alle, Stand: 30.03.2005

Kaufhold 2006 Kaufhold, M.: Kompetenz und Kompetenzerfassung: Analyse und Beurteilung von Verfahren der Kompetenzerfassung, VS Verlag, 2006

Kessler 2003 Kessler, S.: Mathematische Grundbildung bei Erwachsenen – eine Untersuchung im Kontext von TIMSS & PISA, Zulassungsarbeit im Fach Didaktik der Mathematik im Rahmen des Ersten Staatsexamens für das Lehramt an bayerischen Gymnasien, 2003

Kleine 2004 Kleine, M.: Quantitative Erfassung von mathematischen Leistungsverläufen in der Sekundarstufe I, Methodische Grundlagen, Testkonstruktion und Testentwicklung, Verlag Franzbecker , Hildesheim 2004

Klieme et al. 2001 Klieme, E.; Baumert, J.: TIMSS – Impulse für Schule und Unterricht, Forschungsbefunde, Reforminitiativen, Praxisberichte und Video-Dokumente, Bundesministerium für Bildung und Forschung (BMBF), Stand September 2001

Klemm 2002 Klemm, H.: Horizont der Erkenntnis, in: DIE ZEIT, 02/2002, online unter: http://www.zeit.de/2002/02/200202_n-halbwertszeit_xml?page=all, Stand: 05.10.2007

KMK 2007 Webseiten der Kultusministerkonferenz (KMK), Navigationspunkt „Schule“, „Bildungsstandards“, online unter: http://www.kmk.org/schul/home1.htm beziehungsweise http://www.kmk.org/schul/Bildungsstandards/bildungsstandards.htm, Stand: 12.09.2007

KMK 2007a Webseiten der Kultusministerkonferenz (KMK), Navigationspunkt „Berufliche Bildung“, „Rahmenlehrpläne“, „Download-Bereich „Rahmenlehrpläne““, online unter: http://www.kmk.org/beruf/rlpl/lehrplan.htm, Stand: 26.09.2007

KMK 2007b Webseiten der Kultusministerkonferenz (KMK), Navigationspunkt „Berufliche Bildung“, „Rahmenlehrpläne“, online unter: http://www.kmk.org/beruf/rlpl/berufe.htm, Stand: 26.09.2007

Krauter 2007 Krauter, S.: Fachdidaktische Beiträge, „Prozentrechnung“, Pädagogische Hochschule Ludwigsburg, online unter: http://www.ph-ludwigsburg.de/fileadmin/subsites/2e-imix-t-01/user_files/Veranstaltungsmaterialien_offen/Zusatzmaterialien/Skripte_Krauter/Prozentrechnung.pdf, Stand: 07.09.2007

Krämer 2001 Krämer, W.: Statistik verstehen, Eine Gebrauchsanweisung, Piper Verlag München, 2001

Kuß 2007 Kuß, A.: Marktforschung, Grundlagen der Datenerhebung und Datenanalyse, 2. Auflage, Gabler Verlag, 2007

Leffers 2002 Leffers, J.: Wissen Sie mehr als ein Neuntklässler, in: Spiegel online, online unter: http://www.spiegel.de/schulspiegel/0,1518,195212,00.html, Stand: 01.06.2008

Lehrplan Niedersachsen 2006 Kerncurriculum für die Hauptschule, Schuljahrgänge 5 - 10, Mathematik, herausgegeben vom Niedersächsischen Kultusministerium, 2006, online unter: http://db2.nibis.de/1db/cuvo/datei/kc_hs_mathe_nib.pdf, Stand: 26.09.2007

Lehrplan der G8 Lehrplan der achtstufigen Gymnasien in Bayern, online unter: http://www.isb-gym8-lehrplan.de/contentserv/3.1/g8.de/index.php?StoryID=26378 und http://www.isb-gym8-lehrplan.de/contentserv/3.1/g8.de/index.php?StoryID=26298, Stand: 09.10.2007

Lehrplan der G9 Lehrplan der neunstufigen Gymnasien in Bayern, online unter: http://www.isb.bayern.de/isb/download.aspx?DownloadFileID=8f5923b1fc79324526de7441680baacc, Stand: 09.10.2007

Lehrplan der R4 Lehrplan der vierstufigen Realschule in Bayern, online unter: http://www.isb.bayern.de/isb/download.aspx?DownloadFileID=10d1f80deb4821d4c6f690aa866143f5, Stand: 09.10.2007

Lehrplan der R6 Lehrplan der sechsstufigen Realschule in Bayern, online unter: http://www.isb.bayern.de/isb/download.aspx?DownloadFileID=6ea207532446edf8ca6be5c914aa3b18, Stand: 09.10.2007

Lehrplan Hessen 2007 Lehrplan in Hessen für die Hauptschule im Fach Mathematik, Jahrgangsstufe 7, online unter: http://lernarchiv.bildung.hessen.de/reposit2/12293/LPHauptMathe.pdf?user_id=Anonymous+User&is_viewable=1&digest=e78769f5058a61ef4bef3db75dfeebb4, Stand: 12.09.2007

Lütters 2004 Lütters, H.: Online-Marktforschung, Eine Positionsbestimmung in Methodenkanon der Marktforschung unter Einsatz eines webbasierten Analytic Hierarchy Process (webAHB), Gabler Edition Wissenschaft, 2004

Maßstab 6 2001 Maßstab Mathematik 6, Schroedel Verlag GmbH, Hannover, 2001

Maßstab 7 2001 Maßstab Mathematik 7, Schroedel Verlag GmbH, Hannover, 2001

Mathe aktiv 7 2001 Mathe aktiv 7, Schulbuch für bayrische Hauptschulen, Schroedel Verlag GmbH, Hannover, 2001

Mathematik 7 2001 Mathematik 7, Hauptschule Bayern, Westermann Schulbuchverlag GmbH Braunschweig, 2001

Meyerhöfer 2003 Meyerhöfer, W.: Was testen Tests?, Objektiv- hermeneutische Analysen am Beispiel von TIMSS und PISA, Potsdam, 2003, Potsdam, Univ., Diss., 2003

Müller 1978 Müller, K.P.: Lehreraus- und Fortbildung für den Taschenrechnereinsatz, in: ZDM 10, 1978, S. 145-150

Mummendey 1987 Mummendey, H. D.: Die Fragebogen-Methode, Hogrefe-Verlag, 1987

OECD 2008 OECD, Webseite „OECD Programme for the International Assessment of Adult Competencies (PIAAC)", online unter: http://www.oecd.org/document/35/0,3343,en_2649_39263238_40277475_1_1_1_1,00.html, Stand: 25.07.2007

o.V. 2001 o.V.: ADM Arbeitskreis Deutscher Markt- und Sozialforschungsinstitute e.V., Standards zur Qualitätssicherung für Online-Befragungen, Ausgabe Mai 2001, online unter: http://www.adm-ev.de/pdf/Onlinestandards_D.PDF, Stand: 08.07.2008

o.V. 2005 o. V.: Ärzte vorn, Allensbacher Berufsprestige-Skala 2005, in: Allensbacher Archiv 2005, Nr. 12, online unter: http://www.ifd-allensbach.de/news/prd_0512.html, Stand: 12.09.2006

o.V. 2006a o.V.: IPN, Leibniz-Institut für die Pädagogik der Naturwissenschaften, Webseite „FAQ – Frequently asked questions“, Nr. 4, online unter: http://pisa.ipn.uni-kiel.de/fr_reload.html?faq.html, Stand: 01.07.2006

o.V. 2006b o.V.: IPN, Leibniz-Institut für die Pädagogik der Naturwissenschaften, Webseite „Beispielaufgaben aus den PISA-Testungen“, online unter: http://pisa.ipn.uni-kiel.de/fr_reload.html?beispielaufgaben.html, Stand: 01.07.2006

o.V. 2007 o.V.: TIMSS im Überblick, Website zu TIMSS von der Max-Planck-Gesellschaft zur Förderung der Wissenschaften e.V., online unter: http://www.mpib-berlin.mpg.de/TIMSSII-Germany/, Stand: 18.10.2007

o.V. 2008a o.V.: IPN, Leibniz-Institut für die Pädagogik der Naturwissenschaften, Webseite „PISA 2006“, online unter: http://pisa.ipn.uni-kiel.de/zusammenfassung_PISA2006.pdf, Stand: 18.12.2008

o.V. 2008b Abbildung Taschenrechner, Portal für Werbeartikel „High-Flyers“, online unter: http://www.high-flyers.de/images/big/produkte/30750.jpg, Stand: 25.02.2008

o.V. 2009 Abbildung Wilhelm von Humboldt, online unter: http://www.haraldfischerverlag.de/hfv/humboldt.php , Stand: 21.12.2009

Padberg 1978 Padberg, F.: Didaktik der Bruchrechnung, Verlag Herder, Freiburg,1978

Paulsen 2006 Paulsen, S.: „Welches Wissen braucht der Mensch?, in: GEO, Das neue Bild der Erde, Heft 09, September 2006, S. 127-153

Postel 1981 Postel, H.: Warum Operatoren im Unterricht? – Beispiele und Gründe, in: Der Mathematikunterricht, Jahrgang 27, Heft 4, Ernst Klett Verlag Stuttgart, 1981

Prenzel et al. 2004 Prenzel, M.; Baumert, J.; Blum, W.; Lehmann, R.; Leutner, D.; Neubrand, M.; Pekrun, R.; Rolff, R.; Rost, J.; Schiefele, U. (Hrsg.), PISA-Konsortium Deutschland, PISA 2003, Kurzfassung der Ergebnisse, Das „Programme for International Student Assessment“ (PISA, 2004), online unter: http://www.kmk.org/schul/pisa/Zusammenfassung%20PISA_5.pdf, Stand: 26.10.2007

Rönchen 2004 Rönchen, A.: Prozentrechnung – ein traditionsreiches Thema des Mathematikunterrichts, Grin Verlag, 2004

Schüppel 1996 Schüppel, J.: Wissensmanagement, Organisatorisches Lernen im Spannungsfeld von Wissens- und Lernbarrieren, Gabler Verlag Wiesbaden, 1996

Schupp 1967 Schupp, H.: Lehrerhandbuch, Band 3, Mathematik, Beltz Verlag, Weinheim 1967

Schwartze 1980	Schwartze, H.: Elementarmathematik aus didaktischer Sicht, Band 1, Arithmetik und Algebra, Verlag Ferdinand Kamp, Bochum 1980
Schwendenwein 2003	Schwendenwein, W.: Methoden zur Datengewinnung, Einführung in die Entwicklung sozialwissenschaftlicher Fragebogen, Fachhochschulstudiengang Militärische Führung, 3. verb. Auflage, Wien und Wiener Neustadt 2003, online unter: http://institut.erz.univie.ac.at/home/fe6/files/SchwendenweinDatengewinnung.pdf, Stand: 11.10.2007
Sill 1994	Sill, H.-D.: Mathematik in der Schule, Mathematikunterricht an Realschulen, Zur Spezifik des Mathematikunterrichts in Realschulbildungsgängen, 32. Jahrgang, Pädagogischer Zeitschriftenverlag, Berlin 1994
SPSS 2004	Dokumentation “SPSS Complex Samples™ 13.0”, SPSS GmbH Software, SPSS Inc., Copyright © 2004, online unter: http://support.spss.com/ProductsExt/SPSS/Documentation/SPSSforWindows/German/SPSS%20Complex%20Samples%2013.0.pdf, Stand: 10.11.2007
Statistisches Bundesamt 2007	Statistisches Bundesamt, Statistisches Jahrbuch 2007 für die Bundesrepublik Deutschland, Wiesbaden 2007

Statistisches Bundesamt 2008a Statistisches Bundesamt Deutschland, Bevölkerungsstand, online unter: http://www.destatis.de/jetspeed/portal/cms/Sites/destatis/Internet/DE/Navigation/Statistiken/Bevoelkerung/Bevoelkerungsstand/Bevoelkerungsstand.psml, Stand: 08.07.2008

Statistisches Bundesamt 2008b Statistisches Bundesamt Deutschland, Gebiet und Bevölkerung, Ausländische Bevölkerung, online unter: http://www.statistik-portal.de/Statistik-Portal/de_jb01_jahrtab2.asp, Stand: 08.07.2008

Statistisches Bundesamt 2008c Statistisches Bundesamt Deutschland, Bildungsstand, online unter: http://www.destatis.de/jetspeed/portal/cms/Sites/destatis/Intenet/DE/Content/Statistiken/BildungForschungKultur/Bildungsstand/Tabellen/Content100/Bildungsabschluss,templateId=renderPrint.psml, Stand: 08.07.2008

Stöffler o.J. Stöffler: Schulbuch Rechnen und Raumlehre für die Volksschule

Stühlmeyer 2004 Stühlmeyer, T.: Veränderung des Textverständnisses durch Bibliodrama, Eine empirische Studie zu Mk 4,35-41, Verlag Ferdinand Schönigh, 2004

Tabachnik et al. 2007 Tabachnik, B.; Fidell, L.: Using Multivariate Statistics, Fifth Edition, Pearson International Edition, Pearson Education Inc. 2007

Tropfke 1980 Tropfke, J.: Geschichte der Elementarmathematik, Band 1, Arithmetik und Algebra, 4. Auflage, Walter de Gruyter, Berlin 1980

Tropfke 1902 Johannes Tropfke, Geschichte der Elementar-Mathematik in systematischer Darstellung, Leipzig, Veit 1902

Wiseman 1999 Wiseman, M.: Einführung in SPSS für Windows, Kapitel, Teil 2: Anwendungsbeispiele - Vergleichende Statistik, Nichtparametrische Vergleiche, Vergleich von zwei Gruppen, online unter: http://www.lrz-muenchen.de/services/schulung/unterlagen/spss_90/spss_90-51.html, Stand: 26.10.2007

Zech 1995 Zech, F.: Stützpfeiler Mathematik, Mathematik erklären und verstehen, Cornelsen Verlag, Berlin 1995

Zech 1996 Zech, F.: Stützpfeiler Mathematik, Wichtige Bausteine alltagsnaher Mathematik der Schuljahre 5-8, Prozentrechnung, Cornelsen Verlag, Berlin 1996

Zöfel 2000 Zöfel, P.: Statistik verstehen, Ein Begleitbuch zur computergestützten Anwendung, Verleger Pearson Education Deutschland, 2000